群智能优化方法及应用

汤可宗　杨静宇　著

科学出版社

北京

内 容 简 介

群智能优化方法作为一种新兴的演化计算技术已经成为越来越多研究者关注的焦点. 目前, 群智能优化方法已经广泛应用于模式识别、图像处理、系统工程、生物信息、控制理论等相关工程和科学研究领域. 本书将从读者的角度出发, 提供一本通俗易懂、由浅入深的研究性著作, 而不仅仅是将其核心集中在某一专题做过多的深入理论讨论.

本书共 9 章, 第 1 章介绍群智能优化方法的产生与发展; 第 2 章介绍最优化模型建模的一般方法和步骤; 第 3 章~第 5 章介绍较为成熟的几种群智能优化方法, 分别是遗传算法、粒子群优化算法、蚁群算法. 第 6 章~第 9 章介绍近年来热点研究的人工免疫算法、文化算法、微分进化、模拟退火算法. 本书可作为高等院校计算机科学与技术、电子信息工程、生物医学工程、控制科学与工程等学科的本科生、研究生以及广大研究群智能优化方法的科技工作者的参考书.

图书在版编目（CIP）数据

群智能优化方法及应用/汤可宗, 杨静宇著. —北京：科学出版社, 2015.7
ISBN 978-7-03-044740-1

Ⅰ. ①群… Ⅱ. ①汤… ②杨… Ⅲ. ①计算机算法 Ⅳ. ①TP301.6

中国版本图书馆 CIP 数据核字 (2015) 第 124363 号

责任编辑：惠 雪 王晓丽／责任校对：胡小洁
责任印制：赵 博／封面设计：许 瑞

科 学 出 版 社 出版
北京东黄城根北街 16 号
邮政编码：100717
http://www.sciencep.com
北京盛通数码印刷有限公司 印刷
科学出版社发行 各地新华书店经销

*

2015 年 7 月第 一 版 开本：720 × 1000 1/16
2024 年 3 月第四次印刷 印张：15
字数：302 000

定价：99.00 元
（如有印装质量问题, 我社负责调换）

前　言

　　群智能优化方法是借鉴仿生学特点发展起来的一门新兴优化计算方法. 由于优化问题大量存在于科学研究和工程应用中的各个领域, 自 20 世纪 60 年代以来, 随着对工程及科学理论研究领域的各类复杂系统优化问题的深入研究, 传统的 "自顶而下" 的研究方法遇到了很多的困难, 而以生物智能或自然现象为基础的群智能优化方法通过自身的演化使许多在人类看起来高度复杂的问题得到了比较完美的解决, 由此产生了与经典优化方法截然不同的新型智能计算方法 —— 群智能优化. 现今, 群智能优化已经发展成为优化技术领域的一个研究热点, 深入对其基本概念、基本模型、理论分析及其应用研究具有非常重要的实用价值和科学前景.

　　目前, 国内出版的关于群智能优化方法的相关著作主要集中在遗传算法、粒子群优化算法、蚁群算法等较早发展起来的群智能计算方法, 而近年来出现的有关微分进化算法、文化算法、人工免疫算法、模拟退火算法等热点研究算法介绍较少. 此外, 国内许多关于群智能计算的相关书籍都带有较强的理论分析和学术研究特点, 并不太适合读者由浅入深地渐进学习, 提升读者的阅读兴趣.

　　本书作者及其所在的课题组多年来一直专注于群智能优化算法的拓展研究, 并在实际工程和科学理论研究领域中大量应用群智能计算方法, 积累了大量的学习、使用和应用经验. 目前, 经过课题组所有成员的努力, 发表了有关群智能计算的研究论文共 70 多篇, 三大检索论文 40 多篇, 包括在 *Engineering Applications of Artificial Intelligence, Pattern Recognition Letters, Computers & Chemical Engineering, Knowledge-Based Systems, The Journal of Systems Engineering and Electronic, Ann. Polon. Math*,《计算机研究与发展》《电子学报》《模式识别与人工智能》《控制理论与应用》《控制与决策》等国内外重要学术期刊上发表多篇论文. 作者和课题组的前期研究工作已经得到了国内外同领域研究人员的认可. 目前, 群智能优化方法已经被广泛应用于模式识别、图像处理、系统工程、生物信息、控制理论等相关工程和科学研究领域. 本书将从读者角度出发, 提供一本通俗易懂、由浅入深的研究性著作, 而不仅仅是将其研究核心集中在某一专题做过多的深入理论讨论.

　　本书将课题组多年来在群智能优化方法的研究成果进行了提炼和总结, 对群智能优化中的各类算法通过数学分析方法给出了严格的理论证明, 并通过具体的实际工程案例介绍每种群智能优化方法的应用过程, 各章节的具体内容安排如下: 第 1 章介绍群智能优化方法的产生与发展; 第 2 章介绍最优化模型建模的一般方法和步骤; 第 3 章 ～ 第 5 章介绍较为成熟的几种群智能优化方法, 分别是遗传算法、粒子群优化算法、蚁群算法. 第 6 章 ~ 第 9 章介绍了近年来热点研究的人工免疫算法、文化算法、微分进化算法、模拟退火算法.

本书可作为计算机、电子信息、自动化、经济管理、机械工程等相关学科教师、学生和研究人员的参考书. 限于作者的水平, 本书不少内容还有待完善和深入研究, 难免存在不足之处, 欢迎广大专家和学者批评指正.

借本书出版之际, 感谢南京理工大学孙庭凯和於东军老师、东南大学罗立民和杨万扣老师、南京大学高阳老师、江苏科技大学高尚老师等给予的关心、指导和帮助, 感谢科学出版社的大力支持. 同时, 对课题组参与相关研究工作的吴隽博士、章义来博士、柳炳祥博士、肖绚博士、李佐勇博士、彭甫镕博士、赵庆华博士以及李慧颖、李娟、徐洪焱、詹棠森、王华、李毅成、江晓强、武燕、张玉静等老师表示衷心的感谢. 本书的出版得到了国家自然科学基金项目 (61233011, 61202313, 51362016, 31260273)、江苏省博士后科研资助计划 (1402019C)、东南大学博士后科研资助计划、江西省普通本科高校卓越工程师教育培养计划 (赣教高字 [2013]78 号) 的经费资助, 在此表示感谢. 本书在编写和出版中还得到了美国休斯敦大学袁晓婧教授和刘傅臣博士的支持和帮助, 在此一并表示真诚的感谢.

作　者

2014 年 12 月 20 日

目 录

第1章 绪 论

工程实践与科学理论研究中的许多重要问题都涉及从众多可行方案中选择一个最优方案,并希望在合理使用现有资源的条件下,进一步提高生产效率,这样的问题可以归结为最优化问题. 本章首先对最优化的重要意义进行阐述,介绍了最优化方法的分类,分析了传统优化方法的优点及其局限性,然后对几种典型的智能优化方法的产生、发展和特点进行介绍. 最后,探讨智能优化方法学习的一些方法和建议.

1.1 最优化方法的意义

优化问题贯穿在人类的一切活动之中,人类一切活动的实质不外乎"认识世界,建设世界",认识世界靠的是建立模型,建设世界靠的是优化决策,而优化的目的就是在满足一定的约束条件下,寻找一组最优匹配的参数值,以使模型的某些性能指标达到最大或最小. 就科学理论研究及工程应用来看,最优化是一门应用性强、内容丰富的年轻学科,它讨论决策问题的最佳选择的特性,构造寻求最优解的计算方法,研究这些计算方法的理论性质及实际表现. 处理优化问题的最终目标就是从多种可能的选择方案中找到满足某些约束条件的最好解决方案. 如果说"模拟"深刻地改变着人们改造世界的能力,那么"优化"则深刻地改变着人们融入世界的方法与途径. 例如,在进行图 1-1 所示的高速列车外观造型设计时,设计目标是减小风阻系数,此时需要考虑的设计变量有多个几何参数,包括风窗角度、扰流板形状参数、车头形状控制参数等. 如何在一组设计参数中寻找最佳的组合,从而将风阻系数减小到最低程度是列车外观设计的最重要的性能目标.

图 1-1 高速列车外观造型设计

上述列车造型设计优化问题是工程优化设计领域中一个非常常见的最优化问

题. 从经济意义上说, 最优化是在一定的人力、物力和财力资源条件下, 使经济效果达到最大 (如产值或利润), 或在完成规定的生产或经济任务下, 使投入的人力、物力和财力等资源为最少. 从科学研究领域来说, 最优化作为一门应用性很强的学科, 研究某些用数学模型表述的问题, 通常使用函数形式进行表达, 如果仅有一个目标函数, 那就是单目标优化问题. 如果待优化的目标函数超过一个, 则为多目标优化问题.

从某种意义上说, 现实世界中的很多问题总可以通过构建其模型来认识问题内部的变化规律, 而描述模型内部的过程是人类对某个领域的现象和过程的认识. 因此, 认识世界是为了更好地建设世界, 而建模则是为了更好地优化待解决的问题. 例如, 城市公交线路系统的设计不仅要对目前居民定居点有清晰的认识, 而且也要综合考虑今后的城市规划、线路容纳量和公交效益, 选择最优的建设方案, 才能确保公交系统的持续、合理建设. 因此, 最优化方法是随着模型描述方法的改进而发展起来的. 早期代数学中, 随着解析函数的发展, 产生了极值理论. 这是最早的无约束的函数优化方法, 而拉格朗日乘子法则是最早的约束优化方法. 对最优化方法的早期研究可以追溯到第二次世界大战期间, 在有限的人力、物力及战备物资供应下, 如何将各种物质合理地分配、使用到各种军事任务中, 以求达到最好的作战效果, 英国国防部成立了作战研究小组, 将有限的战争资源合理地分配到了对应的军事计划中, 取得了良好的效果. 战后, 人们将作战研究的一些优化思想运用到运输管理、生产管理和其他的工程及经济学问题中, 于是形成了以线规划、博弈论等为主的运筹学. 运筹学的英文名称正是 "operation research" (作战研究), 其精髓就是要在约束条件表述的限制下, 实现用目标函数表述的某个目标的最优化. 线性规划、非线性规划、动态规划、博弈论、排队论、存储论等, 这些运筹学的模型使最优化方法的发展达到了极致, 从而开启了最优化的辉煌时代. 最优化方法的研究对象及特点主要表现在以下 4 个方面:

(1) 最优化方法研究和解决问题的基础是最优化技术, 对所解决问题强调系统整体最优;

(2) 最优化方法研究和解决问题的优势是应用各学科交叉的方法, 具有学科综合特性;

(3) 最优化方法研究和解决问题的方法具有非常显著的系统总体分析特征, 其不同方法间的混合运用, 几乎都离不开数学模型的建立和计算机的求解过程;

(4) 最优化方法在各种工程实践应用领域中具有强烈的实践特点和广泛应用的特性.

然而, 随着社会生产力的不断提高, 人类认识世界和建设世界的能力越来越强, 随之而来的优化问题也呈现出高维化、强非线性、强约束化、动态变化等特点, 而传统优化方法在求解这类优化问题中, 面临着一些难以克服的局限性, 这些局限性

主要表现在以下 3 个方面[1]:

(1) 单点运算方式限制了计算效率的进一步提高. 传统的优化方法是从一个初始解出发, 每次迭代中只对一个点进行计算, 这种方法很难发挥出现代高性能计算机的性能. 多 CPU 的计算机及其内在并行计算模式在传统优化方法中很难应用, 因此限定了算法的计算速度和求解大规模问题的能力.

(2) 全局搜索能力较弱, 极易陷入局部最优解. 传统的优化方法每一步迭代都必须向着改进方向移动, 即每一步都要求能够降低目标函数值. 一旦算法移动到某个局部的低谷, 就只能局限在该低谷区域内, 不可能搜索该区域之外的其他区域. 因此, 算法全局搜索能力较弱, 极易陷入局部最优解.

(3) 对目标函数和约束函数的可微性限制了算法的应用范围. 传统的优化方法通常要求目标函数和约束函数是连续可微的解析函数, 在某些情况下, 甚至是高阶可微的, 如牛顿法. 实际中, 这样的条件往往难以满足. 因此, 连续及可微性的严格要求使传统优化方法的应用范围受到进一步限制.

传统优化方法是初期阶段的优化方法, 由于在方法论上始终没有突破经典计算思想的范畴, 于是在 20 世纪 70 年代前后, 最优化方法的发展出现了一个低谷期. 与此同时, 随着生命科学的蓬勃发展, 人们开始大胆探索起新的非经典计算途径. 正如人工智能先驱 Minsky 认为的 "我们应该从生物学角度而非物理学受到启示 ……" 在这种背景下, 微观生命体 (如染色体) 及宏观性动物群体 (如蚁群、鸟群、蜂群) 展现出的 "群智能" (swarm intelligence, SI) 的自组织行为引起了人们的广泛关注, 群智能中的群体指的是 "一组相互之间可以进行直接或者间接通信 (通过改变局部环境) 的主体 (agent), 主体间通过信息的交流与共享机制进行优化问题的求解", 而群智能则是指 "无智能的主体通过合作表现出智能行为的特征". 目前, 一些与传统优化经典方法原理截然不同的, 通过模拟自然生态机制求解复杂优化问题的仿生智能优化算法相继被提出和研究, 如遗传算法、蚁群算法、模拟退火算法、粒子群优化算法、人工免疫算法和人工神经网络技术等. 从本质上而言, 这些智能优化算法的共同点, 都是通过模拟或揭示某些自然界的现象和过程, 具有自适应调节功能的概率搜索算法. 已有的群智能理论和应用研究都表明群智能优化算法是一种能够有效解决大多数优化问题的方法. 其技术已经广泛应用于组合优化问题、模式识别、机器学习、人工生命、信息控制以及动态系统的故障诊断等领域. 群智能优化算法在设计时, 一般遵循以下 3 个规则[2,3].

(1) 分隔规则. 尽量避免与邻近伙伴过于拥挤.

(2) 对准规则. 尽量与邻近伙伴的平均方向一致, 向目的运动.

(3) 内聚规则. 尽量朝邻近伙伴的中心移动.

以上规则可归纳为个体信息和群体信息两类信息. 前者对应于分隔规则, 即个体根据自身当前状态进行决策; 后者对应于对准规则和内聚规则, 即个体根据群体信息进行决策.

除了在科学理论及工程应用中频繁使用最优化方法, 随着全球经济一体化进程的推进, 以及社会信息化、网络化、智能化的不断加深, 我们面临着越来越多的复杂困难问题, 如大数据、社交网络、物联网、复杂网络、云计算、超大城市交通规划等. 对于这些问题的求解, 往往涉及海量的数据, 并且数据呈现不同的结构类型, 单一的传统优化方法难以胜任此类问题的求解, 亟待一些新型智能优化方法的出现. 因此, 充分学习、理解、运用人类朋友 (如蚁群、鸟群等) 在自然界中表现出的高度智慧机制, 从中抽象出数学模型并设计出具有强大问题求解能力的新型方法, 在一定意义上是人类向生物界学习的一种高度智慧的体现, 它不仅表现出人类的一种勇于探索、勇于学习、勇于追求的高瞻意识, 而且也是人类智力及开拓创新能力的整体水平的表现.

本书正是围绕这种开拓创新能力全面讲解最新且最为实用的群智能优化方法, 通过剖析这些方法的内在机理, 挖掘群智能算法所具有的普遍意义的理论模型. 同时通过一些具体的实例介绍, 阐述群智能优化方法解决问题的基本思路及流程方法, 为读者深入应用群智能优化方法提供借鉴和引导.

1.2 最优化方法的分类

按照各种优化算法的核心处理方法, 可以将目前存在的优化算法分为两大类[4]: 确定型算法和概率型算法.

确定型算法属于出现较早的优化方法, 如线性规划、非线性规划等. 例如, 基于梯度信息的方法, 它们或者直接利用数学解析求解, 或者进行迭代求解. 直接求解采用计算目标函数的一次或二次偏导求解或进行枚举, 这些算法数学理论比较完备, 但是如果遇到函数不连续、不可导的情况则无能为力, 因此基本上不能解决不连续问题、不可导问题、大规模问题. 迭代求解方法, 如爬山法、单纯型法等, 根据当前解的搜索方向以及解的质量计算下一个解, 如此迭代往复. 确定型算法最大的弱点是容易陷入局部极值. 如图 1-2 所示, 笑脸代表当前解的位置, 若采用爬山法, 则到其所在的山谷谷底之后, 由于没有跳出局部极值的机制, 将错误地认为找到了最优解而停止寻优. 确定型算法对不连续、不可导问题的束手无策, 以及容易陷入局部极值的弱点都让确定型算法的应用受到了很大限制. 为了弥补确定型算法的不足, 研究者开始尝试使用概率型算法.

概率型算法的好处是引入了搜索中的随机性, 即搜索的下一步向哪个方向走并不是确定的, 而是有一个概率, 这样就引入了跳出局部极值的最基本的机制: 即使当前解处于一个局部极值点, 由于往不好的解方向走的概率并不是零, 所以使跳出局部极值成为可能. 如图 1-2 所示, 当笑脸陷入局部极值后, 因为它也接受往不好的方向走的可能, 所以找到真正的最优解 (六角星形所在位置) 就变得可能.

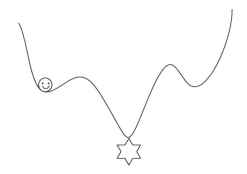

图 1-2 寻优陷入局部最优值

在概率型算法中, 进化类算法的影响力最大. 受达尔文自然选择理论及群体遗传学的启发, 先后出现了进化规划 (evolutionary programming, EP)、进化策略 (evolution strategies, ES)、遗传算法 (genetic algorithm, GA)、遗传编程 (genetic programming, GP)、基因表达编程 (gene expression programming, GEP) 等进化算法. 虽然在个体表达方式、子代群体的产生机制等方面有所不同, 但是这些算法仍然具有一些共同的特点: 候选解称为个体, 是遗传操作的对象; 群体搜索, 比单个个体搜索效率高; 个体的改变主要依靠交叉和变异得到; 进化过程是适应环境的结果, 适应度高的个体生存并繁衍的概率大; 进化的过程中带有不确定性, 适应度低的个体也有生存并繁衍的机会. 进化算法的优越性主要表现: 首先, 进化算法在搜索的过程中不容易陷入局部极值, 即使所定义的适应度函数不连续、不可导或者有噪声的情况下, 它们也能以很大的概率找到全局最优解; 其次, 由于群体搜索固有的并行性, 搜索效率较单体搜索高出很多; 另外, 算法容易扩展, 例如, 采用并行计算技术能够使进化算法的计算速度更上一层楼. 尽管进化算法的基础 —— 自然进化理论的正确性已经受到不同学派的质疑, 进化算法的理论研究仍然很不完善, 但进化算法仍然以其大量的成功应用成为优化算法研究中最令人瞩目的群智能优化方法之一. 除了进化类算法, 概率型算法还包括随机搜索、模拟退火和禁忌搜索. 随机搜索 (random search, RS) 即在搜索空间中随机产生搜索点来寻找最优解, 具有一定的跳出局部极值的机会, 但是效率很差. 模拟退火 (simulated annealing, SA) 是模拟物理退火过程, 接受坏解的概率随着温度的降低逐渐变小. 模拟退火算法提供了有别于进化算法的跳出局部极值的机制, 同时在搜索的速度和精度上找到了一个比较好的平衡. 禁忌搜索 (tabu search, TS) 采用了另一种不同于模拟退火跳出局部极值的策略: 将找到的局部极值放入一个 "禁忌表" 中. 以后的搜索将会有意识地避开处于禁忌表中的区域, 这样在一段时间的搜索之后, 能够保证对不同的有效搜索途径的探索, 最后对这些禁忌表中的解进行比较就可以得到最优解.

1.3   群智能优化方法的产生与发展

针对传统优化方法存在的不足, 人们通过对自然界蕴涵的丰富智能信息处理机制的研究, 对不同优化问题尝试着建立各种仿生类的智能计算模型, 现有的智能优化方法在应用领域的成功应用, 使研究者对仿生算法的研究有了更大的信心, 各种新的群智能算法正在不断地涌现出来. 表 1-1 描述了不同智能优化算法提出的时间先后次序及对应的相关文献. 表中数据显示, 人们从 20 世纪 60 年代初就开始了对生物智能进行一系列的模拟. 这种模拟的实质是将"智能"建立在群体智慧基础上的, 是一种概率搜索算法. 但这类智能优化方法有别于传统优化方法, 其最大的区别在于不依赖问题本身的严格数学性质, 不要求所研究的问题是连续、可导的, 在信号或数据层直接对输入信息进行处理, 适用于求解那些难以有效建立形式化模型, 使用传统优化方法难以解决或根本不能解决的问题. 因此, 明确什么是智能很重要. 但至今还没有一个关于智能确切的、公认的定义. 下面我们将结合多数学者和自己的理解来定义智能.

表 1-1   不同智能优化方法的发展过程

年份	智能优化方法	提出者	参考文献
2012	磷虾集群 (krill herd)	Gandomi, Alavi	[5]
2010	蝙蝠算法 (bat algorithm)	Yang, Gandomi	[6],[7]
2009	杜鹃搜索算法 (cuckoo search algorithm)	Yang, Deb	[8]
2009	万有引力算法(gravitational search algorithm)	Rashedi, Nezamabadi-Pour, Saryazdi	[9]
2006	萤火虫优化算法 (glowworm swarm optimization)	Krishnand, Ghose	[10]
2009	智能水滴算法 (intelligent water drops algorithm)	Shah-Hosseini	[11]
2001	和声搜索算法 (harmony search algorithm)	Geem, Kim, Loganathan	[15]
2005	蜂群算法 (honey bee algorithm)	Karaboga	[12]
2002	细菌觅食算法 (bacterial foraging algorithm)	Passino	[13]
2002	分布估计算法 (estimation of distribution algorithm)	Larrañaga, Lozano	[14]
1995	粒子群优化 (particle swarm optimization)	Kennedy, Eberhart	[16]
1991	蚁群优化 (ant colony optimization)	Colorni, Dorigo, Maniezzo	[18]
1989	禁忌搜索算法 (tabu search algorithm)	Glover	[19],[20]
1983	模拟退火算法 (simulated annealing algorithm)	Kirkpatrick, Gelatt, Vecchi	[21]
1994	文化算法 (cultural algorithm)	Reynolds	[17]
1975	遗传算法 (genetic algorithm)	Holland	[22]
1966	进化规划 (evolutionary programming)	Fogel	[23]
1963	进化策略 (evolution strategies)	Rechenberg, Sehwefel	[24]

定义 1-1 人的智能是他们理解和学习事物的能力, 或者说, 智能是思考和理解能力而不是本能做事能力.

定义 1-2 智能是指能够识别、分析、完成给定任务的计算能力.

从对"智能"广义的理解角度来看, 我们可以将智能分为以下两种类别.

1) 人工智能

人工智能 (artificial intelligence, AI) 又称为机器智能或计算机智能, 人工智能是一门研究模拟人类智能、实现机器智能的科学. 关于人工智能的具体定义, 不同的人从各自理解的角度进行了如下定义.

定义 1-3 斯坦福大学的尼尔森 (Nilsson) 提出: 人工智能是关于知识的科学 (知识的表示、知识的获取以及知识的运用).

定义 1-4 人工智能 (学科) 是计算机科学中涉及研究、设计和应用智能机器的一个分支. 它的近期主要目标在于研究用机器来模仿执行人脑的某些智力功能, 并开发相关理论和技术.

定义 1-5 人工智能是智能机器所执行的通常与人类智能有关的智能行为, 这些智能行为涉及学习、感知、思考、理解、识别、判断、推理、证明、通信、设计、规划、行动和问题求解等活动.

由此可见, 人工智能本质上有别于人的智能.

从工业应用角度来说, 人们希望模拟人类智能的机器人不仅能够做一些繁琐的工业任务或者数理计算, 而且希望机器人能够有独立思考的能力, 也就是有自我. 这种"自我"智能是通过图像识别、动作识别、逻辑判断、自然语言的处理和反馈及深层次的数学以及理论思考来体现的. 目前, 人工智能处于启蒙研究阶段, 虽然已经有了初步的探索, 如神经网络的提出和发展, 但并不能真正地制造出有自我思考能力的机器人.

传统的人工智能是基于符号处理的, 通常也称为符号智能, 是以知识为基础, 偏重于逻辑推理, 以顺序离散符号推理为特征, 强调知识表示和推理及规则的形成和表示. 对 AI 的深入认识还要经历很长一段历程, 但从目前的研究成果来看, 有理由相信人工智能在不远的将来一定能够实现.

2) 群智能

群智能 (swarm intelligence, SI) 是从生物进化的观点认识和模拟智能. 关于群智能, Kennedy 进行了如下定义.

定义 1-6 群智能通常是指一些简单的具有信息处理能力的单元结构在交互作用的过程中表现出的具有解决问题的一种能力.

定义 1-7 群智能通常是无中心控制的, 具有自我组织能力和自适应能力的自然或者人工的系统所表现出来的能够完成特定任务的某种区别于个体行为的群体行为.

群智能是受到大自然智慧和人类智慧的启发而设计出的一类算法的统称, 如大雁在飞行时自动排成人字形, 蚂蚁觅食表现出的自组织合作特性等. 由于在科学研究和工程实践中遇到的问题变得越来越复杂, 采用传统的计算方法来解决这些问题面临着计算复杂度高、计算时间长等问题, 特别是对于一些具有 NP(nondeterministic polynomial) 复杂性质的问题, 传统优化方法根本无法在可以忍受的时间内求出精确的解. 因此, 为了在求解时间和求解精度上取得平衡, 计算机科学家提出了很多具有启发式特征的群智能方法. 这些方法或模仿生物界的进化过程, 或模仿生物的生理构造和身体机能, 或模仿动物的群体行为, 或模仿人类的思维、语言和记忆过程的特性, 或模仿自然界的物理现象, 希望通过模拟大自然和人类的智慧实现对问题的优化求解, 在可接受的时间内求解出可以接受的解. 在这些模仿中, 群体中的每个个体都遵守一定的简单的规划, 当它们按照这些规则相互作用时就会涌现出上述的复杂行为. 群智能的这种概念最早是由 Gerardo 和 Wang 提出的, Bonabeau 和 Dorigo 对群智能的概念进行了进一步推广, 群智能一般具有如下特点.

(1) 控制是分布式的, 不存在中心控制. 因而它更能够适应当前网络环境下的工作状态, 并且具有较强的鲁棒性, 即不会由于某一个或几个个体出现故障而影响群体对整个问题的求解.

(2) 群体中的每个个体都能够改变环境, 这是个体之间间接通信的一种方式, 这种方式称为 "激发工作"(stigmergy). 由于群智能可以通过非直接通信的方式进行信息的传输与合作, 所以随着个体数目的增加, 通信开销的增幅较小. 因此, 它具有较好的可扩充性.

(3) 群体中每个个体的能力或遵循的行为规则非常简单, 因而, 群智能的实现比较方便, 具有简单性的特点.

(4) 群体表现出来的复杂行为是通过简单个体的交互过程突现出来的智能 (emergent intelligence) , 因此, 群体具有自组织性.

近年来, 随着越来越多的学者开始投入群智能的理论研究和实际应用推广领域, 群智能已逐渐成为一个新的重要研究方向. 每年都有新的群智能算法提出, 这些算法丰富和扩充了群智能优化方法在不同领域中的应用.

群智能理论研究领域中具有代表性的算法有: 遗传算法 (genetic algorithm, GA) 和粒子群优化 (particle swarm optimization, PSO) 算法. 前者是模仿生物学中进化和遗传的过程, 遵循达尔文的 "适者生存, 优胜劣汰" 的竞争原则, 通过种群中优势个体的繁衍进化来实现优化的功能. 而后者是模仿鸟类和鱼类群体觅食过程中, 个体与群体协调一致的机理, 通过个体寻优、群体最优方向和个体惯性方向的协调来求解复杂的优化问题. 国内的学者称 "粒子群优化算法" 为 "微粒群算法", 近年来该方法已经成为群智能领域新的研究热点. 区别于传统的基于梯度的优化方法,群智能是可以在没有中心控制且不提供全局模型的前提下，为求解复杂优化问题提供可行的选择方案. 群智能是以数学为基础，与大多数基于梯度应用优化算法不同，群智能基于概率搜索，虽然概率算法往往要借助评价函数对解的优劣进行判定，但相比传统的优化方法，具有明显的差别[25]：①对目标函数和约束函数表达的要求更为宽松，求解的优化问题可以不必是解析的，更不必是连续和高阶可微的；②计算的时效性很高，传统的优化方法更注重解的理论最优性，但忽略了计算效率. 而群智能中每个个体的能力十分简单，个体执行的时间也较短，算法实现简单，能够在算法终止时获得与计算时间代价相当的较好解；③鲁棒性较强，表现在群智能中每个个体既有"单兵作战"能力，又不失"集体合作"机制. 某些个体的故障不会影响整个优化问题的求解，确保了系统具备更强的鲁棒性；④并行分布式算法模型，群体相互合作的个体分布于不同的位置，这样的分布模式更有利于网络环境下的工作机制；⑤信息的直接和间接共享机制确保了系统的可扩展特性. 个体自主的演化方式使得群体间的信息传递表现出显著的整体效果，不会因个体的增加带来较大的通信开销；⑥通用性较强，传统的优化方法是基于精确数学的方法，对数据的确定性和准确性有着严格的要求. 实际生活中的信息往往具有很高的不确定性，群智能优化对问题的求解不依赖计算的数据，这使得算法具有较强的通用性.

智能优化方法易于实现，算法仅涉及一些基本的数学操作，对一些算法的计算仿真表明：群智能优化方法对机器软硬件环境的要求不高. 更为重要的是智能优化方法对各类复杂的问题具有很强的适应性，对问题的求解无需梯度信息，其具有的高度的并行性和分布式特点为处理大量的以数据库形式存在的数据提供了技术保证. 这对群智能理论及其应用研究将进一步丰富现代优化技术，为那些传统优化方法难以处理的各类复杂优化问题提供切实可行的选择方案. 因此，无论是从理论研究还是从实践应用的角度出发，群智能理论及应用研究都将具有重要的学术意义和现实价值.

1.4 怎样学习群智能优化方法

群智能优化方法是一门计算科学. 从当前对不同智能优化方法的研究成果来看，无论是较为成熟的遗传算法，还是蝙蝠算法，其研究的理论基础支撑还有许多工作要做，在实际工程中的应用效果还需要更多的测试及改进. 对于许多大学生及研究生，建议在学习智能优化方法时从以下几个方面循序渐进地学习.

(1) 掌握好一门计算机编程语言工具，对数据结构知识有较为深入的理解.

群智能优化算法对各类复杂优化问题的求解，大致都需要经过下列几个步骤：首先要从具体问题中抽象出一个适当的数学模型，然后设计一个求解该数学模型的算法，最后使用某种计算机编程语言编出程序、测试、改进算法直至得到最终解答. 其中, 提取出操作对象, 并找出这些操作对象之间的关系是数据结构的研究范畴. 在计算机科学中, 数据结构不仅是一般程序设计 (特别是非数值计算的程序设计) 的基础, 而且是设计和实现编译程序、操作系统、数据库系统及其他系统程序和大型应用程序的重要基础.

当前, 数据结构的发展并未终结, 一方面, 面向各专门领域中特殊问题的数据结构得到研究和发展, 如多维图形数据结构等; 另一方面, 从抽象数据类型的观点来讨论数据结构, 已经成为一种新的趋势, 越来越被人们所重视.

(2) 理解一种智能优化算法的基本原理及设计思想, 对算法在一些标准测试问题的应用进行测试.

智能优化方法大多给出的仅是算法的基本原理及设计思想, 因此, 改进算法以获得更好的计算性能有很大的拓展空间. 例如, 为遗传算法设计新的交叉或变异算法, 为模拟退火算法设计新的冷却策略, 为粒子群优化算法设计新的速度或位移方式等, 这些对算法的改进策略要针对具体的应用测试问题来调整, 是广大智能优化方法爱好者发挥聪明才智的地方.

(3) 对影响算法的关键因素进行分析, 对算法进行改进.

不同的智能优化算法或多或少会有影响其算法执行效率的参数, 如何分析在不同参数的组合形式下寻求算法执行的最佳性能一直是研究人员的研究重点. 例如, 遗传算法中的交叉率、变异率、粒子群优化算法中的认识系数和社会系数, 以及惯性加权系数等. 各类算法中不同参数间的相互影响, 各参数间的最佳组合等都是提高算法执行效率的重要研究领域. 由于不同算法的基本原理和设计思想是现存的, 对影响算法的参数设置方法的研究是深入学习智能优化方法的一个必经之路, 获得成果的可能性比较大, 可以说这是深入智能优化算法领域的一个必经之路.

(4) 试着将混合算法应用到一些具体的工程应用中, 分析算法执行的效果.

由于不同的智能优化算法各有其特点, 如何将不同的智能优化算法进行混合并应用于工程中的一些实际问题, 一直是不少学者的工作重点. 例如, 遗传算法和粒子群优化算法的混合, 遗传算法和模拟退火算法的混合, 免疫优化算法和蚁群优化算法的混合等. 当然, 或许还有更多的不同智能优化方法间的混合还有待学者去实践, 这就给后继者在智能优化领域的研究带来了很大的工作空间. 针对具体工程问题的研究, 混合算法或许会表现出比单独使用某种智能优化算法更好的性能, 对于一些较难求解的工程问题或许会得到更好的结果, 所以说尝试着研究不同混合算法在实际工程问题的性能或许会得到一些更好的效果.

(5) 对算法的性能进行深入测试, 选择较为通用的测试例题.

学习智能优化算法必须要有坐在计算机前反复调试程序、计算例题的决心. 无论是算法的改进, 还是算法间的混合, 唯一的评价标准就是在大量不同规模例题上的测试结果的好坏. 要想在智能优化领域里获得成功, 就必须喜欢编程序, 喜欢在计算机上工作, 并且从中感受到这种过程的快乐. 这样的研究者才是从事智能优化算法研究的最佳人选.

对于算法测试用到的测试例题应当从其说服力出发, 选择例题的优先顺序通常为: 网上题库中的例题、文献中的例题、随机产生的例题、实际应用问题、自己编写的例题. 例如, 旅行商问题 (TSP) 和二次指派问题 (QAP) 等都是网上题库中的经典组合优化问题. 如果在测试中, 你的改进算法的测试性能能够优于网上文献的相关报道, 那说明你的工作取得了一定的成绩. 当然, 最没有说服力的测试就是用自己编写的例题去验证算法的优劣性能, 虽然在国内外有不少学者在其相关文献中就是这样做的, 但这种方式并不值得推荐和提倡.

(6) 创造出新的智能优化算法.

智能优化算法的学习过程中, 很多人会在某种思想或是某种外界环境现象的激发下, 想到能不能创造出新的智能优化算法. 这种激发是值得鼓励和表扬的, 但是前提是必须达到以下几点. ① 新算法必须具有新的思想和计算原理. ② 已经在国内外相关测试问题上测试过性能结果, 且计算机性能优于目前已有的某些智能优化算法. ③ 能够在国际相关领域的权威期刊或顶级会议上发表研究论文, 引起国内外学者广泛的高度重视. ④ 能够有更多的研究人员从事已有成果的改进和测试, 并应用于新的测试问题中.

事实上, 在今后的一个相当长的时期内, 智能优化领域还会有更多的算法融入, 例如, 近几年提出的鱼群算法、雁队算法、群落选址算法、猫群捕食算法等. 这种探索自然界在某一方面的 "智能" 而表现出的个人追求精神是值得鼓励的, 但要想真正成为一种被国内同行接受的、广泛认可的智能优化算法还需要进行大量的理论研究分析和实践论证工作.

参 考 文 献

[1] 汪定伟, 王俊伟, 王洪峰, 等. 智能优化方法[M]. 北京: 高等教育出版社, 2007.

[2] 李晓磊, 邵之江, 钱积新. 一种基于动物自治体的寻优模式: 鱼群算法[J]. 系统工程理论与实践, 2002(11): 32–38.

[3] Reynolds C W. Flocks, herds, schools: A distributed behavioral model[C]. //Proceedings of SIGGRAPH'87. Anaheim, California. Computer Graphics 1987, 21(4): 25–34.

[4] 冯春时. 群智能优化算法及其应用[D]. 合肥: 中国科学技术大学, 2009.

[5] Gandomi A H, Alavi A H. Krill herd: A new bio-inspired optimization algorithm[J]. Communications in Nonlinear Science and Numerical Simulation, 2012, 17(12): 4831–4845.

[6] Yang X S. A new metaheuristic bat-inspired algorithm[C]// Nature Inspired Coopera-

tive Strategies for Optimization (NISCO 2010), Studies in Computational Intelligence, Berlin: Springer, 2010: 65-74.

[7] Yang X S, Gandomi A H. Bat algorithm: A novel approach for global engineering optimization[J]. Engineering Computations, 2012, 29(5): 464–483.

[8] Yang X S, Deb S. Cuckoo search via Lévy flights[C]// World Congress on Nature & Biologically Inspired Computing (NaBIC 2009), IEEE Publication, USA, 2009: 210–214.

[9] Rashedi E, Nezamabadi-Pour H, Saryazdi S. GSA: A gravitational search algorithm[J]. Information Sciences, 2009,179(13): 2232–2248.

[10] Krishnand K N, Ghose D. Glowworm swarm based optimization algorithm for multimodal functions with collective robotics applications[J]. Multiagent and Grid Systems, 2006, 2(3): 209–222.

[11] Shah-Hosseini H. The intelligent water drops algorithm: a nature-inspired swarm-based optimization algorithm[J]. International Journal of Bio-Inspired Computation, 2009, 1(1): 71–79.

[12] Karaboga D. An idea based on honey bee swarm for numerical optimization[Z]. Technical Report-TR06, Erciyes University, 2005.

[13] Passino K M. Biomimicry of bacterial foraging for distributed optimization and control[J]. IEEE Transactions on Control Systems Magazine, 2002, 22(3):52–67.

[14] Larrañaga P, Lozano J A. Estimation of Distribution Algorithms: A New Fool for Evolutionary Computation[M]. Boston:Kluwer Academic Publishers, 2002.

[15] Geem Z W, Kim J H, Loganathan G V. A new heuristic optmization algorithm: Harmony search[J]. Simulation, 2001, 76(2):60–68.

[16] Kennedy J, Eberhart R C. Particle swarm optimization[C]//Proceedings of IEEE International Conference on Neural Networks. Perth, Australia: IEEE, 1995: 1942–1948.

[17] Reynolds R G. An introduction to cultural algortihms[C]//Proceedings of the Third Annual Conference on Evolutionary Programming, World Scientific. River Edge, New Jersey, 1994: 131–139.

[18] Colorni A, Dorigo M, Maniezzo V. Distributed optimization by ant colonies//Proc. Of the First European conf. on Artificial Life. Paris, France: Elsevier Publishing, 1991:134–142.

[19] Glover F. Tabu search-Part I [J]. ORSA Journal on Computing, 1989, 1(3): 190–206.

[20] Glover F. Tabu search-Part II[J]. ORSA Journal on Computing, 1990, 2(1): 4–32.

[21] Kirkpatrick S, Gelatt Jr C D, Vecchi M P. Optimization by simulated annealing[J]. Science, 1983, 220:671–680.

[22] Holland J H. Adaptation in Natural and Artificial Systems[M]. Ann Arbor: Univeristy of Michigan Press, 1975.

[23]　Fogel D B. Applying evolutionary programming to selected traveling salesman probl-
　　　em[J]. Cybernetics and System, 1993, 24(1):27–36.

[24]　Schwefel H P, Back T. Evolution strategies Ⅰ: Tariants and their computational imple-
　　　mentation[C]// Proceedings of the Genetic Algorithms in Engineering and Computer
　　　Science, New York: Wiley, 1995:111–126.

[25]　高尚, 杨静宇. 群智能算法及其应用[M]. 北京: 中国水利水电出版社, 2006.

第2章 最优化模型

本章首先从单变量最优化问题开始讨论, 介绍了用数学建模解决问题的一般过程; 然后介绍多变量的最优化问题的建模过程; 最后讨论了几种常用的求解最优化问题的一些传统数学方法.

2.1 单变量最优化

单变量最优化问题又称为极大–极小化问题, 出现在很多科学及工程的实际应用领域. 例如, 车间生产中总希望在尽可能少的人力、物力条件下获得生产效益最大化, 或是在达到某一预定目标的前提下投入成本最低; 政府决策者需要根据市场的变化规律采取一些措施, 使得居民的生活消费品成本降到最低; 医生则要合理使用药物使其对患者的不良反应降低到最小; 数据库系统管理员需要在合理的时间内使数据的处理能力达到最高, 而使事务处理的延迟达到最小; 经营渔业或林业的管理者要通过控制每年的收获率来达到长期产量的最大化; 公交公司要在尽可能扩大城市线路的同时, 使线路间的站点重复率降到最低; 大型超市需要根据货物的销售情况合理安排进货周期及数量, 从而获得利润最大化. 这些实际应用都有一个明显的共同数学特征: 具有一个或多个可以受实际应用情况控制的变量, 通过对这些变量的控制, 使其他的某个变量达到最小或最大. 从实际问题抽象为用具体的数学模型来表达, 最优化模型是在一组给定的约束条件下, 确定受约束的可控变量的取值, 以使结果达到最优值.

最优化问题就其涉及的待优化问题的变量个数可以分为单变量最优化问题和多变量最优化问题; 按其涉及的待优化目标的个数可分为单目标最优化问题和多目标最优化问题; 按其变量取值随时间 (或其他因素) 有无变化规律可分为静态最优化问题和动态最优化问题等. 当然最优化问题还可根据函数的形态来划分. 但无论如何划分, 最优化问题的求解总是可以按照某种预先规定的过程来处理, 下面介绍最优化问题求解的一般数学建模过程.

以单变量最优化为例, 介绍数学建模的五步方法[1]. 在该方法中, 最优化问题的求解将按照预先设定的五步方法: 问题描述、建模策略、模型的数学表达、求解模型、回答问题来进行.

问题 1 某加工厂需要加工一批产品, 这批产品现有数目 200 个, 每天生产的产品数目是 5 个, 而每天生产产品的花费是 40 元, 每个产品的市场价格为 60 元,但每天下降 1 元, 求出售这批产品的最佳时间.

对于上述问题, 其数学建模的一般过程可描述如下:

Step1. 问题描述.

Step2. 选择建模方法.

Step3. 构建模型的数学表达式.

Step4. 求解模型.

Step5. 回答问题.

在某种程度上, 上述步骤有时是可以提前进行的, 当然前提是问题较为简单, 且能用普通的数学语言直接表达出来. 对于 Step1 的过程, 我们要用数学语言描述出这个问题, 在具体描述问题之前, 需要定义所用的术语, 可以先对问题中涉及的变量及其单位进行定义, 然后写出关于这些变量所做的若干假设, 可用等式或不等式形式列出这些变量间的若干假设. 结合变量及所做的假设, 最后的问题描述需要用明确的数学语言写出该问题的目标表达式.

通过上述的分析, 问题 1 中涉及的变量包括: 产品的总数目 n(个), 出售这批产品经历的时间 t (天), t 天内生产产品总的花费 C(元), 产品的市场价格 p(元/个), 售出产品所获得的收益 R(元), 产品最终所获得纯利润 Z(元). 当然, 这些设定的若干变量和常量要区别开来, 如这批产品的初始数目 200(个).

设定为问题的相关变量后, 需要假设出这些变量间的相互关系, 在该过程中, 常量也应当考虑进去. 首先, 产品的总数目如何表达. 由问题 1 可知, 在原有 200 个基础上按每天数目 5 个增加, 因此, 有

$$n(个) = 200个 + \frac{5个}{天} \times t天$$

把变量的单位也包含在公式中, 便于检查所列出的公式是否有意义. 该问题中涉及的其他假设如下

$$C(元) = \frac{40元}{天} \times t天$$

$$\frac{p(元)}{个} = \frac{60元}{个} - \left(\frac{1元}{个 \cdot 天}\right) \times t天$$

$$R(元) = \frac{p(元)}{个} \times n个$$

$$Z(元) = R(元) - C(元)$$

此外, $t \geqslant 0$. 在上述列出的几个式中, 我们的目标最终是要获得最大纯利润. 在 Step1 中, 变量、假设、目标的顺序没有必然的先后顺序. 有些时候, 在分析变

量的个数及变量间的不等式数目往往可交叉进行. 例如, 从问题 1 中可知, 产品的市场价格按每天 1 元下降. 因此, 价格和天数是两个变量, 两者间的关系应当满足 $p = 60 - 1 \times t$. 当然, 当问题比较复杂时, 在对设定这些变量及表达它们之间的关系时, 可以先假定一些变量, 然后由问题中某些名词逐一得到所有的变化量, 在对应表达成变量. 随着变量设定的完成, 变量间的关系也会逐渐构建完整 (图 2-1).

变量:	$t=$时间(天)
	$n=$产品的总数目(个)
	$p=$产品的市场价格(元/个)
	$C=t$ 天内生产产品的总花费(元/个)
	$R=$售出产品的收益(元)
	$Z=$纯利润(元)
假设:	$n=200+5t$
	$p=60-t$
	$C=40t$
	$R=p \times n$
	$Z=R-C$
	$t \geqslant 0$
目标: 求 P 的最大值	

图 2-1   产品销售问题的 Step1 结果

Step1得到了用数学语言描述的问题, 那么在 Step2 选择建模方法中, 应当使用何种方法来获得解呢? 使用何种方法取决于研究者对该领域建模方法的熟悉程度, 对于某些特定类型的问题在应用数学领域都有其特有对应的解决方法, 并且不断取得新的进展. 例如, 对上述问题, 将其视作一个单目标极大化问题, 使用遗传算法求解问题就能得到满意的结果, 并且还可以对某些参数的灵敏性进行分析, 关于遗传算法及其他智能优化算法对最优化问题的求解过程, 本章后续篇幅会详细阐述. 在这里, 我们只介绍传统的微积分方法求解极大化问题的过程, 下面先给出相关定理.

定理 2-1   设 $y = f(x)$ 是定义在实轴子集 S 上的实值函数, 若 $f(x)$ 在 S 的某一内点 x 是可微的, 且 $f(x)$ 在 x 达到极大或极小值, 则 $f'(x) = 0$.

定理 2-1 是微积分的中值定理, 该定理在很多微积分教科书中都有详细叙述和证明, 定理 2-1 提供了解决极大化或极小化问题的有效方法, 只要问题满足设定的定理条件, 就可以通过在某点的导数为 0 来求得 x.

Step3 是如何构建模型的数学表达式. 这一步骤就是要把在 Step1 得到的问题应用于 Step2, 将问题表述成所选建模方法的标准形式, 以便于使用对应的方法来求解标准形式.

需要注意的是, 如果所选建模方法中有一些特定的变量标记, 那么将问题中的变量名变换一下则会带来很好的效果. 在问题 1 中, 有

$$
\begin{aligned}
Z &= R - C \\
&= p \times n - 40t \\
&= (60 - t) \times (200 + 5t) - 40t
\end{aligned}
$$

令 $y = Z$ 是需要最大化的目标变量, $x = t$ 是自变量. 问题 1 现在转换为在集合 $S = \{x : x \geqslant 0\}$ 上求以下函数的最大值

$$
\begin{aligned}
y &= f(x) \\
&= (60 - x) \times (200 + 5x) - 40x
\end{aligned} \tag{2-1}
$$

Step4 是利用 Step2 确定的建模方法来求解, 即对问题 1 的求解就是对式 (2-1) 在区间 $x \geqslant 0$ 上求最大值. 图 2-2 描绘了函数 $f(x)$ 的曲线. 由于 $f(x)$ 是关于 x 二次的, 故该曲线是一条抛物线. 对式 (2-1) 求导, 可得

$$
f'(x) = 10 \times (6 - x)
$$

令 $f'(x) = 0$, 可得 $x = 6$. 由于 $f'(x)$ 在区间 $(-\infty, 6)$ 上是递增的, 而在区间 $(6, \infty)$ 上是递减的, 所以在点 $x = 6$ 是全局极大值点, 且极大值为 $y = f(6) = 12180$.

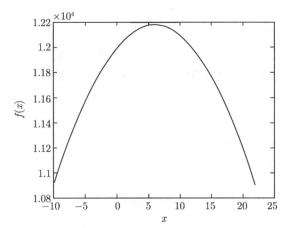

图 2-2 产品出售问题的净收益 $y = (60 - x) \times (200 + 5x) - 40x$ 关于产品出售时间 x 的曲线图

Step5 是回答 Step1 中提出的问题：产品在何时出售才能获得最大的纯利润，由 Step4 求解的结果，可得在第 6 天之后获得最大的纯利润 12180 元. 对于所得的结果，只要 Step1 的假设都是正确的，这一结果就是正确的.

以上介绍了数学建模的五步方法. 对于实际的问题或许远比问题 1 更为复杂，但按照上述建模步骤，总能够找到问题的最终解或近似解. 特别是对于 Step2，建模方法如何选择，这一步的成功需要经验和技巧. 本书后续章节介绍的智能优化方法正是向读者介绍一些区别于传统数学的建模方法，提高读者对建模方法的广泛深入的认识，以便于能更好地在实际问题中选择较适宜的建模方法.

2.2　多变量最优化

本节主要考虑无约束的多变量最优化问题，相对于问题 1，随着多变量最优化问题中变量个数的增加，往往会导致最优化的区域形状变得较为复杂. 在求解此类问题时，仍然可以使用 2.1 节介绍的五步方法，以问题 2 为例.

问题 2　某计算机生产企业准备向市场推出两款新型液晶显示器产品：一种是 15 英寸液晶平板显示器；一种是 17 英寸液晶平板显示器. 这两种产品的市场价格分别为 1500 元/台 (15 英寸) 和 2000 元/台 (17 英寸)，每种产品的生产成本分别为 700 元/台 (15 英寸) 和 1200 元/台 (17 英寸)，此外，还需要加上 50000 元的固定投入成本. 在激烈的市场竞争中，每年售出的显示器的数量与产品的销售价格有一定的影响，由数据分析可知：这两种类型的显示器，每售出 1 台，平均销售价格就会下降 1 元，而且两种类型显示器的各自销售数量对另一方的价格也会产生影响. 又由数据分析可知：15 英寸显示器每售出 1 台，17 英寸显示器便会下降 0.5 元，而17 英寸显示器每售出 1 台，15 英寸显示器会下降 0.4 元，为获得最大市场利润，每种显示器各应生产多少台？

Step1. 问题描述. 首先对问题 2 中的变量进行归纳，描述出变量间的关系和其他的相关假设，如变量的取值范围的限定. 最后，对问题使用数学公式表达. 这一步的结果归纳在图 2-3 中.

Step2. 选择建模方法. 问题 2 可以看成一个无约束的多变量优化问题. 这类问题在多元微积分是较容易解决的一类模型. 下面给出相关的定理.

定理 2-2　设函数 $y = f(x_1, x_2, \cdots, x_n)$ 是定义在 n 维空间 R^n 子集 S 上的实值函数. 若 $f(x)$ 在 S 的某个内点 $(x_1, x_2, \cdots, x_n)$ 上达到极小值或极大值，则 $f(x)$ 在这个点可微，且有 $\nabla f(x) = 0$，即在极值点有

$$\frac{\partial f}{\partial x_1}(x_1, x_2, \cdots, x_n) = 0$$
$$\frac{\partial f}{\partial x_n}(x_1, x_2, \cdots, x_n) = 0$$

$$(2\text{-}2)$$

变量：$s=15$ 英寸液晶显示器的销售数量(每年)
$t=17$ 英寸液晶显示器的销售数量(每年)
$p=15$ 英寸液晶显示器的销售价格(元)
$q=17$ 英寸液晶显示器的销售价格(元)
$C=$ 生产液晶显示器的成本(元)
$R=$ 液晶显示器的销售收入(元)
$P=$ 液晶显示器的利润(元)
假设：$p=1500-s-0.4t$
$q=2000-0.5s-t$
$R=ps+qt$
$C=50000+700s+1200t$
$P=R-C$
$s\geqslant 0$
$t\geqslant 0$
目标：求 P 的最大值

图 2-3 液晶显示器销售的第一步结果

由上述定理可知, 只要解出式 (2-2) 给出的 n 个未知数, n 个方程的联立方程组, 就可以求出极大值和极小值. 对于使式 (2-2) 中偏导数不为 0 的点, 可以不考虑. 此外, 极值点还需要考虑那些位于定义域边界上的点和使得偏导数无定义的点.

Step3. 根据 Step2 中的建模方法构建模型的数学表达式

$$P = R - C = ps + qt - (50000 + 700s + 1200t)$$
$$= (1500 - s - 0.4t)s + (2000 - 0.5s - t)t - (50000 + 700s + 1200t)$$

在此, 令 $y = P$ 作为求最大值的目标变量, $x_1 = s$, $x_2 = t$ 为决策变量. 现在问题 2 可转换为在区域 $S = \{(x_1, x_2): x_1 \geqslant 0, x_2 \geqslant 0\}$ 上对式 (2-3) 求最大值

$$y = f(x_1, x_2)$$
$$= (1500 - x_1 - 0.4x_2)x_1 + (2000 - 0.5x_1 - x_2)x_2 - (50000 + 700x_1 + 1200x_2)$$
$$(2\text{-}3)$$

Step4. 使用 Step2 给出的标准解决方法求解这个问题, 即对式 (2-3) 中定义的函数 $f(x)$ 在 S 中求最大值. 图 2-4 给出了函数 $f(x)$ 的三维图形. 由此可以估计出 $f(x)$ 的最大值点出现在 $x_1 = 280$, $x_2 = 280$ 附近. 函数 $f(x)$ 的曲面形状是一个抛物面, 由定理 2-2 可知, 其最高点是令 $\nabla f(x) = 0$ 得到的方程组 (2-2) 的唯一解.

计算可得, 在点

$$x_1 = \frac{88000}{319} \approx 276$$
$$x_2 = \frac{88000}{319} \approx 276$$

(2-4)

处有

$$\frac{\partial f}{\partial x_1}(x_1, x_2, \cdots, x_n) = 2x_1 + 0.9x_2 - 800 = 0$$
$$\frac{\partial f}{\partial x_2}(x_1, x_2, \cdots, x_n) = 0.9x_1 + 2x_2 - 800 = 0$$

(2-5)

式 (2-4) 给出的点 (x_1, x_2) 为 $f(x)$ 在整个实平面上的整体最大值点, 从而也是 $f(x)$ 在区域 S 上的最大值点. 将式 (2-4) 代到式 (2-3) 中, 便得 $f(x)$ 的最大值

$$y = \frac{25113550000}{101761} \approx 246789.54$$

(2-6)

类似于单变量优化问题, 在 Step4 中, 使用 Step2 确定的方法求解问题, 该方法既可以是传统的数学方法, 也可以是后续章节的智能优化方法, 具体何种方法更适合, 取决于问题本身的性质和复杂程度.

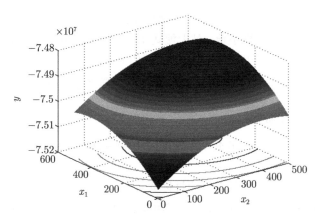

图 2-4   函数 $f(x)$ 的三维图像

最后一步是回答问题, 由上述的分析结果可知, 这家制造商可以通过生产 276 台 15 英寸液晶显示器和 276 台 17 英寸液晶显示器来获得最大利润, 每年可获得纯利润是 246789.54 元. 每台 15 英寸和 17 英寸液晶显示器平均售价分别为 1113.6 元和 1586 元. 生产的总成本为 574400 元. 相应的利润是 42.96 %. 上述这些数据显示出显示器的售出是有利可图的, 因此建议这家制造商推出新产品的计划.

2.3 传统的优化计算方法

本节主要介绍一些传统的求解优化问题常用的计算方法, 这些方法在某种程度上, 对函数本身有一定的要求, 如可微或函数有明确的解析形式等.

2.3.1 拉格朗日乘子法

拉格朗日乘子法 (Lagrange multiplier, LM) 是一种求取有约束条件优化问题的非常重要的方法, 又称为拉格朗日乘数法. 其主要思想是: 在待解决的问题中引入一个新的参数 λ(称为拉格朗日乘子), 该参数将约束条件函数与原函数组合成一个新的式子, 通过对新式子中的各参数求偏导取零, 联立等式求取得到原函数极值和对应各个变量的解.

拉格朗日乘子法的具体求解过程, 这里以包含等式约束的最小优化问题为例进行介绍, 表述如下

$$
\begin{aligned}
&y = \min f(x_1, x_2, \cdots, x_m) \\
&\text{s.t. } h_i(x_1, x_2, \cdots, x_m) = c, \quad i = 1, 2, \cdots, n
\end{aligned}
\tag{2-7}
$$

LM 求解的具体步骤描述如下:

Step1. 将所有等式约束条件进行变形, 得到如下形式

$$
g_i(x_1, x_2, \cdots, x_m) = h_i(x_1, x_2, \cdots, x_m) - c, \quad i = 1, 2, \cdots, n
\tag{2-8}
$$

Step2. 设参数 $\lambda_i(i = 1, 2, \cdots, n)$ 为拉格朗日乘子, 使用参数 λ_i 将式 (2-7) 和式 (2-8) 组合得到一个新的式子

$$
F(x_1, x_2, \cdots, x_m, \lambda_1, \lambda_2, \cdots, \lambda_n) = f(x_1, x_2, \cdots, x_m) - \lambda_1 g_1(x_1, x_2, \cdots, x_m)
$$
$$
-\lambda_2 g_2(x_1, x_2, \cdots, x_m) - \cdots - \lambda_i g_i(x_1, x_2, \cdots, x_m)
$$

Step3. 对 F 求偏导数取为 0, 可得 $(n + m)$ 个等式方程

$$
\begin{cases}
\dfrac{\partial F}{x_i} = 0, & i = 1, 2, \cdots, m \\[2mm]
\dfrac{\partial F}{\lambda_j} = 0, & j = 1, 2, \cdots, n
\end{cases}
\tag{2-9}
$$

Step4. 对式 (2-9) 确定的 $(n + m)$ 个等式联立进行求解, 即得对应的极值点 $x = (x_1, x_2, \cdots, x_m)$ 和参数 $\lambda = (\lambda_1, \lambda_2, \cdots, \lambda_n)$. 将极值点 x 代入式 (2-7), 便可得函数 $f(x)$ 的最小值.

2.3.2　牛顿迭代法

牛顿迭代法是在 17 世纪牛顿提出的一种在实数域和复数域上近似求解方程的方法. 多数方程不存在求根公式, 因此求精确根非常困难, 甚至不可能, 故近似根的寻找就显得特别重要. 牛顿迭代法求解方程 $f(x)=0$ 的基本思想可按以下步骤描述.

Step1. 若 r 是 $f(x) = 0$ 的根, 设 x_k 是 $f(x) = 0$ 的一个近似根, 把 $f(x)$ 在 x_k 处的某邻域内展开成泰勒级数

$$f(x) = f(x_k) + f'(x_k)(x - x_k) + \frac{f''(x_k)(x - x_k)^2}{2!} + \cdots + \frac{f^{(n)}(x_k)(x - x_k)^n}{n!} + R_n(x) \tag{2-10}$$

Step2. 取等式 (2-10) 右端前两项近似代替 $f(x)$, 得到 $f(x)$ 的近似线性方程

$$f(x) \approx f(x_k) + f'(x_k)(x - x_k) = 0 \tag{2-11}$$

Step3. 设 $f'(x_k) \neq 0$, 令其解为 x_{k+1}, 得

$$x_{k+1} = x_k - \frac{f(x_k)}{f'(x_k)} \tag{2-12}$$

Step4. 过点 $(x_{k+1}, f(x_{k+1}))$ 作曲线 $y = f(x)$ 的切线 L, 按照式 (2-12) 求得切线 L 与 x 轴的交点 x_{k+2}.

Step5. 重复上述步骤, 可得 r 的近似值序列 $\{x_n\}$. 根据问题对解 x_n 的精确度要求, 可以在序列 $\{x_n\}$ 选择一个满足指定条件的解.

已经证明, 如果 $f(x)$ 是连续的, 并且待求的零点是孤立的, 那么在零点周围存在一个区域, 只要初始值位于这个邻近区域内, 那么牛顿迭代法必定收敛. 并且, 如果不为 0, 那么牛顿迭代法将具有平方收敛的性能. 粗略地说, 这意味着每迭代一次, 牛顿迭代法结果的有效数字将增加 1 倍. 对于一些高次较难求解的方程, 使用牛顿迭代法可以得到方程的近似根.

2.3.3　最速下降法

最速下降法又称为梯度法, 是由数学家 Cauchy 在 1847 年给出的一种寻找局部极值的方法. 它是解析法中最古老的一种方法, 许多其他的解析方法都是由它改进的, 是最优化方法的基础方法. 下面先给出几个相关的概念.

定义 2-1　梯度: $f(x)$ 是定义在 $\mathbf{R}^n$ 上的可微函数, 称以 $f(x)$ 的 n 个偏导数为分量的向量为 $f(x)$ 的梯度, 记为 $\nabla f(x)$, 即

$$\nabla f(x) = \left(\frac{\partial f(x)}{\partial x_1}, \frac{\partial f(x)}{\partial x_2}, \cdots, \frac{\partial f(x)}{\partial x_n} \right)^{\mathrm{T}} \tag{2-13}$$

定义 2-2　梯度向量: 记 $\nabla f(x^0) = \left(\frac{\partial f(x^0)}{\partial x_1}, \frac{\partial f(x^0)}{\partial x_2}, \cdots, \frac{\partial f(x^0)}{\partial x_n} \right)^{\mathrm{T}}$ 为 $f(x)$ 在 x^0 处的梯度向量.

定义 2-3   梯度 $\nabla f(x)$ 的模, 记为 $\|\nabla f(x)\|$

$$\|\nabla f(x)\| = \sqrt{\left(\frac{\partial f(x)}{\partial x_1}\right)^2 + \left(\frac{\partial f(x)}{\partial x_2}\right)^2 + \cdots + \left(\frac{\partial f(x)}{\partial x_n}\right)^2} \qquad (2\text{-}14)$$

几个常见的梯度公式如下.

(1) $f(x) = C$(常数), 则 $\nabla f(x) = 0$;

(2) $f(x) = b^{\mathrm{T}}x$, 则 $\nabla f(x) = b$;

(3) $\nabla(x^{\mathrm{T}}x) = 2x$.

(4) 若 A 是实对称方阵, 则有 $(\nabla x^{\mathrm{T}}Ax) = 2Ax$.

梯度法的基本思想: 从选定的某点 x^k 出发, 取函数 $f(x)$ 在点 x^k 处下降最快的方向作为搜索方向 p^k. 由 $f(x)$ 的 Taylor 展开式可知

$$f(x^k) - f(x^k + tp^k) = -t\nabla f(x^k)^{\mathrm{T}}p^k + o(\|tp^k\|)$$

略去 t 的高阶无穷小项, 取 $p^k = -\nabla f(x^k)$ 时, 函数值下降得最多, 这也意味着任一点的负梯度方向是函数值在该点下降最快的方向. 因此, 对于 n 维优化问题可以转化为一系列沿负梯度方向用一维搜索方法寻找优化的问题.

求解无约束问题的最速下降法的步骤描述如下.

Step1. 选取初始点 x^0, 给定终止误差 $\varepsilon > 0$, 令 $k = 0$;

Step2. 计算 $\nabla f(x^k)$, 若 $\|\nabla f(x^k)\| \leqslant \varepsilon$, 停止迭代, 输出 x^k, 否则转向 Step3.

Step3. 取 $p^k = -\nabla f(x^k)$;

Step4. 进行一维搜索, 求 t_k, 使得

$$f(x^k + t_k p^k) = \min_{t \geqslant 0} f(x^k + tp^k)$$

令 $x^{k+1} = x^k + t_k p^k$, $k := k + 1$, 转向 Step2.

由上述计算步骤可知, 最速下降法迭代终止时, 得到的是目标函数驻点的一个近似点.

执行最速下降法时, 其特点表现为: ①初始点可任选, 每次迭代计算量小, 程序简短. 即使从一个不好的初始点出发, 开始的几步迭代, 目标函数值下降很快, 然后慢慢逼近局部极小值点. ②任意相邻两点的搜索方向是正交的, 它的迭代路径为绕道逼近极小点. 当迭代点接近极小点时, 步长变得很小, 越走越慢.

参 考 文 献

[1] Meerschaert M M. 数学建模方法与分析[M]. 刘来福, 杨淳, 黄海洋, 等, 译. 北京: 机械工业出版社, 2009.

第 3 章　遗 传 算 法

遗传算法是群智能优化计算中应用最为广泛、最为成功、最具代表性的智能优化方法. 它是以达尔的生物进化论和孟德尔的遗传变异理论为基础, 模拟生物界的进化过程和机制, 产生的一种群体导向随机搜索技术和方法. 本章首先介绍遗传算法的思想起源和基本原理; 然后讨论遗传算法的数学机理, 并对目前各种经典遗传算法的改进与变形进行阐述; 最后介绍了几个典型实例.

3.1　导　　言

遗传算法 (genetic algorithm, GA) 是群智能计算中应用最为成功的算法, 最初是由美国密歇根大学的 Holland 教授于 20 世纪 60 年代末到 70 年代初借鉴生物进化的规律提出的一种仿生类算法. 生物进化是指一切生命形态发生、发展的演变过程. 达尔文在《物种起源》一书中指出: 地球上现存的生物都由共同祖先发展而来, 它们之间有亲缘关系, 并以自然选择学说来说明进化的原因, 从而奠定了进化理论的基石, 揭示了生物发展的历史规律. 遗传算法的思想来源于生物的进化和遗传规则.

从宏观上来说, 生物在其繁殖生存的过程中, 随着环境的不断变化, 将逐步调整自身以适应其生存环境, 使其品质不断得到提高, 这种生命现象称为进化 (evolution). 生物的进化并不是分散式的"单兵作战", 也不是机械地集合在一起, 而是以集体合作的方式共同进行的, 这样的一个集体称为群体或种群 (population). 群体中的单个生物称为个体 (individual), 每个个体对其生存环境都表现出不同的生存能力, 这种适应能力称为个体的适应度 (fitness). 按照达尔文进化论的观点, 具有较强适应环境变化能力的个体具有更高的生存能力, 容易存活下来, 并有较多的机会产生后代; 反之, 那些因环境变化而适应能力低的个体易于被淘汰, 并且繁殖后代的机会也越来越少. 达尔文把这一过程和现象称为"适者生存, 优胜劣汰".

生物微观上的表现为遗传, 即生物从其亲代继承特性和性状. 亲代性状又在下一代表现, 由于遗传的作用, 人们可以"种瓜得瓜、种豆得豆". 构成生命体的基本单位是细胞 (cell), 细胞核是细胞组成的基本结构之一. 在细胞核中含有一种微小丝状化合物, 称为染色体. 生物的所有遗传信息都包含在这个复杂而又微小的染色体中. 染色体的化学主要成分是脱氧核糖核酸 (DNA) 和蛋白质. 染色体是遗传物质的主要载体, 遗传信息 (基因) 在染色体上以线性状态排列. 生物的各种性状由其相应的基因控制.

细胞在分裂过程中, 遗传物质 DNA 通过复制 (reproduction) 转移到新产生的细胞中, 新细胞继承了旧细胞的基因. 有性生物在繁殖下一代时, 两个同源染色体之间通过交叉 (crossover) 而重组, 即两个染色体的某一相同位置处的 DNA 被切断, 其前后两串分别交叉组合而形成两个不同的染色体. 另外, 在进行复制时, 可能以很小的概率产生某些差错, 从而使 DNA 发生某种变异 (mutation), 产生出新的染色体.

生物进化的本质体现在染色体的改变和增强上, 生物体自身形态和对环境适应能力的变化是染色体结构变化的表现形式. 自然界的生物进化是一个不断循环的过程. 在这一过程中, 生物群体也就不断地完善和发展. 可见, 生物进化过程本质上是一种优化过程, 在计算机科学上具有直接的借鉴意义.

3.2 基 本 原 理

3.2.1 基本思想

遗传算法是模拟自然界生物进化过程与机制来求解优化问题的一类自组织、自适应概率搜索算法. 它不依赖问题的具体模型, 对各类复杂的优化问题具有很强的鲁棒性.

遗传算法的基本思想: 首先根据待求解优化问题的目标函数构造一个适应度函数. 然后, 按照一定的规则生成经过基因编码的初始群体, 对群体进行评价、遗传运算 (交叉和变异)、选择等操作. 经过多代进化, 获得适应度最好的一个或几个最优个体作为问题的最优解.

3.2.2 组成要素

遗传算法的组成要素主要包括以下几个部分.

1. 编码方法

遗传算法在求解问题之前, 首先需要对问题进行编码. 编码是对问题可行解的遗传表示, 是影响算法执行效率的关键因素之一. 遗传算法中, 一个解 $X \in P$ 称为个体或染色体, 染色体由称为基因 (gene) 的离散单元组成, 每个基因控制染色体的一个或多个特性, 通常采用固定长度的 0-1 二进制编码, 每个解对应一个唯一的二进制串编码空间中的二进制位串称为基因型 (genotype). 而实际所表示问题的解空间的对应点称为表现型 (phenotype). 运行遗传算法时, 是对编码后的染色体进行操作, 即在编码空间内操作. 而对染色体的评价与选择则是在解空间进行的. 交替地在编码空间和解空间进行工作是遗传算法的显著特点. 图 3-1 描绘了编码空间与解空间的转换方式. 由于实际工程领域遇到的优化问题都比较复杂, 简单的二进制编码已经很难精确描述实际问题. 目前, 比较常见的编码方式有二进制编码、实数编码、顺序编码.

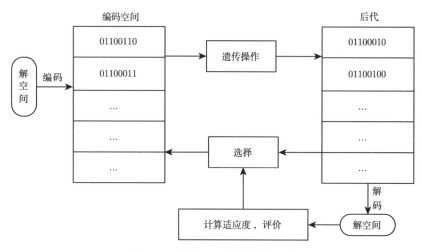

图 3-1   编码空间与解空间的转换

1) 二进制编码

二进制编码 (binary encoding) 中, 每个染色体 $X = (x_1, x_2, \cdots, x_i, \cdots, x_n)$ 可以表述为一个由 0 或 1 组成的字符串. 例如,

染色体 X: 01100110

染色体 Y: 01100011

染色体的每一位 x_i 就是一个基因, 每一位的取值 0 或 1 称为位值, 染色体的长度取决于实际问题解的定义域和计算度的要求. 二进制编码将原问题的解空间映射到位串空间 $B = \{0, 1\}$ 上, 然后在位串空间进行遗传操作, 得到的结果再通过解码还原成表现型以进行评估与选择操作. 二进制编码的优点在于数据表示的范围较大, 有利于位值的计算, 其缺点是编码长不利于计算.

2) 实数编码

对于染色体 $X = (x_1, x_2, \cdots, x_i, \cdots, x_n)$, $1 \leqslant i \leqslant n$, $x_i \in \mathbf{R}$, $\mathbf{R}$ 为实数集, 则染色体为实数编码 (real-number encoding). 与二进制编码不同的是, 实数编码直接将求解问题的每个变量当作基因处理, 遗传算法直接在实数上进行数据操作, 运算较为简单, 不需要在编码空间和解空间进行转换, 特别适用于实优化问题, 但是难以反映出基因的特征.

3) 顺序编码

顺序编码 (order encoding) 有着广泛的适用范围, 可以用于解决旅行商问题

(travelling salesman problem, TSP)、任务排序问题 (task ordering problem, TOP)、多处理调度问题 (multiprocessor scheduling problem, MSP) 等优化问题.

顺序编码采用 $1 \sim n$ 的自然数编码, 此种编码不允许重复, 又称为自然数编码. 对于染色体 $X = (x_1, x_2, \cdots, x_i, x_j, \cdots, x_n)$, $1 \leqslant i, j \leqslant n$, 且 $i \neq j$ 时, 要求 $x_i \neq x_j$, $x_i \in \mathbf{N}$, $\mathbf{N}$ 为自然数集. 例如, 对于有 7 个城市的旅行商问题, 城市序号依次用 1, 2, $\cdots$, 7 表示. 下面是两个染色长度 $n = 7$ 的顺序编码表示的城市行走路线:

染色体 $X = (2\,3\,5\,4\,1\,7\,6)$

染色体 $Y = (5\,3\,2\,4\,7\,1\,6)$

在使用顺序编码过程中, 要注意其合法性问题, 即是否符合所采用的编码规则的问题. 合法的个体需要满足规定的编码规则, 如 $X = (1\,7\,6\,4\,2\,2)$ 的编码就是一个不合法的个体, 这是因为该编码 X 的后两个基因的位值相等, 违反了顺序编码的规则.

2. 初始种群的产生

种群是由染色体构成的, 每个染色体就是一个个体, 每个个体对应着一个优化问题的一个初始解. 个体的数目称为种群的规模或种群大小, 个体数量通常采用一个不变的常数, 也可以按照某种策略随迭代次数而改变. 一般而言, 在缺少待求解问题先验知识的情况下, 进化算法的初始种群通常以随机方式生成, 很明显, 初始种群距最优解的距离直接影响着算法总的运行时间. 下面介绍两种常见的产生初始种群的方法.

1) 随机方法

对于采用 0-1 编码的染色体 $X = (x_1, x_2, \cdots, x_i, \cdots, x_n)$ 而言, 每一位基因的产生方式如下

$$x_i = \begin{cases} 1, & r > 0.5 \\ 0, & r \leqslant 0.5 \end{cases} \tag{3-1}$$

式中, r 为一个 $[0, 1]$ 的随机实数.

2) 基于反向学习优化的种群产生法

这种方法由 Rahnamayan 等[1]提出, 其基本思想: 首先随机生成一个种群 $P(N)$, 然后按照反向学习方式生成一个新的种群 $OP(N)$, 合并两个种群, 得到一个新的种群 $S(N)$, 对 $S(N)$ 按适应度升序排列, 选择适应度最高的 N 个个体作为初始种群. 反向学习的策略: 对种群 $P(N)$ 中采用实数编码的每个染色体 $X = (x_1, x_2, \cdots, x_i, \cdots, x_n)$, $x_i \in [a_i, b_i]$, 其反向学习点为 $\overline{X} = (\overline{x}_1, \overline{x}_2, \cdots, \overline{x}_i, \cdots, \overline{x}_n)$, $\overline{X}$ 的每一分量产生方式如下

$$\overline{x}_i = a_i + b_i - x_i \tag{3-2}$$

这样, 所有的反向学习点组成一个种群 $OP(N)$, 合并 $P(N)$ 和 $OP(N)$, 得到一个新的种群 $S(N)$, 从新种群中按升序方式选择出适应度最高的 N 个个体作为初始种群.

3. 适应度函数的设计

适应度函数是评价群体中个体对环境适应能力的唯一确定性指标, 体现出"适者生存, 优胜劣汰"这一自然选择原则. 通常, 环境适应能力强的个体具有较高的适应度, 具备较强的生存能力. 反之, 那些适应环境能力差的个体则被淘汰. 根据实际问题的不同特点, 适应度函数是通过对目标函数的变换而形成的. 在此, 以求解目标函数 $f(x)$ 最大值为例, 适应度函数表示为 $F(x)$, 介绍几种常见的变换方式. 对于求最小值的优化问题, 理论上只需要简单加一个负号就可以将其转换为求目标函数最大值的优化问题, 即 $F(x) = -\min f(x)$.

1) 线性变换

线性变换采用如下的变换形式

$$F(x) = a^k f(x) + b^k \tag{3-3}$$

式中, $f(x)$ 和 $F(x)$ 分别为目标函数和适应度函数; 参数 a 和 b 根据优化问题的不同含义进行设定; k 的取值将线性变换分为静态型和动态型两种, 若 $k=1$, 则称为静态线性变换, 否则称为动态线性变换. 动态线性变换是常用的一种转换方式, k 的设定一般随着进化次数的增加而变化.

2) 幂律变换[2]

该变换基于幂函数对目标函数和适应度函数的转换, 其变换形式为

$$F = f^a \tag{3-4}$$

式中, $f(x)$ 和 $F(x)$ 分别为目标函数和适应度函数; a 与求解的优化问题相关, 当 $a = 1$ 时, 显然目标函数直接用作适应度函数对个体进行评价.

3) 指数变换

指数变换的目的是要扩大目标函数值的差别, 其变换形式为

$$F(x) = a \cdot e^{bf}(x) + c \tag{3-5}$$

式中, $f(x)$ 和 $F(x)$ 分别为目标函数和适应度函数; 参数 a, c 的设置根据具体问题而定; b 决定了目标函数转换后的不同个体适应度值的差距, b 的值越大, 目标函数值越大的个体其适应度越大, 个体被选择的概率也就越大.

4) 对数变换

区别于指数变换, 对数变换的目标用于缩小目标函数值的差别, 其变换形式为

$$F(x) = a \cdot \ln f(x) + b \tag{3-6}$$

式中, $f(x)$ 和 $F(x)$ 分别为目标函数和适应度函数; 参数 a, b 要根据具体问题来定.

4. 选择策略[3]

遗传算法在每次迭代过程中, 在父代种群中采用某种选择策略选择出指定数目的个体进行遗传操作. 选择策略是基于适应度进行的, 该策略应能保证种群的多样性, 同时使适应度高的个体能够有较高的选择概率. 最常用的选择策略是正比选择 (proportional selection) 策略, 基本思想: 群体中每个个体被选中进行遗传运算的概率与其适应度大小成正比. 对于个体 i, 设其适应度为 F_i. 假定种群规模为 n, 则该个体被选中的概率可以表示为

$$P_i = \frac{F_i}{\sum\limits_{i=1}^{n} F_i}, \quad i = 1, 2, \cdots, n \tag{3-7}$$

由式 (3-7) 可见, 适应度高的个体将有更高的被选择概率. 基于选择概率, 采用旋轮法实现选择操作. 如图 3-2 所示, 当 $n=5$ 时, 整个旋轮根据个体的概率被划分为 5 个大小不同的扇形区域, 较高适应值的个体对应着圆心角较大的扇面, 而较小适应值的个体对应着圆心角较小的扇面. 当旋轮旋转时, 其最终停靠的扇面区域与其圆心角成正比.

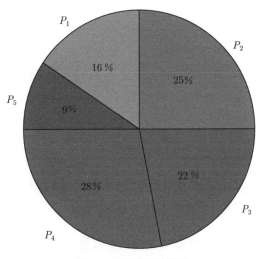

图 3-2 旋轮法示意图

从图 3-2 中可以看到, 个体 P_5 的适应度最低, 旋轮停靠在其扇形区域的概率也最低, 并且被选择到下一代的机会也小. 个体 P_4 的概率最高, 旋轮停在其区域的概率较其他个体区域都要高. 因此, P_4 作为优良的个体, 将有更多的机会进入下一代遗传运算中, 并且产生的后代也更多地像个体 P_4.

5. 遗传操作

遗传操作包括交叉 (crossover) 和变异 (mutation) 两种运算, 这两种运算是遗传算法的精髓之处, 也是遗传算法性能改进最多的地方. 下面介绍几种主要的交叉和变异的具体实现方式.

1) 交叉算子

在交叉算子中, 通常由两个称为父代 (parent) 的染色体组合, 形成新的染色体, 称为子代 (offspring). 父代是在种群中根据个体的适应度进行选择, 从而使适应能力较好的染色体的基因能够被遗传到下一代. 通过在迭代过程中不断地应用交叉算子, 使优良个体的基因得以在种群中频繁出现, 最终使得整个种群收敛到一个最优解. 常用的交叉方法是单点交叉和双点交叉.

(1) 单点交叉

单点交叉是最简单的一种交叉方式, 是由 Holland 提出的最基础的一种交叉方式. 如图 3-3 所示, 从种群中选出两个个体 P_1 和 P_2, 选择某个基因位置作为交叉点, 将交叉点两侧分别看作两个子串, 两个父代个体相互交换右侧的子串, 得到两个新的个体 C_1 和 C_2.

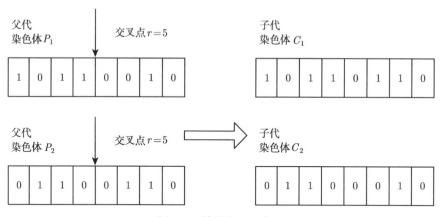

图 3-3　单点交叉示意图

单点交叉操作生成的子代个体带来的信息量较小, 交叉点位置的随机选择不利于较优个体的生成, 在实际应用中采用较多的是双点交叉方式.

(2) 双点交叉

双点交叉在染色体上随机选择两个交叉点, 然后交换两个交叉点之间的子串, 得到两个新的个体. 双点交叉过程如图 3-4 所示. 将单点和双点交叉加以推广即可得到多点交叉的概念, 即在染色体上随机选择多个交叉点, 然后进行对应交叉点之间子串的互换, 操作过程类似于双点交叉.

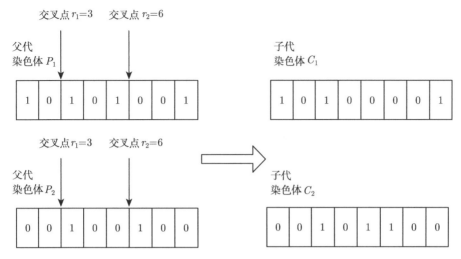

图 3-4　双点交叉示意图

在遗传操作中, 并不是所有的被选中的父代都要进行交叉操作, 通常, 根据设定的交叉率的大小决定是否需要进行交叉操作, 交叉率一般取一个介于 0 至 1 之间较大的数.

(3) 单形杂交

国内学者周育人等[4] 提出单形杂交算子, 其基本思想: 从种群中选出 $(n+1)$ 个父体向量 $(x_i, i = 0, 1, \cdots, n)$ 重组产生后代, 这 $(n + 1)$ 个向量形成 n 维欧氏空间中的一个单形. 将单形沿各个方向 $(x_i - o)$ 以一定的比例扩张. 如图 3-5 所示, 考虑二维空间中的 3 个向量 $(x^{(1)}, x^{(2)}, x^{(3)})$. 这 3 个向量形成一个单形, 把这个单形以比例 $(1 + \varepsilon)$ 向外扩张 (ε 称为扩张率), $o = 1/3(x^{(1)} + x^{(2)} + x^{(3)}), y^{(j)} = (1 + \varepsilon)(x^{(j)} - o)(j = 1, 2, 3)$, 由 $y^{(1)}, y^{(2)}, y^{(3)}$ 产生一个新单形, 在新单形中随机地取一点 $z, z = k_1 y^{(1)} + k_2 y^{(2)} + k_3 y^{(3)} + o$, 其中, k_1, k_2, k_3 为 $[0,1]$ 中的 3 个随机数, 满足 $k_1 + k_2 + k_3 = 1, z$ 即为一个三父体单形杂交算子产生的后代.

(4) 球形杂交[5]

实际工程领域中, 许多待求解优化问题的可行区域边界上往往存在全局最优解的可能性是非常大的, 基于这种思想, 给定两个父代染色体 $X = (x_1, x_2, \cdots, x_j, \cdots, x_n)$ 和 $Y = (y_1, y_2, \cdots, y_j, \cdots, y_n)$, 按以下方式产生一个后代 $Z = (z_1, z_2, \cdots, z_j, \cdots, z_n)$

$$z_j = \sqrt{ax_j^2 + (1 - a)y_j^2}, \quad j \in [1, n] \tag{3-8}$$

式中, $a \in [0, 1]$ 是一个随机数.

$y^{(1)}$
$x^{(1)}$
$x^{(2)}$
$x^{(3)}$
$y^{(2)}$
$y^{(3)}$

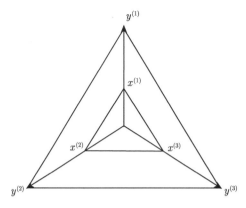

图 3-5　二维三父体单形杂交

2) 变异算子

在染色体交叉之后产生的子代个体, 其基因位可能以很小的概率发生转变, 这个过程称为变异. 变异算子是将染色体位串中的某些基因位上的基因值用该基因位上的其他等位基因来替换, 从而形成一个新个体. 对于 0-1 编码, 就是反转位值. 变异实际上是子代基因按照小概率突变产生的变化, 变异是为了增强种群的多样性, 在遗传算法收敛到某个局部解时, 种群中的染色体趋于一致, 采用变异操作将使搜索跳出局部最优解. 下面是几种常用的变异算子.

(1) 按位变异

对于二进制编码的染色体, 每位基因按照小概率 p_m 进行突变, 反转位值, 如图 3-6 所示.

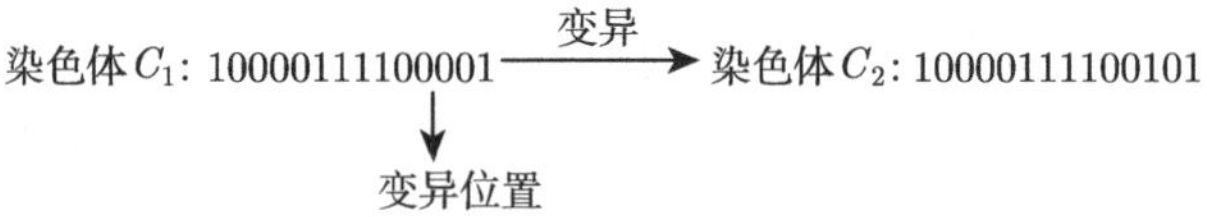

变异
染色体 C_1: 10000111100001
染色体 C_2: 10000111100101
变异位置

图 3-6　染色体变异示意图

对于实数编码的染色体 $X = (x_1, x_2, \cdots, x_i, \cdots, x_n)$, 基因值在一定范围内变化, 按位变异是在基因中任选一位 x_j $(1 \leqslant j \leqslant n)$, 按以下方式变异

$$x'_j = x_k + \mu \tag{3-9}$$

则变异后的染色体为 $X' = (x_1, x_2, \cdots, x'_j, \cdots, x_n)$. 式中, μ 为变异步长, 通常根据待求解问题的约束域来确定. 此外, μ 可以服从均匀分布、指数分布和正态分布等.

(2) 高斯变异[6]

高斯变异一般是在父代个体上增加一个符合高斯分布的随机数, 高斯分布的概

率密度函数为

$$f(x) = \frac{1}{\sqrt{2\pi}\sigma} \exp\left[-\frac{(x-\mu)^2}{2\sigma^2}\right] \tag{3-10}$$

式中, μ 和 σ 分别为均值和方差, 一般 $\mu = 0$, σ 根据待求解优化问题进行设定, 控制着随机数的变动幅度.

高斯变异最初是针对进化规划提出来的, 对于实数编码的染色体 $X = (x_1,$ $x_2, \cdots, x_i, \cdots, x_n)$, 其变异方式采用以下方式

$$x_j = x_j + \eta'_j \cdot N_j(0,1) \tag{3-11}$$

$$\eta'_j = \eta_j \cdot \exp(r'N(0,1) + rN_j(0,1)) \tag{3-12}$$

式中, $\eta = (\eta_1, \eta_2, \cdots, \eta_j, \cdots, \eta_n)$ 为步长矢量; $N(0,1)$ 表示均值为零, 方差为 1 的正态分布随机数; $N_j(0,1)$ 为对应 η_j 的一个正态分布的随机数; $r'N(0,1)$ 和 $rN_j(0,1)$ 的作用分别是染色体变异的总体发生改变和导致步长分量 η_j 的变化, 通常设置 $r = 1\Big/\sqrt{2\sqrt{n}}$, $r' = 1/\sqrt{2n}$.

(3) 有向变异[7]

这种方法是由 Gen、Liu 和 Ida 提出的. 在目标函数可微时, 实数编码的染色体 $X = (x_1, x_2, \cdots, x_i, \cdots, x_n)$ 可以向着梯度方向变异, 变异后的子代 X' 表示为

$$X' = X + \nabla f(X) \cdot \psi \tag{3-13}$$

式中, $\nabla f(X)$ 表示目标函数在 X 的梯度; ψ 表示一个非负随机实数, 有向变异考虑到问题本身的性质, 因此效率较高. 但是, 染色体群体也有可能趋于聚集, 导致种群的多样性降低.

通常, 染色体是否发生变异取决于变异概率的大小. 常用的变异率 p_m 的设置方法为种群数量 n 的倒数. 但如果变异概率很大, 那么整个搜索过程就退化为一个随机搜索过程. 所以, 比较可行的方法是在进行初始阶段, 取 p_m 为一个比较大的概率, 随着搜索过程的进行, p_m 逐渐缩小到 0 附近.

6. 停止准则

遗传算法的停止准则一般采用设定最大迭代次数或适应值函数评估次数, 也可以是规定的搜索精度.

3.2.3 算法流程

下面将以 Holland 的基本 GA 为例介绍算法的具体实现, 图 3-7 为基本 GA 流程图, 具体的执行过程描述如下.

Step1. 初始化. 随机生成含有 N 个个体的初始种群 $P = \{X_1, X_2, \cdots, X_n\}$, 每个个体经过编码对应着待求解优化问题的一个初始解.

Step2. 计算适应值. 个体 X_i, $i = 1, 2, \cdots, n$, 由指定的适应度函数评价其适应环境的能力. 不同的问题, 适应度函数的构造方式也不同. 对函数优化问题, 通常取目标函数作为适应度函数.

Step3. 选择. 根据某种策略从当前种群中选择出 M 个个体作为重新繁殖的下一代群体. 选择的依据通常是个体的适应度的高低, 适应度高的个体相比适应度较低的个体为下一代贡献一个或多个后代的概率更大. 选择过程体现了达尔文的 "适者生存" 原则.

Step4. 遗传操作. 在选择出的 M 个个体中, 以事件给定的杂交概率 P_c 任意选择出两个个体进行交叉运算, 产生两个新的个体, 重复此过程直到所有要求杂交的个体杂交完毕. 根据预先设定的变异率 p_m 在 M 个个体中选择出若干个体, 按一定的策略对选中的个体进行变异运算. 交叉运算体现了个体间信息交换的思想, 变异增强了种群的多样性, 使得个体有进一步探索新解的能力.

Step5. 检验算法的停止条件. 若满足, 则停止算法的执行, 将最优个体经过解码得到所需要的最优解, 否则转到 Step2 重新进行迭代过程. 每一次进化过程产生新一代的种群, 种群内的个体经过进化最终达到或接近最终解.

图 3-7 描述了遗传算法实现问题求解的各个基本步骤, 各步骤之间紧密配合, 通过迭代方式逐步求解得到问题的最优解.

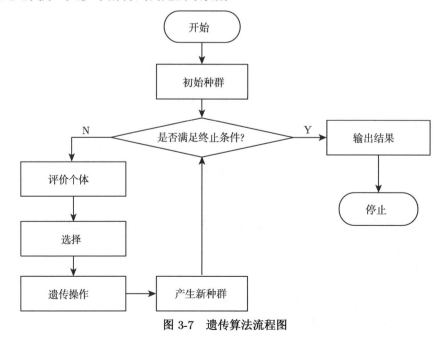

图 3-7　遗传算法流程图

3.3 遗传算法的数学机理

遗传算法的运行过程较为简单, 但其运行机理复杂, 目前最重要的数学理论是 Holland 的模式定理 (schema theory), 即短的、低阶的且高出平均适应度的模板, 对遗传算法的理论发展具有重要意义. 模式定理是基于 Holland 的基本遗传算法提出的. 下面首先介绍模式 (schema) 的有关概念.

3.3.1 模式的概念

定义 3-1　模式是若干位取确定值, 其他位不确定的一类个体的总称, 用 H 表示.

使用二进制编码的个体, 个体是由二值字符集 $S_1 = \{0, 1\}$ 中的元素所组成的一个字符串. 而模板是由三值字符集 $S_2 = \{0, 1, *\}$ 中的元素所组成的字符串. 其中, "$*$" 表示通配符, 它既可以被看作 0, 也可以被看作 1. 例如, $H1$ 和 $H2$ 就是两个模板.

$H1 : (*101*)$

$H2 : (1*1*0)$

$H1$ 和 $H2$ 这两个模板分别描述了如下集合:

$H1 = \{(11010), (11011), (01010), (01011)\}, \quad H2 = \{(11100), (11110), (10110), (10100)\}$

为了对模板进行定量的描述, 引入以下几个性能指标.

定义 3-2　模板的原始长度 $L(H)$ 定义为模板中总的基因位数.

定义 3-3　模板的定义矩 $\delta(H)$ 是模板中从左至右起始第一确定字符与最后一个确定字符之间的距离.

定义 3-4　模板的阶数 $o(H)$ 定义为模板中所含有的确定字符的个数.

定义 3-5　模板 H 的容量 $D(H)$ 表示模板包含字符串的个数, 对二进制编码而言, $D(H) = 2^{L-o(H)}$.

例如, 模板

$$H1(*0*10*1*), L(H1) = 8, \delta(H1) = 6 - 1 = 5, o(H1) = 4, D(H1) = 16$$
$$H2(10******), L(H2) = 8, \delta(H2) = 1 - 0 = 1, o(H2) = 2, D(H2) = 64$$

对于一些较为特殊的模板, 如只含有一位确定基因位的模板 $H1(***1****)$, $H2(**0*****)$, 规定: 两个模板的长度和阶数均为 1. 此外, 一个 n 位编码的二进制表达形式, 其模板数 3^n 总是大于个体数 2^n.

3.3.2　模式定理

模式的思路为我们提供了一种简单有效的方法, 使得群体进化过程可以被认为是通过选择、交叉和变异运算不断寻找较好模式的过程. 模式理论对个体生存数量的估计正是基于选择、交叉和变异三个过程, 不同的过程对其影响的程度也有所不同, 由 Holland 提出的模式理论是在假设种群规模不变这一前提下估计每一代期望的个体数目. 该定理反映了重要基因的发现过程. 重要基因的结合对应于较高的适应值, 说明了它们代表的个体在下一代有较高的生存能力, 是提高群体适应性的遗传方向, 当然模式定理还有许多有待完善之处.

定理 3-1　设经典遗传算法的杂交和变异概率分别为 p_c 和 p_m, 模式 H 的定义距为 $\delta(H)$, 阶为 $o(H)$, 第 $(t+1)$ 代种群 $P(t+1)$ 中含有 H 中元素个数的期望值记为 $E(H \bigcap P(t+1))$, 则有

$$E(|H\bigcap P(t+1)|) = |H\bigcap P(t)| \cdot \frac{f(H,t)}{\overline{F}(t)} \cdot \left[1 - p_c \cdot \frac{\delta(H)}{l-1}\right] \cdot (1-p_m)o(H)$$

$$\approx |H\bigcap P(t)| \cdot \frac{f(H,t)}{\overline{F}(t)} \cdot \left[1 - p_c \cdot \frac{\delta(H)}{l-1} - p_m \cdot o(H)\right]$$

(3-14)

式中, l 为 $P(t)$ 中个体的串长; $\overline{F}(t) = \sum\limits_{x \in P(t)} \mathrm{Eval}(x)/|P(t)|$; $|H\bigcap P(t)|$ 为 $P(t)$ 中含于 H 的元素个数.

证毕.

下面分别讨论遗传算法的 3 个算子对模式 H 生存数量的影响.

1. 选择算子对模式 H 生存数量的影响

根据旋轮选择规则, 个体被选择的次数与适应度成正比. 且每转动一次旋轮, $H\bigcap P(t)$ 中每个个体被选择次数占种群中个体被选择次数的平均比例 (即平均百分比或被选择的平均概率) 为 $f(H,t)/F(t)$, 其中,

$$F(t) = \sum_{x \in P(t)} \mathrm{Eval}(x)$$

注意到 $H\bigcap P(t)$ 中含有 $|H\bigcap P(t)|$ 个体, 且每个个体要经受 N 次选择 (转动旋轮 N 次), 故 $H\bigcap P(t)$ 中元素被选择的次数的期望值 (平均值) 为

$$|H\bigcap P(t)| \cdot N \cdot \frac{f(H,t)}{F(t)} = |H\bigcap P(t)| \cdot \frac{f(H,t)}{\overline{F}(t)}$$

(3-15)

式中, $\overline{F}(t)$ 为 $P(t)$ 中个体的平均适应度.

式 (3-15) 说明下一代群体中模式 H 生存数量与模式的适应值成正比, 而与群体平均适应值成反比. 当 $f(H,t) > \overline{F}(t)$ 时, H 生存数量增加; 当 $f(H,t) < \overline{F}(t)$

时, H 生存数量减少. 群体中任一模式的生存数量都将在选择操作中按式 (3-15) 规律变化.

设 $f(H,t) - \overline{F} = c \times \overline{F}$, 其中 c 为常数, 则式 (3-15) 改写为

$$|H \bigcap P(t)| \cdot \frac{f(H,t)}{\overline{F}(t)} = |H \bigcap P(t)| \times (\overline{F} + c \times \overline{F})/\overline{F} = |H \bigcap P(t)| \times (1 + c) \quad (3\text{-}16)$$

群体从 $t = 0$ 开始操作, 假设 c 保持固定不变, 则式 (3-16) 可以表示为

$$|H \bigcap P(t)| = |H \bigcap P(0)| \times (1 + c)^t \quad (3\text{-}17)$$

可以看出, 在选择算子的作用下, 模式的生存数量是以指数函数方式进行变化的. 当 $c > 0$ 时, 模式的生存数量以指数级递增; 当 $c < 0$ 时, 生存数量以指数级递增. 这种变化仅是对现有模式生存数量的变化而已, 并没有产生新的模式.

2. 杂交算子对模式 H 生存数量的影响

由于单点杂交是随机选择 1 到 $(l - 1)$ 位置中某一位作为交叉点, 然后交换交叉点后的两父体的对应子串, 于是只有当交叉点落在 H 的定义距之内的位置, H 才有可能被破坏, 但是应注意到, 即使交叉点落在定义距位置内, 该模式仍有不被破坏的可能.

故 H 被破坏的概率不超过 $\delta(H)/(l - 1)$. 又因为杂交是以概率 p_c 发生的, 故 H 被破坏的概率不超过 $p_c \times \delta(H)/(l - 1)$. 所以经过杂交后, H 不被破坏 (即生存下来) 的概率至少为 $1 - p_c \times \delta(H)/(l - 1)$, 于是经选择和杂交后, 属于模式 H 的元素个数的期望值至少为

$$|H \bigcap P(t)| \cdot \frac{f(H,t)}{\overline{F}(t)} \cdot \left[1 - p_c \cdot \frac{\delta(H)}{l - 1}\right] \quad (3\text{-}18)$$

由式 (3-18) 可以看出, 交叉操作对模式的影响与其定义距长度 $\delta(H)$ 有关. $\delta(H)$ 越大, 模式被破坏的可能性越大. 若染色体位串为 l, 在单点交叉算子的作用下模式 H 的存活概率 $p_{\text{survival}}^c \geqslant 1 - \dfrac{\delta(H)}{l - 1}$. 在交叉概率为 p_c 的单点交叉算子的作用下, 该模式的存活概率为

$$p_{\text{survival}}^c \geqslant 1 - \frac{\delta(H)}{l - 1} \quad (3\text{-}19)$$

那么, 模式 H 在选择、交叉算子共同作用下的生存数量计算式为

$$|H \bigcap P(t)| \geqslant |H \bigcap P(t)| \cdot \frac{f(H,t)}{\overline{F}(t)} \cdot p_{\text{survival}}^c \geqslant |H \bigcap P(t)| \cdot \frac{f(H,t)}{\overline{F}(t)} \cdot \left[1 - p_c \cdot \frac{\delta(H)}{l - 1}\right] \quad (3\text{-}20)$$

可见, 在选择算子和交叉算子的共同作用下, 模式 H 生存数量的变化与其平均适应值、定义距 $\delta(H)$ 有密切关系. 当 $f(H,t) > \overline{F}(t)$, 且 $\delta(H)$ 较小时, 群体中模式生存数量以指数级递增; 反之, 则以指数级递减.

3. 变异算子对模式 H 生存数量的影响

因为对变异后的每个个体, 每一位发生变异的概率为 p_m, 所以该位不发生变异的概率为 $1 - p_m$, 而模式 H 在变异算子的作用下, 若不受破坏 (即生存下来), 其确定字符在变异时必须不发生变化, 而模式的阶为 $o(H)$, 因此在变异算子的作用下 H 不被破坏的概率为 $(1 - p_m)^{o(H)}$.

综上所述, 故经选择、杂交和变异 3 个遗传算子作用后, $P(t + l)$ 含有 H 中元素个数的期望值应满足

$$E\left(|H\bigcap P(t+1)|\right) \geqslant |H\bigcap P(t)| \cdot \frac{f(H,t)}{\overline{F}(t)} \cdot \left[1 - p_c \cdot \frac{\delta(H)}{l-1}\right] \cdot (1 - p_m)^{o(H)}$$

当 $p_m \ll 1$, $p_c \ll 1$ 时, $(1 - p_m)^{o(H)} \approx 1 - p_m \cdot o(H)$, 且

$$\left(1 - p_c \cdot \frac{\delta(H)}{l-1}\right) \cdot (1 - p_m \cdot o(H)) \approx 1 - p_c \cdot \frac{\delta(H)}{l-1} - p_m \cdot o(H) \tag{3-21}$$

再注意到由不等式 (3-21) 及 3 个遗传算子对模式的生存数量的影响分析, 可以得出

$$E(|H\bigcap P(t+1)|) \geqslant |H\bigcap P(t)| \cdot \frac{f(H,t)}{\overline{F}(t)} \cdot \left[1 - p_c \cdot \frac{\delta(H)}{l-1}\right] \cdot (1 - p_m)^{o(H)}$$

$$\approx |H\bigcap P(t)| \cdot \frac{f(H,t)}{\overline{F}(t)} \cdot \left[1 - p_c \cdot \frac{\delta(H)}{l-1} - p_m \cdot o(H)\right] \tag{3-22}$$

结论成立.

推论 3-1　在经典遗传算法中, 低阶、短定义距且适应度高于平均适应度的模式 H, 在子代种群中数目的期望值以指数级增加.

假设某一特定模式 H 的适应值满足下面条件:

①对 $\forall t' \leqslant t$, $\dfrac{f(H,t')}{\overline{F}(t')} > c > 1$.

②$c\left[1 - p_c \cdot \dfrac{\delta(H)}{l-1}\right] > k > 1$, 由定理 3-1 知

$$E\left(|H\bigcap P(t+1)|\right) \geqslant |H\bigcap P(t)| \cdot k \geqslant k^t |H\bigcap P(0)| \tag{3-23}$$

则群体中适应度高于平均适应度的模式将会按指数增长的方式被复制. 由定理 3-1 和推论 3-1 可以得到以下模式定理.

定理 3-2 (模式定理)　在遗传算子选择、交叉和变异的作用下, 那些低阶、短定义距、高适应度的模式的生存数量将随着迭代次数的增加而以指数级增长.

将具有低阶、短定义距及高适应度的模式称为积木块 (building block). 低阶、短定义距及高于平均适应度的模式在遗传算子的作用下, 相互结合, 能生成高阶、

长定义距、更高平均适应度的模式, 并可最终生成全局最优解, 这就是重要积木块假设, 但它很不严密. 由于遗传算法的求解过程并不是在搜索空间中逐一地测试各个基因的枚举组合, 而是通过一些较好的模式, 像搭积木一样, 将它们拼接在一起, 从而逐渐地构造出适应度越来越高的个体编码串, 最终寻找到问题的最优解.

3.4 实例分析

本节介绍遗传算法的一些应用实例, 主要包括两类问题: 最优化问题和图像分割问题. 解决最优化问题, 主要是说明遗传算法如何处理约束条件; 对于图像分割问题, 主要是说明适应度函数的构造和加快图像阈值选择的有效方法. 与常规搜索算法相比, 遗传算法在每次迭代过程中都会保留一组候选解, 候选解也可能接近或位于局部或全局极值点, 个体间信息交互通过交叉算法完成, 而变异算子则有助于自身位置的更新. 在每一代个体中, 选择算子不仅要让适应度高的个体被选中, 同样也需要让适应度差的个体有机会被选中, 以更好地增强种群的多样性.

3.4.1 非线性约束优化问题

1. 问题的描述[33]

非线性约束优化问题描述如下:

$$\min f(x) \tag{3-24}$$

$$\text{s.t. } g_i(x) \leqslant 0, \quad i = 1, 2, \cdots, m \tag{3-25}$$

$$h_j(x) = 0, \quad j = 1, 2, \cdots, p \tag{3-26}$$

式中, $x = [x_1, x_2, \cdots, x_n] \in \mathbf{R}^n$; $f(x)$ 是非线性规划问题的目标函数, $f(x) \in \mathbf{R}$; m 和 p 分别为不等式约束和等式约束的数目. 通常, 等式约束 $h_j(x) = 0$ 能被转换成对应的不等式约束 $|h_j(x)| - \phi \leqslant 0(\phi$ 是一个非常小的常数). 不失一般性, 用 S 表示可行性搜索区域, 用 Ω 表示整个搜索空间. 显然, $S \subseteq \Omega$. 对于给定包含于 S 的两个解 $x^a = (x_1^a, x_2^a, \cdots, x_n^a)$ 和 $x^b = (x_1^b, x_2^b, \cdots, x_n^b)$, x^a 约束优于 x^b 当且仅当 $x_i^a \leqslant x_i^b (\forall i \in \{1, 2, \cdots, n\})$ 且 $x_j^a < x_j^b (\exists j \in \{1, 2, \cdots, n\})$.

在许多情况下, 解决非线性规划优化问题关键在于约束条件的处理. 由于不同约束条件难以同时获得满足, 一个约束条件的满足或许致其他约束条件的违背. 因此, 不同约束间总是相互存在冲突的. 罚函数方法是一种处理约束条件的常用方法, 基本思想是通过序列无约束最小化技术, 将约束优化问题转化为一系列无约束优化问题进行求解. 具体的方法是在目标函数中加上一个能够反映点是否满足约束的惩罚项, 从而构成一个无约束的广义目标函数, 使得算法在惩罚项的作用下找到问题的最优解.

除了惩罚函数, 还有许多学者从其他角度提出了不同的处理约束条件的方法. Jiménez 和 Verdegay 提出一种最小-最大方法处理约束条件[8], 该方法的思想是应用一组简单规则确定选择过程. Coello 和 Montes 提出一种基于约束的选择方案[9], 将约束融入适应度函数, 从两个方面到达搜索空间的可行区域: ①寻找个体约束违背累积度较低的个体; ②根据个体的概率随机选择一些个体. 利用这种策略, 被选择的个体是可行的或不可行的, 其目的就是要避免算法搜索过程中出现停滞、未成熟收敛等现象. 基于先前工作的一些研究基础, 本节介绍一个新颖的选择策略处理个体的约束违背条件.

2. 选择策略

定义 3-6 (约束违背的度数) 对于一个不可行个体 x, 它的约束违背的度数 $p(x)$ 定义如下

$$p(x) = \sum_{i=1}^{m+p} q_i(x)^2 \tag{3-27}$$

$$q_j(x) = \begin{cases} \max(0, g_j(x)), & 1 \leqslant j \leqslant m \\ |h_j(x)|, & 1 \leqslant j \leqslant p \end{cases} \tag{3-28}$$

定义 3-7 (约束违背的数目) 对于一个不可行个体 x, 它的约束违背的数目 $s(x)$ 定义如下

$$s(x) = \sum_{j=1}^{m+p} \text{num}_j(x) \tag{3-29}$$

$$\text{num}(x) = \begin{cases} 0, & q_j(x) \leqslant 0 \\ 1, & 其他 \end{cases} \tag{3-30}$$

定义 3-8 (个体的特征向量表达) 种群中的每个个体 x 的特征向量由 3 个分量组成: 目标函数值 $f(x)$、约束违背的度数 $p(x)$ 和约束违背的数目 $s(x)$. 个体 x 的目标函数值用非线性规划问题的目标函数计算得到, 因此, $v(x) = (f(x), p(x), s(x))$.

基于以上概念, 在选择过程比较两个个体时, 根据个体的特征向量可以对个体间的 "优劣" 作出一个适当的评价. 然而, 特征向量间的比较不同于一般实值数据间的大小比较. 此时, 可以根据 Pareto 偏序关系 ($\prec$) 来比较两个个体[10]. 下面基于种群 Pop $= (x_1, x_2, \cdots, x_n)$, 给出一些相关的定义.

定义 3-9 (个体的强度值) 对于个体 $x_i \in$ Pop, 它的强度值 IV(x_i) 表示个体 x_i 约束的个体数目, 定义如下

$$\text{IV}(x_j) = \#\{x_j \in \text{Pop}, \quad v(x_i) \prec v(x_j)\} \tag{3-31}$$

式中, $\#$表示集合的基数.

定义 3-10 (个体受约束的数目) 对于个体 $x_i \in \text{Pop}$, $\text{DC}(x_i)$ 表示个体 x_i 受其他个体支配的数目, 定义如下

$$\text{DC}(x_i) = \#\{x_j \in \text{Pop}, \quad v(x_j) \prec v(x_i)\} \tag{3-32}$$

在选择过程中, 可以应用两个性能指标 $\text{IV}(x_i)$ 和 $\text{DC}(x_i)$ 比较两个可行的或不可行的个体. 如果个体 x_i 的 IV 值比 DC 值要好, 这意味着在种群 Pop 中, 个体 x_i 约束其他个体的数目比支配 x_i 的数目要多. 反之, 情况一样. 很明显, 如果个体 x_i 和 x_j 是可行的, 则它们的两个特征分量 (p 和 s) 都等于 0, 此时个体间的比较取决于特征分量 f 的大小. 反之, 如果个体 x_i 是不可行的, 个体 x_i 的特征向量 (p 和 s) 一般不等于 0, 此时, 特征分量 f 的值为一特定值或是无意义的值. 在这种情况下, 个体 x_i 特征分量 f 被指定为一个无穷值. 在选择过程中, 比较两个个体 x_a 和 x_b 时, 会有以下 4 种不同的情形:

(1) 两个个体是可行的. 这种情形下, 根据个体的适应值比较两个个体.

(2) 两个个体, 一个是可行的, 另一个是不可行的. 显然, 根据两个个体的特征向量的偏序关系比较, 可行个体优于不可行个体.

(3) 两个个体都是不可行的. 根据 Pareto 偏序关系, 比较两个个体对应的特征向量.

(4) 两个个体都是不可行的. 根据 Pareto 偏序关系无法比较其 "优劣". 此时, 具有较小DC值的个体将优于另一个体, 而不考虑个体的 IV 值.

3. 局部搜索过程

传统遗传算法处理优化问题时, 选择过程中出现的一些不可行个体往往会被直接 "抛弃". 然而, 真实世界的许多优化问题, 一些不可行个体经常位于可行个体的近邻区域, 这种信息将有助于 GA 更好地寻找非劣个体. 出于这个原因, 我们在标准 GA 中引入一个局部搜索方案, 使用该方案, 不可行个体的近邻区域将被搜索以增强种群的多样性. 其搜索方式使用一种改进的微分进化的变异方法生成一个临时性的子集 (TS), 其长度为 LS. TS 中的每个个体称为 "待定的候选解". 这些待定的候选解通过 Pareto 偏序关系的比较, 将会有选择性地进入一个外部集合 (ES). 这种局部搜索过程描述如下.

Step1. 从 ES 中随机性地选择一个个体 x_j, 计算个体 $x_j = (x_{j1}, x_{j2}, \cdots, x_{jn})$ 和 $x_i = (x_{i1}, x_{i2}, \cdots, x_{in})$ 的相似度, 相似度定义如下

$$s_d(x_i, x_j) = 1 - \frac{\sum\limits_{k=1}^{n} x_{ik} \otimes x_{jk}}{n} \tag{3-33}$$

式中, $\otimes$ 为异或算子. 若 x_{ik} 非常接近 x_{jk}, 即两者间的绝对值差异小于一个预先给定的数值 σ, 执行异或运算的结果为 0, 否则为 1.

Step2. 如果 $S_d > \delta(\delta$ 是一个预先确定的数值), 转向 Step3. 否则, 转向 Step1.

Step3. 按以下方式, 使用基本微分进化中改进后的变异算子, 生成更好的解.

$$x_{ik}^{\text{new}} = x_{ik} + F(x_{ik} - x_{jk}) \tag{3-34}$$

式中, F 为一个动态变异参数. 生成 LS 个随机数 F, 根据上述式将得到一个子集 TS= $(x_i^1, x_i^2, \cdots, x_i^{\text{LS}})$.

Step4. 比较个体的特征向量, 如果 $x_i^t \prec x_j$, $t \in (1, 2, \cdots, \text{LS})$, 使用 x_i^t 替换 x_j; 否则, 如果 x_i^t 比 ES 中的某一个体要好, 则替换受约束的个体; 否则, 如果 x_i^t 相比 CPop 中的某个个体要好, 则替换掉当前受约束的个体, 参见图 3-8.

```
function selection(CPop)
  begin
   i=random( )
   j=random( )
   if(Feasibility(CPop(i)) ==true and Feasibility(CPop(j))==true)
      IVi=IVCompute(CPop(i))
      IVj=IVCompute(CPop(j))
     if    IVi > IVj
         winner=CPop(i)
      else
            winner=CPop(j)
      end
   else
      [vi ,vj]=Feature Compute (CPop(i), CPop(j))
   if vi <vj
       winner =CPop(i)
   else if vi <vj
         winner =CPop(j)
   else
      DCi=DCCompute(CPop(i))
      DCj=DCCompute(CPop(j))
      if DCi<DCj
         winner =CPop(i)
      else if DCj<DCi
               winner =CPop(j)
       end
     end
    end
  end
```

图 3-8 选择策略的伪代码表示方法

4. 算法流程

IGA 算法中融入离散的交叉和变异算子. 算法实现过程描述如下.

Step1. 初始化相关参数, 随机生成一个具有 q 个个体的种群, 不限定外部集合ES的长度.

Step2. 种群中的非劣个体进入 ES 中.

Step3. 从当前种群中随机性地选择 u 个个体, 执行交叉和高斯变异算子以生成 $u \times \eta$ 个新个体.

Step4. 对新个体执行选择运算. 选择一个个体进入 ES, 如果另一个被比较的个体是不可行的, 则执行局部搜索过程.

Step5. 重复执行 Step3 和 Step4 直至生成 n 个个体, 替换掉原有种群.

Step6. 如果终止条件没有满足, 则转向 Step2. 否则, 算法执行结束.

Step2 中, 尽管限定个体进入 ES 中仅为非劣个体, 但外部集合的长度并没有限定. Step3 中, 从当前种群中选择指定规模的个体, 为的是减少执行相关运算的时间 (变异和交叉). 因此, 新算法总的运算时间处于控制中. 为了在选择过程中搜索更好的个体, 可在一些不可行个体的近邻区域执行一种局部搜索过程.

5. 仿真结果及分析

许多工程优化问题被描述为简单的数学形式. 在接下来的实验中, 5 个经典优化问题 $(P1 \sim P5)$[4] 和 1 个来自化工领域的问题 $P6$[11] 将被求解, 以验证所提出算法的性能. IGA 执行时, 初始种群设置: 初始种群长度 $q = 200$; 最大迭代次数 $CN = 2500$; TS 的长度为 30; $u = 20$; $\eta = 2$; 交叉率 $p_c = 0.6$; 对于每个个体, 变异率 $p_m = 1/n$, n 是待求解问题的变量的总数目.

Test $P1$ $\min f(x) = 3x_1 + 0.000001x_1^3 + 2x_2 + (0.000002/3)x_2^3$

$$\text{s.t.} \quad x_4 - x_3 + 0.55 \geqslant 0, \quad -x_4 + x_3 + 0.55 \geqslant 0$$

$$1000\sin(-x_3 - 0.25) + 1000\sin(-x_4 - 0.25) + 894.8 - x_1 = 0$$

$$1000\sin(x_3 - 0.25) + 1000\sin(x_3 - x_4 - 0.25) + 894.8 - x_2 = 0$$

$$1000\sin(x_4 - 0.25) + 1000\sin(x_4 - x_3 - 0.25) + 1294.8 = 0$$

$$0 \leqslant x_i \leqslant 1200 \ (i = 1, 2); \quad -0.55 \leqslant x_i \leqslant 0.55 \ (i = 3, 4).$$

Test $P2$ $\min f(x) = \mathrm{e}^{x_1 x_2 x_3 x_4 x_5}$

$$\text{s.t.} \quad x_1^2 + x_2^2 + x_3^2 + x_4^2 + x_5^2 - 10 = 0; \quad x_2 x_3 - 5x_4 x_5 = 0, \quad x_1^3 + x_2^3 + 1 = 0$$

$$-2.3 \leqslant x_i \leqslant 2.3 \ (i = 1, 2); \quad -3.2 \leqslant x_i \leqslant 3.2 \ (i = 3, 4, 5).$$

Test $P3$ $\min f(x) = (x_1 - 10)^2 + 5(x_2 - 12)^2 + x_3^4 + 3(x_4 - 11)^2 + 10x_5^6 + 7x_6^2 +$

$$x_7^4 - 4x_6x_7 - 10x_6 - 8x_7$$

s.t. $127 - 2x_1^2 - 3x_2^3 - x_3 - 4x_4^2 - 5x_5 \geqslant 0, 282 - 7x_1 - 3x_2 - 10x_3^2 - x_4 + x_5 \geqslant 0,$

$$-10.0 \leqslant x_i \leqslant 10.0 \ (i = 1, \cdots, 7).$$

Test $P4$ $\min f(x) = x_1 + x_2 + x_3$

s.t. $-1 + 0.0025(x_4 + x_6) \leqslant 0, \quad -1 + 0.0025(x_5 + x_7 - x_4) \leqslant 0,$

$$-1 + 0.01(x_8 - x_5) \leqslant 0, \quad -x_1x_6 + 833.33252x_4 + 100x_1 - 83333.333 \leqslant 0,$$

$-x_3x_8 + 1250000 + x_3x_5 - 2500x_5 \leqslant 0, \quad 10^2 \leqslant x_1 \leqslant 10^4, 10^3 \leqslant x_i \leqslant 10^4, (i = 2, 3)$

$-x_2x_7 + 1250x_5 + x_2x_4 - 1500x_4 \leqslant 0, \quad 10 \leqslant x_i \leqslant 1000 \ (i = 4, \cdots, 8).$

Test $P5$ $\min f(x) = x_1^2 + x_2^2 + x_1x_2 - 14x_1 - 16x_2 + (x_3 - 10)^2 + 4(x_4 - 5)^2 +$
$\qquad\qquad (x_5 - 3)^2 + 2(x_6 - 1)^2 + 5x_7^2 + 7(x_8 - 11)^2 + 2(x_9 - 10)^2 +$
$\qquad\qquad (x_{10} - 7)^2 + 45,$

s.t. $105 - 4x_1 - 5x_2 + 3x_7 - 9x_8 \geqslant 0, -3(x_1 - 2)^2 - 4(x_2 - 3)^2 - 2x_3^2$

$\quad + 7x_4 + 120 \geqslant 0, \quad -10x_1 + 8x_2 + 17x_7 - 2x_8 \geqslant 0, -x_1^2 - 2(x_2 - 2)^2$

$\quad + 2x_1x_2 - 14x_5 + 6x_6 \geqslant 0, \quad 8x_1 - 2x_2 - 5x_9 + 2x_{10} + 12 \geqslant 0, -5x_{12}$

$\quad -8x_2 - 2(x_3 - 6) + 2x_4 + 40 \geqslant 0, \quad 3x_1 - 6x_2 - 12(x_9 - 8)^2 + 7x_{10} \geqslant 0,$

$\quad -0.5(x_1 - 8)^2 - 2(x_2 - 4)^2 - 3x_5^2 + x_6 + 30 \geqslant 0,$

$$-10.0 \leqslant x_i \leqslant 10.0 \ (i = 1, \cdots, 10).$$

Test $P6$ $\min f(x) = (x_1 - 1)^2 + (x_2 - 1)^2 + (x_3 - 1)^3 + (x_4 - 1)^4 + (x_5 - 1)^5 +$
$\qquad\qquad (x_6 - 1)^6 + (x_7 - 1)^7$

s.t. $x_1 + x_2 + x_3 + x_4 + x_5 + x_6 - 5 \leqslant 0,$

$\quad x_1^2 + x_2^2 + x_3^2 + x_6^2 - 5.5 \leqslant 0, \quad x_1 + x_4 - 1.2 \leqslant 0,$

$\quad x_2 + x_5 - 1.8 \leqslant 0, x_3 + x_6 - 2.5 \leqslant 0, \quad x_1 + x_7 - 1.2 \leqslant 0, \quad x_2^2 + x_5^2 - 1.64 \leqslant 0,$

$\quad x_3^2 + x_6^2 - 4.25 \leqslant 0, x_3^2 + x_5^2 - 4.64 \leqslant 0, \quad x_i \geqslant 0 \ (i = 1, 2, 3),$

$\quad x_i \in \{0, 1\} \ (i = 4, 5, 6, 7).$

为了评价 IGA 的性能, 将 IGA 与其他三种算法进行比较, 这三种算法分别是 Pareto 强度进化算法[4]、随机排序算法[12]、同形映射算法[13]. 这三种算法分别由 ZW、RY 和 KM 表示. 每个问题被执行 20 次, 测试各算法所得最优解 (best solution)、最差解 (worst solution) 和平均解 (mean solution). 实验结果如表 3-1~表 3-2 所示. 实验仿真环境: Window XP 操作系统, 2GHz 的 Pentium PC.

表 3-1 测试问题的最优解和对应的全局最小值

设计变量	最优解					
	$P1$	$P2$	$P3$	$P4$	$P5$	$P6$
x_1	679.9453	−1.717143	2.330499	579.3167	2.171996	0.2
x_2	1026.067	1.595709	1.951372	1359.943	2.363683	1.280624
x_3	0.1188764	1.827247	−0.477541	5110.071	8.773926	1.954483
x_4	−0.396234	−0.763641	4.365726	182.0174	5.095984	1
x_5	—	−0.763645	−0.624487	295.5985	0.9906548	0
x_6	—	—	1.038131	217.9799	1.430574	0
x_7	—	—	1.594227	286.4162	1.321644	1
x_8	—	—	—	395.5979	9.828726	—
x_9	—	—	—	—	8.280092	—
x_{10}	—	—	—	—	8.375927	—
全局最小值	5126.4981	0.0539498	680.63006	7049.3307	24.306209	3.557463

表 3-2 不同测试算法间的性能比较(20 次独立运行)

测试问题	方法	最优解	最优解错误率/%	平均解	平均解错误率/%	最差解	最差解错误率/%
$P1$	IGA	5126.498272	0.00000	5126.528315	0.00059	5127.159164	0.01290
	ZW	5126.59811	0.00195	5126.52654	0.00055	5127.15641	0.01284
	RY	5126.497	0.00002	5128.881	0.04648	5142.472	0.31159
	KM	—		—		—	
$P2$	IGA	0.053949816	0.00003	0.053950126	0.00060	0.053952358	0.00474
	ZW	0.053949831	0.00006	0.053950257	0.00085	0.053972292	0.04169
	RY	0.053957	0.01335	0.057006	5.66490	0.216915	302.06822
	KM	0.054	0.09305	0.064	18.62880	0.557	932.44127
$P3$	IGA	680.6301361	0.00001	680.6302536	0.00003	680.6304037	0.00005
	ZW	680.6300573	0.00000	680.6300573	0.00000	680.6300573	0.00000
	RY	680.630	0.00001	680.656	0.00381	680.763	0.01953
	KM	680.91	0.04113	681.16	0.07786	683.18	0.37464
$P4$	IGA	7049.3307150	0.00000	7049.3307510	0.00000	7049.3310130	0.00000
	ZW	7049.2480205	0.00117	7051.2874292	0.02776	7058.2353585	0.12632
	RY	7054.316	0.07072	7559.192	7.23276	8835.665	25.34048
	KM	7147.9	1.39828	8163.6	15.80674	9659.3	37.02436
$P5$	IGA	24.30620913	0.00000	24.30620926	0.00000	24.30621013	0.00000
	ZW	24.306209068	0.00000	24.325487652	0.07932	24.362999860	0.23365
	RY	24.307	0.00325	24.374	0.27890	24.642	1.38150
	KM	24.620	1.29099	24.826	2.13851	25.069	3.13826

续表

测试问题	方法	最优解	最优解错误率/%	平均解	平均解错误率/%	最差解	最差解错误率/%
*P*6	IGA	3.557471	0.00022	3.643247	2.41138	3.731238	4.88480
	ZW	3.559345	0.05290	4.245433	19.33878	4.632134	30.20891
	RY	3.762318	5.75845	4.678341	31.50779	5.198211	46.12129
	KM	3.912343	9.97565	5.012315	40.89577	6.783529	90.68446

表 3-1 显示出测试问题已知的最优解和对应的最小值. 表 3-2 显示出 IGA 和其他三种算法间的比较. 结果显示出 IGA 在全局最优解上的寻找相比于其他比较算法有着较好的优势. 就最优解、平均解、最差解等三种测试标准而言, IGA 相比 ZW、RY 和 KM 都能够以更高的概率获得全局最优解.

此外, 表 3-2 显示出, 四种比较算法虽然都能够在绝大多数测试问题上获得较好的结果, 但在 *P*1 上的仿真结果表明: 迭代结束后, KM 方法并没有获得任何一个可行解. 值得注意的是: 在 *P*4 上, IGA 能寻找到最优解 18 次, 因此, 在问题 *P*4 上, 能够观察到一个非常鲁棒性的行为. 对于其他的测试问题, 无论是从获得的最优解、最差解和平均解来看, 仿真结果均显示出所提出的 IGA 算法是非常有效的.

为了进一步检验 IGA 的效率, 分别执行 IGA 和其他三种算法 100 次, 在每次运行中, 如果可行解 x 满足 $|f(x) - f^*| < 1 \times 10^{-3}$ (f^* 代表全局最小值), 则算法执行成功. 对 6 个测试问题的仿真结果显示在表 3-3 中, 表中 Sr 表示成功率. 算法运行时间和迭代次数分别是寻找最优值的平均值和对应的迭代次数.

表 3-3 不同测试算法间的性能比较(100 次独立运行)

测试问题	方法	成功率 Sr/%	运行时间/s	f^*	迭代次数
*P*1	IGA	80	40.62	5126.49821	318
	ZW	100	45.35	5126.49813	876
	RY	30	60.78	5127.52751	1213
	KM	—	—	—	—
*P*2	IGA	83	31.04	0.0539501	603
	ZW	95	29.26	0.0539498	1232
	RY	60	40.65	0.0053956	1550
	KM	57	35.27	0.0541862	1479
*P*3	IGA	95	43.35	680.6300573	703
	ZW	95	40.51	680.6300573	910
	RY	80	50.63	680.6300913	1078
	KM	20	45.36	683.108472	1802
*P*4	IGA	100	35.26	7049.3307	701
	ZW	46	39.48	7049.3648	1323
	RY	15	41.62	7159.4294	1832
	KM	26	40.14	7084.9617	2312

续表

测试问题	方法	成功率 Sr/%	运行时间/s	f^*	迭代次数
P5	IGA	100	50.89	24.3062091	523
	ZW	98	56.24	24.3062091	1283
	RY	90	64.61	24.3062091	1658
	KM	51	60.78	24.3068061	1753
P6	IGA	100	45.34	3.557471	504
	ZW	85	50.32	3.559345	1123
	RY	70	57.36	3.762318	1453
	KM	50	58.21	3.912343	2097

6 个测试问题中, IGA 在 3 个问题 ($P4$、$P5$、$P6$) 上相比其他三种比较算法具有更高的成功率, 在问题 $P4$ 上表现得更为突出, 且仅在 $P3$ 上的测试与 ZW 相等. 对于问题 $P1$ 和 $P2$, 所提出算法的成功率相比于 ZW 略微显得有点小. 就 Sr 而言, 尽管 IGA 算法在 $P1$ 和 $P2$ 两个测试问题上并没有优于 ZW, 但两种算法在运行时间上是非常接近的. IGA 相比于另外两种算法 (RM 和 KM), 具有更大的优势. 值得进一步强调的是: IGA 的 Sr 在 6 个测试问题上都达到了 80% 以上, 并且所获得最优解也非常接近真实最优解. 表 3-3 显示出: 就性能标准 Sr、运行时间和 f^* 而言, IGA 在 6 个测试问题上的结果都要优于其他两种算法 (RY 和 KM).

寻找最优解的迭代次数是进化算法中一项衡量算法 "优劣" 的重要性能指标, 该项指标通常被使用在其他的算法测试中, 这是因为该性能指标是一项独立于计算机软硬件的性能指标. 表 3-3 又显示出: IGA 能够以较少的迭代次数在 6 个测试问题上获得全局最优解, 而其他三种算法则需要更多的迭代次数.

3.4.2 多目标优化问题[34]

1. 问题描述

不失一般性, 我们考虑以下最小优化问题:

$$
\begin{aligned}
&\min_{x \in X} F(x), \quad x \in R^d, \\
&\text{s.t. } g_i(x) \leqslant 0, \quad i = 1, 2, \cdots, k
\end{aligned}
\tag{3-35}
$$

式中, $x = \{x_1, x_2, \cdots, x_d\} \in s \subseteq \Omega$ 为一个 d 维决策变量; Ω 为目标函数 $F(x)$ 的 d 维搜索空间; s 为可行区域; $l_i \leqslant x_i \leqslant u_i$; $F = \{f_1, f_2, \cdots, f_m\}$ 为 m 个待优化的目标函数集合.

多目标优化问题 (multi-objective optimization problem,MOP) 的 Pareto 最优解时常采用一种 "折中" 的方法取得, 即非劣解的每个目标函数值仅在降低不少于一个目标函数值的情况下才能得到改进. Pareto 偏序关系用于比较 MOP 中两个候选解之间的 "优劣", 其定义[14] 如下.

定义 3-11(解的优劣性)　$f(x)$是向量目标函数, 决策变量 x_aPareto 优于 $x_b(x_a \prec x_b)$ 或 x_bPareto 劣于 x_a 满足以下关系

$$x_a \prec x_b, f_{a,j} \leqslant f_{b,j}, \forall i = \{1, 2, \cdots, d\}, \exists j = \{1, 2, \cdots, d\}, f_{a,j} < f_{b,j}$$

如果两个决策变量 x_a 和 x_b 之间不存在优劣关系, 则称它们是 Pareto 无关的, 表示为 $x_a \sim x_b$.

定义 3-12 (Pareto 最优解/非劣最优解)　决策变量 $x_a \in s$ 称为 MOP 的非劣解或 Pareto 最优解, 当且仅当不存在向量 $x_b \in s$Pareto 优于 x_a 时.

相应 Pareto 最优解的向量目标函数值称为 Pareto 最优向量, 由所有 Pareto 最优向量构成 MOP 的 Pareto 最优目标区域, 称为 Pareto 前沿或非劣前沿.

目前求解约束优化问题的方法可分为间接法和直接法两大类.

(1) 间接法. 先将约束优化问题转化为一系列的无约束优化设计问题, 再调用无约束优化方法求解. 常用的方法有惩罚函数法、最小二乘法等.

(2) 直接法. 是在选取下降方向和下降点时直接判断解是否在可行区域内, 常用的方法有约束随机方向法和复合型法等. 目前, 针对不同的多目标优化方法各有其不同的转化策略, 常用的多目标优化转化方法有目标规划法、最小二乘法、线性加权组合法和功效系数法等. 从国内外的研究趋势上看, 基于 Pareto 排序方法现已被许多研究者采纳, 并提出多种基于 Pareto 的适应度赋值方案, 如目标置换法、变参数聚合法、基于 Pareto 排序法.

本节将各种约束条件与目标函数融合在一起, 将解的高维空间通过线性变换映射到二维空间, 对进化算法中个体适应度函数、交叉算子、变异算子进行重新设计, 描述一种新的快速而鲁棒的多目标线性进化算法, 并对算法的收敛性及复杂性进行分析.

2. **线性适应度函数** (linear fitness function, LFF)

进化算法处理约束条件常见的方法为惩罚函数, 惩罚函数大多取个体 x 到可行区域的距离, 通常使用式 (3-36) 构造惩罚函数

$$f_j(x) = \begin{cases} \max\{0, g_j(x)\}, & 1 \leqslant j \leqslant q \\ |h_j(x)|, & q + 1 \leqslant j \leqslant m \end{cases} \tag{3-36}$$

此外, $\sum\limits_{j=1}^{m} f_j(x)$ 表示个体 x 违反约束条件的程度, 也表示个体 x 到可行区域的距离. 确定惩罚函数后, 普通的适应度函数使用如下描述形式

$$\text{fitness}(x) = f(x) + r \sum_{j=1}^{m} f_j(x) \tag{3-37}$$

该函数可以看成目标函数 $f(x)$ 和违反约束条件的程度函数 $\sum_{j=1}^{m} f_j(x)$ 的加权组合, 参数 r 在实验中根据其固定或变化而区分出静态或动态惩罚函数. 文献 [4] 指出: 实现罚函数法的困难在于其参数 r 难以选择和控制. 此外, 现实世界中求解 MOP, 其决策变量的搜索空间往往位于高维空间中, 就人的空间想象而言, 空间维数小于 3 易于人们的理解, 那么能否将高维的搜索空间通过适当的方式转化为低维的搜索空间, 在低维空间求解 MOP. 在此, 给出如下的转换关系.

令 $y_1 = f(x)$, $y_2 = \sum_{j=1}^{m} f_j(x)$, 如果适当选择 $y \to \overline{x}$ 的映射, 则可以把上述适应度函数化为 $\overline{x}$ 的线性函数

$$\text{fitness}(\overline{x}) = a^{\text{T}}\overline{x} = \sum_{i=1}^{2} a_i \overline{x}_i = a^{\text{T}} y \tag{3-38}$$

式中, $a = \begin{bmatrix} a_1 \\ a_2 \end{bmatrix} = \begin{bmatrix} 1 \\ r \end{bmatrix}$; $\overline{x} = \begin{bmatrix} \overline{x}_1 \\ \overline{x}_2 \end{bmatrix} = \begin{bmatrix} y_1 \\ y_2 \end{bmatrix} = y$.

不失一般性, 假定使用的函数 $f(x) \geqslant 0$. 将 a 称为权向量, y 为二维空间中的一点. $a^{\text{T}}y=0$ 在 Y 空间确定了一个通过原点的超平面 H, 它将二维空间划分成两个子空间 Φ_1 和 Φ_2, a 是 H 的法向量, a 所指的方向为 Ω_1, 反方向是 Ω_2, 如图 3-9 所示. 这种划分与原问题在高维搜索空间中对原决策变量 x 的划分是完全相同的. 由 $f_i(x) \geqslant 0$ 得, $y_2 \geqslant 0$. 此时, 变量 y 在第一象限 Φ_1 空间, 变量 y 的全体集合构成区域 Ω_3, 算法的搜索集中在 Ω_3. 相应 d 维搜索空间 Ω, 可行区域 s 与不规则形状区域 Φ_3 呈映射关系. 并且点 y 满足

$$\begin{cases} \text{fitness}(y) > 0, & y \in \Phi_1 \\ \text{fitness}(y) < 0, & y \in \Phi_2 \\ \text{fitness}(y) = 0, & y \in H \end{cases} \tag{3-39}$$

进一步分析发现, 若把 y 表示成

$$y = r\frac{a}{||a||} \tag{3-40}$$

式中, r 为 y 到 H 的垂直距离; $\dfrac{a}{||a||}$ 为 a 方向上的单位向量.

将式 (3-40) 代入式 (3-37), 可得

$$r = \frac{a^{\text{T}} y}{||a||} \tag{3-41}$$

线性函数 fitness 可以看成子空间 Φ_3 内某点 y 到超平面距离的一种代数度量. 这样, 就可以利用线性函数的简单性来解决复杂的 MOP. 在以上分析中, 如果

$f(x) < 0$, 则变量 y 位于第二象限, 其适应度的评价方法和 $f(x) \geqslant 0$ 分析类似, 即第二象限某子空间点 y 到超平面距离的一种代数度量.

通过以上分析, 我们构造出一个新的用于评价个体的线性适应度函数

$$\text{fitness}(x) = \frac{a^{\mathrm{T}} y}{||a||} \tag{3-42}$$

在评价个体适应度时, 可以直接使用式 (3-42) 评价, 而无需关心个体是否可行, 根据个体的适应度决定个体的优劣, 计算时较为方便.

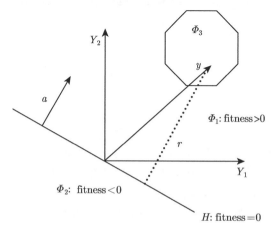

图 3-9 搜索空间的转换

3. 密度交叉算子与变异算子

1) 密度交叉算子 (density crossover operator, DCO)

基于密度的交叉算子使用两个父体重组产生后代, 具体做法: 从种群中随机选出两个父体 $X = (x_1, x_2, \cdots, x_d)$, $Y = (y_1, y_2, \cdots, y_d)$, 并假定 $x_i < y_i$, 记

$$\left[x_i - \frac{y_i - x_i}{2}, y_i + \frac{y_i - x_i}{2} \right] = [\bar{x}_i, \bar{y}_i] \tag{3-43}$$

$$g_{x_i, y_i}(x, \alpha, \beta) : \left[\begin{array}{cc} \bar{x}_i & \bar{y}_i \end{array} \right] \times \alpha \times \beta \to R \tag{3-44}$$

$$G_{x_i, y_i}(x, \alpha, \beta) : \left[\begin{array}{cc} \bar{x}_i & \bar{y}_i \end{array} \right] \times \alpha \times \beta \to [0, 1] \tag{3-45}$$

$$\eta_i = G_{x_i, y_i}^{-1}(r, \alpha, \beta) \tag{3-46}$$

定义式 (3-44) 为密度函数, 该函数取决于两个参数: α 和 β, 且 α、$\beta \in [0, 1]$. 由函数式 (3-45) 生成一个累积分布函数, 且 $0 \leqslant G_{x_i, y_i} \leqslant 1$, 累积分布函数用于随机确定后代个体的基因 η_i, 这一过程使用式 (3-46) 完成, G_{x_i, y_i}^{-1} 是 G_{x_i, y_i} 的反函数.

实验中, 密度交叉算子能够较好地扩大解的探索区域, 具有发现较好解的能力, 采用密度交叉算子生成后代的具体步骤如下.

Step1. 从种群中随机取出两个父体 $X = (x_1, x_2, \cdots, x_d)$, $Y = (y_1, y_2, \cdots, y_d)$.

Step2. 对父代中每对基因 (x_i, y_i), 按照某种方式给定参数 α, β.

Step3. 生成一个介于 0 与 1 之间的随机数 r, 由式 (3-46) 确定后代基因 η_i.

Step4. 重复上述 Step1~Step3. 由此, 确定后代的全部基因 η_i, $i = 1, 2, \cdots, d$. 个体 $\eta = \{\eta_1, \eta_2, \cdots, \eta_d\}$ 生成结束.

Step5. 记录本次迭代内产生的最佳个体, 并记录其参数 α 与 β. 下次迭代作为参照值, 按预先设定的方式生成对应的参数 α 与 β.

2) 邻域变异算子 (neighborhood mutate operator, NMO)

变异算子是在文献 [32] 提出的邻域变异法的基础上, 使用一种改进的非均匀邻域变异法, 具体步骤如下.

Step1. 在每一次迭代过程中, 在个体的邻域空间内进行变异, $x' = x + \alpha \times r$(x' 是子个体; x 是父个体; $\alpha \in [-1, 1]$; r 是其邻域空间). 我们对邻域空间进行动态压缩, 选择函数 deratio $= (1 + 0.1^a \times b)^{-t}$ (deratio 为半径压缩率; a, b 为 0~9 的整数; t 为进化代数). $r =$ deratio$\times r_0$ (r_0 为初始空间大小; r 为压缩后的邻域外空间).

Step2. 生成一个二进制随机数 δ, 在 Step1 中 x' 基础上按以下方式改进 x'

$$x'_{\text{new}} = \begin{cases} x' + \lambda(t, b_i - x'), & \delta = 0 \\ x' - \lambda(t, x' - a_i), & \delta = 1 \end{cases} \quad (3\text{-}47)$$

$$\lambda(t, \tau) = \tau(1 - r^\gamma), \quad \gamma = (1 - t/n_{\max})^\beta$$

式中, r 是一个 $[0, 1]$ 的随机数; $n_{\max}$ 表示当前迭代次数; β 是一个随机性的常量, 在实验中根据具体情况进行设置.

4. Pareto set 的聚类描述

MOP 的 Pareto 最优解集可能包含大量的可行解, 在这一情形下, 从决策者的角度出发, 缩减非劣解集中的解的个数而不影响 Pareto 前沿的特征正是决策者所希望看到的. 在此, 介绍一种基于分级聚类方式的平均连接算法维持一定规模长度的 Pareto 解集[15]. 假定目前形成的解集 P 是一个解集个数已超过规定长度个数 N 的集合, 在此基础上, 形成一个规模为 N 的解集 P^*, 具体步骤如下.

Step1 初始化聚类集合 C; 解集 P 中的每一个体构成一个单独的聚类.

Step2. 如果聚类个数小于 N, 转向 Step5, 否则转向 Step3.

Step3. 计算两个聚类 c_1 与 c_2 间的欧氏距离, 其公式为

$$d_c = \frac{1}{n_1 n_2} \sum_{i_1 \in c_1, i_2 \in c_2} d(i_1, i_2) \quad (3\text{-}48)$$

式中, n_1 和 n_2 分别是聚类 c_1 和 c_2 中的个体数目; 函数 $d(i_1,i_2)$ 用于映射出目标空间中个体 i_1 和 i_2 间的距离.

Step4. 确定距离最小的两个类, 将这两个类合并成一个类, 并转向 Step2.

Step5. 寻找每个聚类的质心, 在这个聚类中选择最靠近质心的邻近个体, 并从该聚类中删除其他的个体.

Step6. 由聚类的质点计算非劣解集 P^* 的个体数目.

5. 算法流程

本节介绍的算法记为 LEACOP, 具体步骤如下.

```
Begin LEACOP
1.   t ←0;
2.   Initialize Population Popt;
3.   Evaluate initial Population Popt;
4.   While (t <MaxGenerations)do
4.1.  t = t+1;
      4.2.  Select two parents form Popt;
      4.3.  Obtain a new individual xnew by means of Dco;
      4.4.  Mutatexnewby means of Nmo, generate x'new;
      4.5.  Evaluate x'new in terms of LFF;
      4.6.  clustering analysis for Pareto set;
      4.7.  generate new Popt+1;
5.   End
End LEACOP
```

6. 收敛性及复杂度分析

1) 基于压缩映射原理的收敛性分析

为了分析提出算法 LEACOP 的收敛性, 首先给出收敛性的定义[16].

定义 3-13　设 t 时刻种群 Pop_t 包含个体适应度的最小值是 Y_t, $f_{\min}$ 为适应度函数 $f(x)$ 在所有可能个体所组成的集合 X 中取得的最小值. 若 Y_t 满足:

$$\lim_{t\to\infty} P\{Y_t = f_{\min}\} = 1 \qquad (3\text{-}49)$$

则称算法收敛到最优解.

定义 3-14　设 X 是一个非空集合. 若 d 是一个 $X \times X$ 到 R 的映射, 并且对于 $\forall x,y,z \in X$ 满足以下条件, 则称 d 为 X 上的度量函数, 称 (X,d) 为度量空间.

(1) $d(x,y) \geqslant 0$, 并且 $d(x,y) = 0$, 当且仅当 $x = y$;

(2) $d(x, y) = d(y, x)$;

(3) $d(x, y) \leqslant d(x, z) + d(z, y)$.

定义 3-15 设 (X,d) 为度量空间, $\{x_n\}$ 是 (X,d) 中的序列. 若对于 $\forall \varepsilon > 0$, 存在正整数 N, 使得对一切 $m, n > N$, 则有 $d(x_m, x_n) < \varepsilon$, 称序列 $\{x_n\}$ 是 (X,d) 中的一个 Cauchy 序列. 若 (X,d) 中的每一个 Cauchy 序列都收敛, 则 (X,d) 为完备度量空间.

定义 3-16 设 (X, d) 为度量空间, 对于映射 $f: X_n \to X_k, \exists \varepsilon [0, 1)$, 使得对于 $\forall x, y \in X_n$ 满足: $d[f(x,) f(y)] \leqslant \varepsilon d(x, y)$, 则称 f 为压缩映射.

由上述定义, 有如下结论.

定理 3-3 LEACOP 是收敛的, 即式 (3-49) 成立.

证明: 进化算法是一个迭代过程. 若用 X 表示所有可能出现的种群集合, 记 t 时刻的种群为 x_t, 将进化操作设为映射 $f: X \to X$, 则进化算法过程可表示为 $x_{k+1} = f(x_k)$. 若存在一个点 $x^* \in X$, 使得 $x^* = f(x^*)$, 则进化算法收敛于 x^*. LEACOP 算法的主要操作: 选择、交叉、变异、聚类. 分别记为 S、C、M、CU. 映射 f 记为 $(S, C, M, CU): X \to X$, 因为交叉和变异对个体的多样性产生影响, 不改变算法的收敛性[17,18], 聚类维持种群的长度在一定的范围内, 因而影响 LEACOP 算法的收敛性是选择过程. 映射 f 可记为 $S: X \to X$.

在 n 维空间中, 对于任意的两个点 (x_i 和 x_j), 选择度量函数为欧氏距离 $d(x_i, x_j) = \sqrt{\sum_{k=1}^{n} (x_{ik} - x_{jk})^2}$, 显然, (X,d) 为一度量空间. 假设 (X,d) 不为完备度量空间. 则必定存在 Cauchy 序列 $\{x_n\}$, 对于 $\forall \varepsilon > 0$, 不存在整数 N, 使得对一切 $m, n > N$ 有 $d(x_m, x_n) < \varepsilon$, 但在决策变量的连续空间内[19], 离散化的方法总可以使 $d(x_m, x_n) < \varepsilon$, 因此, 假设不成立. 所以, (X,d) 为一完备度量空间.

在选择过程中, 高维空间的每一个体 $x_i = (x_{i1}, x_{i2}, \cdots, x_{in})$ 经压缩过程, 在二维空间有且仅有一个个体 $y_i = (y_{i1}, y_{i2})$ 对应, 由式 (3-37) 计算个体的适应度. 记压缩过程和计算个体适应度的过程分别为 f_c 和 f_e. $S: X \to X$ 记为 $(f_c, f_e): X \to X$, 基本进化算法个体的评价操作并不影响算法的收敛性[20]. 因此, S 简记为 $f_c: X \to X$, 假设 f_c 不为压缩映射, 则存在个体 $x_i = (x_{i1}, x_{i2}, \cdots, x_{in})$ 和 $x_j = (x_{j1}, x_{j2}, \cdots, x_{jn}) \in X$, 使得 $d[f(x_i,) f(x_j)] \geqslant \varepsilon d(x_i, x_j)$. 但在二维空间内, $f(x_i)$ 和 $f(x_j)$ 介于图 3-9 中不规则形状区域 Φ_3, 令 $y_i = f_c(x_i) = (y_{i1}, y_{i2})$, $y_j = f_c(x_j) = (y_{j1}, y_{j2})$, 并且有

$$d_1(x_i, x_j) = \sqrt{\sum_{k=1}^{n} (x_{ik} - x_{jk})}, \quad d_2(y_i, y_j) = \sqrt{\sum_{k=1}^{n} (y_{ik} - y_{jk})} \tag{3-50}$$

因为 $x_{i1} = y_{i1}, x_{j2} = y_{j2}$, 且至少存在一个 $t \in [2, n]$, 使得 $(x_{it} - x_{jt}) \geqslant (y_{it} - y_{jt})$, 所以 $d_2 < d_1$, 因此假设不成立, 故 f_c 为压缩映射.

由 Banach 压缩映射定理[16]: 存在一个不动点 x^*, 对于 $\forall x_0 \in X$, $x^* = \lim\limits_{k \to \infty} f^k(x_0)$, 证毕.

2) 算法的计算复杂度分析

LEACOP 的时间复杂度主要取决于对种群中个体的线性变换映射和个体的聚类操作. 设优化问题有 m 个决策变量, 种群规模为 N, LEACOP 在最坏情况下的时间复杂度分析如下.

(1) 个体 x 线性变换映射为个体 y. 在 m 维空间内将规模为 N 的个体线性变换映射到二维空间, 需进行 mN 次变换, 判断映射是否成功需进行 mN 次比较; 由于不同的个体 x 映射后, 在映射后的种群中会出现相同的个体 y, 因此, 需要判断是否出现相同的个体 y, 最多需进行 $2N(N-1)$ 次比较. 该步骤的时间复杂度为 $O(2N(N+m))$.

(2) 聚类分析的复杂度. 由以上聚类描述可知, 聚类的复杂度主要体现在 Pareto set 的聚类描述中的 Step3 和 Step5. 考虑到经过交叉和变异后, 种群数目最多为 $2N$, 在最坏情况下, Pareto set 的聚类描述中的 Step3 的复杂度为 $O(2nN^2)$, 其中 n 为目标的个数. Pareto set 的聚类描述中的 Step5 的复杂度为 $O(nN^2)$. 总的时间复杂度为 $O(3nN^2)$.

在一次迭代过程中, 取上述两个步骤的分析结果之和为算法迭代一次的时间复杂度. 记算法执行的迭代次数为 K, 本书算法总的复杂度为 $O(KN(3nN+2(N+m)))$.

7. 仿真结果及分析

数值实验环境: Intel Pentium 4, 2.26GHz, 512M 内存, Windows XP Professional, 编程语言采用 Matlab 7.0. 测试分为 3 组: 第一组为仅含有不等式约束的测试问题[21], 各目标函数最多只含有两个决策变量; 第二组为既有不等式约束又有等式约束的单目标优化问题[22], 目标函数中决策变量的数目不限; 第三组为两个高维多目标测试函数[23]. 初始参数的设置: 种群个体 $\text{Pop}_t = 200$; 运行的代数为 300 代, 对每个问题均在相同条件独立运行 20 次, 最优解集合的个体数目为 30.

G1: 第一组测试问题

Test1 (BNH): $\min F(x) = \{f_1(x), f_2(x)\}$;

$$f_1(x) = 4x_1^2 + 4x_2^2; \quad f_2(x) = (x_1 - 5)^2 + (x_2 - 5)^2.$$

$$\text{s.t.} \quad C_1(x) = (x_1 - 5)^2 + x_2^2 \leqslant 25; C_2(x) = (x_1 - 8)^2 + (x^2 + 3)^2 \geqslant 7.7$$

$$0 \leqslant x_1 \leqslant 5; \quad 0 \leqslant x_2 \leqslant 3.$$

Test2 (TNK)：$\min F(x) = \{f_1(x), f_2(x)\}$；

$$f_1(x) = x_1; \quad f_2(x) = x_2.$$

$$\text{s.t. } C_1(x) = x_1^2 + x_2^2 - 0.1 \cos\left(16 \arctan \frac{x_1}{x_2}\right) - 1 \geqslant 0;$$

$$C_2(x) = (x_1 - 0.5)^2 + (x_2 - 0.5)^2 \leqslant 0.5;$$

$$0 \leqslant x_1 < \pi; \quad 0 \leqslant x_2 \leqslant \pi.$$

测试函数 BNH 的约束条件为两个不等式约束, 从图 3-10(c) 可以看出, 本书算法得到的 Pareto 最优解, 较好地分布于 Pareto 前沿, Pareto 前沿分别由解 $x_1^* = x_2^* \in [0,3]$ 构成的区域与 $x_1^* \in [3,5]$, $x_2^* = 3$ 区域构成. 图 3-10 中三种算法得到的 Pareto 前沿显示：本书算法得到的最优解的分布效果要比 NSGA-II 和 GI 有明显的优势. 测试函数 TNK 的约束条件同样为两个不等式约束. 从图 3-11 中可以看出, GI 算法得到的 Pareto 前沿上的最优解分布并不理想, 各解之间的距离程度以不规则的形式变化. 图 3-11(a) 和图 3-11(c) 的 Pareto 最优解都均匀分布于 Pareto 前沿, 图 3-11(a) 中最优解分布的宽广程度要略优于图 3-11(c), 而图 3-11(c) 中 Pareto 前沿呈现出较好的均匀分布特征. 用户可以根据实际状况, 从测试函数的决策变量的收敛值中, 选取最终的 Pareto 最优解.

为了对本书算法进行更为细致的收敛性能测试, 采用文献 [23] 提出的性能测试标准. 算法的性能测试是在获得 Pareto 前沿与真实 Pareto 前沿间进行, 分别计算每代间的种群距离与多样性差距, 这两个性能标准由均值和方差来描述, 其结果

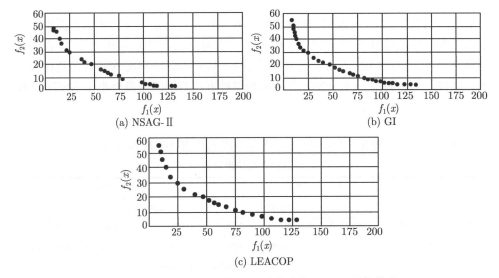

图 3-10　对 BNH 分别使用 3 种算法的 Pareto 最优前沿

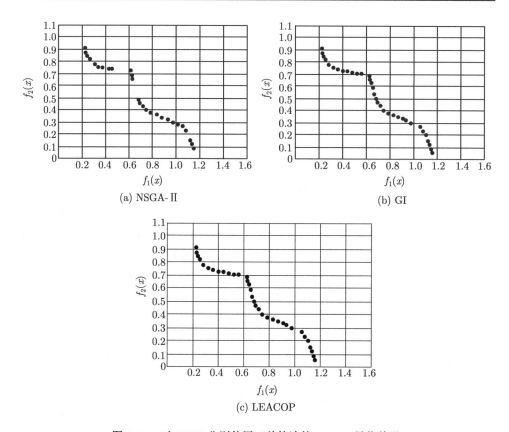

(a) NSGA-II   (b) GI

(c) LEACOP

图 3-11 对 TNK 分别使用三种算法的 Pareto 最优前沿

为算法 20 次运行的平均结果, 如表 3-4 所示. LEACOP 分别与文献 [24] 提出的快速精英多目标遗传算法 (NSGA-II) 和文献 [25] 提出的一种 GA 和 IPM 混合的进化算法 (GI) 进行比较. 表 3-4 的数据显示 LEACOP 算法相比 NSGA-II 具有较好的收敛性能, 因为使用 LEACOP 算法所测得种群代数间的距离要小于 NSGA-II 和 GI 的测试值.

表 3-4 三种算法 (NSGA-II, LEACOP,GI) 在 BNH 和 TNK 上的
均值和方差结果对比

测试问题	BNH			TNK		
	NSGA-II	LEACOP	GI	NSGA-II	LEACOP	GI
世代距离度量 (均值)	0.0032356	0.0026733	0.0036733	0.0051289	0.0050125	0.0062135
世代距离度量 (方差)	0.0000009	0.0000005	0.0000001	0.0000012	0.0000011	0.0000015
多样性度量 (均值)	0.4516783	0.4356745	0.5356745	0.2389783	0.2337892	0.2534696
多样性度量 (方差)	0.0015675	0.0010787	0.0014786	0.0082568	0.7786783	0.7686983

G2: 第二组测试问题

Test 1: $\min g(x) = 3x_1 + 0.000001x_1^3 + 2x_2 + (0.000002/3)x_2^3$

$$\text{s.t.} \quad x_4 - x_3 + 0.55 \geqslant 0, -x_4 + x_3 + 0.55 \geqslant 0;$$

$$1000\sin(-x_3 - 0.25) + 1000\sin(-x_4 - 0.25) + 894.8 - x_1 = 0,$$

$$1000\sin(x_3 - 0.25) + 1000\sin(x_3 - x_4 - 0.25) + 894.8 - x_2 = 0$$

$$1000\sin(x_4 - 0.25) + 1000\sin(x_4 - x_3 - 0.25) + 1294.8 = 0;$$

$$0 \leqslant x_i \leqslant 1200(i = 1, 2); -0.55 \leqslant x_i \leqslant 0.55(i = 3, 4).$$

Test 2: $\min g(x) = e^{x_1 x_2 x_3 x_4 x_5}$

$$\text{s.t. } x_1^2 + x_2^2 + x_3^2 + x_4^2 + x_5^2 - 10 = 0; x_2 x_3 - 5x_4 x_5 = 0, x_1^3 + x_2^3 + 1 = 0;$$

$$-2.3 \leqslant x_i \leqslant 2.3(i = 1, 2); -3.2 \leqslant x_i \leqslant 3.2(i = 3, 4, 5).$$

与第一组测试问题不同, 第二组的两个测试问题均含有等式或不等式约束, 且只对单目标优化问题进行测试. 前面我们已提到真实世界中的许多 MOP 均可以转化为单目标优化问题求解. 因此, 对单目标优化问题的研究也是实际工程应用中值得重视的领域.

在第二组测试中, 将新方法独立运行 40 次. 针对第一个测试问题, 我们发现有 25 次可以找到最优解 x=(668.94675327911,1013. 10377656821, 0.10773654866, −0.39654576851), 最优解距离 $d(x)$ =2.33232467833×10^{-13}, 对应的最优值 $g(x)$= 5198.5467. 针对第二个测试问题, 有 21 次可以找到最优解 = (−1.77365745561, 1.45675698761, −1.5678457772, 0.66755656893, −0.75778765788), 与最优解对应的最优值 $g(x)$= 0.053945563. 我们将 LEACOP(记为 LP) 与文献 [22] 提出的随机排序算法 (记为 RY) 和文献 [18] 提出的 Pareto 强进化算法 (记为 ZW) 进行对比, 比较结果如表 3-5 所示. 表中数据显示 LEACOP 在均值和最差值性能测试上要优于其他两种算法, 这表明 LEACOP 是一种具有通用性、有效性和稳健性的算法.

表 3-5   三种算法 (NSGA-II, LEACOP,GI) 在 Test1 和 Test2 上的结果比较

Problems	Algorithms	Best	Mean	Worst
	LP	5126.4266	5126.5461	5126.9586
Test1	RY	5126.49811	5126.52654	5127.15641
	ZW	5126.497	5128.881	5142.472
	LP	0.053945563	0.053999775	0.054993677
Test2	RY	0.053949831	0.053950257	0.053972292
	ZW	0.053957	0.057006	0.216915

G3: 高维多目标测试

为测试 LEACOP 在高维多目标下的性能, 本书采用了文献 [23] 中 Viennet's 两个高维多目标测试函数 MOP5 和 MOP7, 对两个测试函数, 分别将算法独立运行 20 次, 每次迭代次数为 1000.

LEACOP 测试结果如图 3-12 所示. 图 3-12(a) 为 MOP5 的测试结果, 得到的 Pareto 前沿是旋绕型的三维式曲线, 曲线上的非劣解都能较好地连续分布于三维空间. 图 3-12(b) 为 MOP7 的测试结果, 真实的 Pareto 前沿是一个不连续的曲面. 而 LEACOP 得到的是一个连续的曲面形状, 这是所提出算法需要改进的一个方面.

以上实验结果表明: 在高维情况中, LEACOP 也可以得到分布较好的 Pareto 前沿, 这说明本节所介绍的 LEACOP 算法是一种便于实现、通用性较强的方法. 各测试问题的最优解均能较好地分布于 Pareto 前沿, 解的多样性也较为理想.

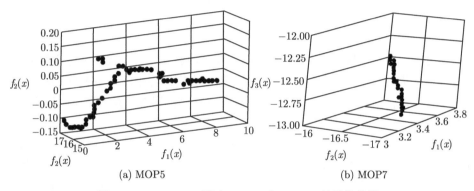

图 3-12　LEACOP 测试 MOP5 和 MOP7 的最优前沿

3.4.3　图像分割问题

1. 问题的描述[35]

图像分割是图像处理和计算机视觉等研究领域的难点之一. 图像分割质量的好坏直接影响后续图像处理的效果. 而常用的图像分割方法如阈值法、边缘检测法、区域跟踪方法等都是在针对不同图像取得良好的效果. 因而也是现今使用比较广泛的方法. 但是各种图像分割方法其本身又表现出很大的局限性.

熵方法是图像分割中应用最为广泛的非参数阈值化技术之一. 借助物理学的信息熵概念, 人们提出了众多不同的熵阈值化方法. 例如, Shannon 熵、Renyi 熵、Tsallis 熵和 Cross 熵. 其中, 由 Kullback 提出的 Cross 熵 (交叉熵)[26] 作为一种求解系统优化问题的全局优化方法已经引起了人们极大的注意. 交叉熵描述为基于同一集合的两种概率分布间的理论距离, 求最优阈值使原始图像和分割图像之间的信息量差异最小, 就可得到最小交叉熵阈值化分割方法. 尽管最小交叉熵阈值方法在二级阈值情况中是非常有效的, 但是在实现多级阈值分割时, 却要用穷尽搜索的方法寻找最优解, 需要大量的计算时间, 从而限制了它的推广使用[36].

不同仿生类进化算法中, 遗传算法具有的解决全局优化问题的潜在能力一直受到广泛的关注, 尤其在要求能够快速提供鲁棒性且接近真实最优解的领域, 应用遗传算法解决优化问题就显得更为合理和自然. 遗传算法作为一种全局优化方法, 即使问题定义域空间是不连续的, GA 也能够提供快速、鲁棒性的最优解搜索. 由于 GA 具有良好的平行搜索能力, 将 GA 应用于多极阈值分割中, 加快最优阈值的选择是可行的. 此外, 遗传算法和其他经典搜索方法间的区别还表现在, 搜索过程中 GA 能自适应地调整自身的搜索速度, 避免陷入局部最优解.

近年来对通用图像分割方法的研究倾向于将分割看作一个组合优化问题, 采用一系列优化策略完成图像分割任务. 主要思路是在分割定义的约束条件之外, 根据具体任务再定义一个优化目标函数, 所求分割的解就是该目标函数在约束条件下的全局最优解. 以组合优化的观点处理分割问题, 主要是利用一个目标函数综合表示分割的各种要求和约束, 将分割变为目标函数的优化求解. 而遗传算法就是一种良好的概率性优化搜索方法. 因此, 将遗传算法引入图像分割中是完全可行的. 遗传算法作为一种通用型随机优化方法, 通过其内在的搜索机制已在一系列困难的组合优化问题求解中取得成效, 该方法正受到越来越多的关注和研究, 应用范围已遍及许多领域.

本节提出一种基于遗传算法的最小交叉熵阈值选择方法: 首先使用一种回归程序设计方法, 将图像分割问题看作一个优化问题; 然后, 提出一种回归程序设计方法存储阈值计算过程的中间结果; 最后, 基于这种回归程序设计方法, 使用遗传算法搜索待优化问题的最优解, 相比穷尽搜索方法, 进一步缩短了阈值搜索时间, 其分割的效果也接近穷尽搜索的方法.

2. 图像分割的研究内容

图像分割是指将图像划分为若干具有特征一致性且相互不重叠的区域的过程[27]. 其形式化的定义[28] 如下: 假定 I 为一幅图像, 对其进行图像分割就是指将其划分为 n 个满足以下条件的子区域 $\{R_1, R_2, \cdots, R_n\}$.

(1) $\bigcup_{i=1}^{n} R_i = I$, 即所有子区域构成了整幅图像;

(2) $R_i \bigcap R_j = \Phi$, $i \neq j$, $i, j \in \{1, \cdots, n\}$, 即任意两个不同的子区域之间互不重叠;

(3) $P(R_i) = \text{TRUE}, i \in \{1, \cdots, n\}$, 其中, $P(\cdot)$ 表示区域的一致性 (相似性) 准则. 换句话说, 同一个子区域内的图像特征是一致的;

(4) $P(R_i \bigcup R_j) = \text{FALSE}$, $i \neq j$, $i, j \in \{1, \cdots, n\}$, 即不同子区域之间的图像特征是不一致的.

通常认为, 好的分割结果应该遵循如下的原则: ①同一分割区域内部的像素应

当具有某种一致性 (如灰度、纹理等), 区域的内部应该比较简单, 不存在很多较小的孔洞; ②相邻分割区域的像素之间应当不具备上述的一致性, 应该存在明显区别; ③边界应当简单而光滑. 同时满足这些要求并不容易, 因为它们之间往往相互矛盾. 例如, 过分强调分割区域内部的一致性可能导致较多的小孔洞, 并加大边界的不光滑程度; 而过分强调分割区域之间的不一致性, 又可能导致分割区域的过度合并, 使边界缺失.

图像分割方法主要可分为以下 5 大类[29]: ①阈值分割方法; ②边缘检测方法; ③基于区域的分割方法; ④聚类分割方法; ⑤结合特定理论的分割方法. 虽然这些分割方法不适合所有类型的图像, 但是这些方法却是图像分割方法进一步发展的基础. 事实上, 现代一些分割算法恰恰是从经典的分割方法衍生出来的.

阈值分割方法是一种最常用的并行区域技术, 阈值用于区分不同目标的灰度值, 阈值分割方法可分为二级阈值分割 (bi-level thresholding) 和多级阈值分割 (multi-level thresholding). 二级阈值分割亦称为单阈值分割. 二级阈值分割中, 图像仅有目标和背景两大类, 选取一个合适的阈值, 将图像中每个像素的灰度值与阈值相比较, 灰度值大于阈值的像素为一类, 灰度值小于阈值的像素为另一类. 如果图像中有多个目标, 就需要选取多个阈值将各个目标分开, 这种方法称为多级阈值分割. 阈值又可分为全局阈值、局部阈值和动态阈值. 阈值法分割的结果依赖阈值的选取, 确定阈值是阈值法分割的关键, 阈值分割实质上就是按照某个准则求出最佳阈值的过程. 常用的全局阈值选取方法有利用图像灰度直方图的峰谷法、最小误差法、最大类间方差法、最大熵阈值法以及其他一些方法[30]. 阈值分割的优点是计算简单、运算效率较高、速度快.

3. 最小交叉熵阈值化方法

使用最小交叉熵阈值化方法分割图像的基本思想[30]: 分别计算目标和背景间的交叉熵, 定义目标间的交叉熵和背景间的交叉熵之和为分割图像的交叉熵, 求最优阈值使交叉熵最小. 具体实现如下.

假定一幅图像的直方图 $h(i)$ 定义在灰度级 $[1, L]$. 设阈值 t 将原始图像分为目标和背景两大类, 则交叉熵定义为

$$I(t) = \sum_{i=1}^{t-1} ih(i) \log\left(\frac{i}{u(1,t)}\right) + \sum_{i=t}^{L} ih(i) \log\left(\frac{i}{u(t, L+1)}\right) \tag{3-51}$$

式中, i 是灰度值; $u(1, t)$ 和 $u(t, L+1)$ 是类内均值, 分别代表图像分割后得到的分割图中目标和背景的灰度, 它们的定义形式为

$$u(a,b) = \sum_{i=a}^{b-1} ih(i) \bigg/ \sum_{i=a}^{b-1} h(i) \tag{3-52}$$

最小化交叉熵得到图像的最优阈值, 即 $t^* = \arg\min_t\{I(t)\}$. 此时, 计算的复杂度为 $O(L^2)$, 在多级阈值情况下, 计算复杂度为 $O(L^{n+1})$.

在上述单阈值的基础上进行推广, 一维交叉熵应用于多级阈值分割. 设 t_1, $t_2, \cdots, t_n$ 是分割阈值, 且有 $t_1 < t_2 < \cdots < t_n$, 多级阈值交叉熵定义为

$$
\begin{aligned}
I(t_1, t_2, \cdots, t_n) = &\sum_{i=1}^{t_1-1} ih(i) \log\left(\frac{i}{u(1, t_1)}\right) + \sum_{i=t_1}^{t_2-1} ih(i) \log\left(\frac{i}{u(t_1, t_2)}\right) + \cdots \\
&+ \sum_{i=t_n}^{L} ih(i) \log\left(\frac{i}{u(t_n, L+1)}\right)
\end{aligned}
\tag{3-53}
$$

图像的最优阈值为 $(t_1^*, t_2^*, \cdots, t_n^*) = \arg\min\{I(t_1, t_2, \cdots, t_n)\}$.

4. 最小交叉熵的简化计算

最小交叉熵实现阈值分割时, 采用穷尽搜索方法寻找最优解, 由于存在大量重复运算, 计算量会随着阈值数目的增加呈指数增长, 计算非常耗时, 因此, 很难在一些实时系统中广泛应用. 本节介绍一种回归程序设计方法以简化交叉熵的计算方式, 并使用遗传算法代替穷尽搜索方法搜索待优化问题的最优解.

为了确定阈值 t, 式 (3-51) 可改写为

$$
\begin{aligned}
I(t) = &\sum_{i=1}^{L} ih(i) \log(i) - \sum_{i=1}^{t-1} ih(i) \log\left(\frac{\sum_{i=1}^{t-1} ih(i)}{\sum_{i=1}^{t-1} h(i)}\right) \\
&- \sum_{i=t}^{L} ih(i) \log\left(\frac{\sum_{i=t}^{L} ih(i)}{\sum_{i=t}^{L} h(i)}\right)
\end{aligned}
\tag{3-54}
$$

对于一幅给定的图像, $\sum_{i=1}^{L} ih(i) \log(i)$ 是一个常量, 式 (3-54) 的等价形式为

$$
\eta(t) = -\sum_{i=1}^{t-1} ih(i) \log\left(\frac{\sum_{i=1}^{t-1} ih(i)}{\sum_{i=1}^{t-1} h(i)}\right) - \sum_{i=t}^{L} ih(i) \log\left(\frac{\sum_{i=t}^{L} ih(i)}{\sum_{i=t}^{L} h(i)}\right)
\tag{3-55}
$$

在此, 注意到 $\eta(t) = 0$ 的一个必要条件是

$$\eta'(t) = h(t) \left[t \log \frac{u(1,t)}{u(t,L+1)} - (u(1,t) - u(t,L+1)) \right] \tag{3-56}$$

如果 $\eta'(t) = 0$, 则式 (3-56) 中等式符号右端第一项 $h(t) = 0$ 或第二项为 0. 显然, 满足 $h(t) = 0$ 的阈值 t 并不存在, 不会对阈值分割产生一个直接的影响. 因此, 可以设定第二项为 0 来获取最优阈值 t^*, 即

$$t^* = \frac{u(t,L+1) - u(1,t)}{\log(u(t,L+1)) - \log(u(1,t))} \tag{3-57}$$

在此, 根据图像的直方图, 设定某个区域对应的 0 阶矩和 1 阶矩, 即 $m^0(a,b) = \sum_{i=a}^{b-1} h(i)$, $m^1(a,b) = \sum_{i=a}^{b-1} ih(i)$. 由此, 式 (3-57) 能改写为

$$t^* = \frac{\left(\dfrac{m^1(t,L+1)}{m^0(t,L+1)} \right) - \left(\dfrac{m^1(1,t)}{m^0(1,t)} \right)}{\log \left(\dfrac{m^1(t,L+1)}{m^0(t,L+1)} \right) - \log \left(\dfrac{m^1(1,t)}{m^0(1,t)} \right)} = f(t) \tag{3-58}$$

在此, 给定一个初始值 t_0 且 $t_{i+1} = t_i + 1$. ε 是一个给定的小常量, 当收敛条件为 $|f(t_{i+1}) - f(t_i)| < \varepsilon$ 时, t_i 是最优阈值. 最优阈值 t_i 的计算或许涉及所有 [1, L] 的可行阈值的计算. 显然, 使用穷举搜索方法不仅会在多级阈值分割中增大计算量, 同样, 这种情况也会出现在二级阈值分割中. 鉴于此问题, 本节描述了一种回归程序设计方法加快式 (3-58) 的计算过程. 假定初始阈值为 t, 计算中间矩 $m^0(1,t)$, $m^1(1,t), m^0(t,L+1)$ 和 $m^1(t,L+1)$, 得到对应的目标函数 $f(t)$. 其他矩的计算使用以下方程

$$m^0(1,t+1) = m^0(1,t) + h(t), \quad m^1(1,t+1) = m^1(1,t) + th(t)$$
$$m^0(t+1,L+1) = m^0(t,L+1) - h(t), \quad m^1(t+1,L+1) = m^1(t,L+1) - th(t) \tag{3-59}$$

因此, 在得到初始阈值 t 的 $f(t)$ 后, 下一个阈值 $(t+1)$ 对应的函数值 $f(t+1)$ 的计算量仅是一个常量. 此时, 相比穷尽搜索方法的复杂度 $O(L^2)$, 最优阈值 t^* 的计算复杂度将大大减少.

回归程序设计方法也能够容易延伸到多级阈值情况中, 假定需要选择 n 个阈值 $t_1, t_2, \cdots, t_n$, $t_0 < t_1 < \cdots < t_n < t_{n+1}$. 在此, 设定两个虚拟阈值 $t_0 = 1$ 和 $t_{n+1} = L + 1$. 式 (3-55) 能够被改写为

$$\eta(t_1, t_2, \cdots, t_n) = -\sum_{t=1}^{n+1} m^1(t_{i-1}, t_i) \log \left(\frac{m^1(t_{i-1}, t_i)}{m^0(t_{i-1}, t_i)} \right) \tag{3-60}$$

$\eta(t_1, t_2, \cdots, t_n)$ 的导数为

$$\frac{\mathrm{d}\eta}{\mathrm{d}t_i} = h(t_i) \left\{ t_i \log \frac{u(t_i, t_{i+1})}{u(t_{i-1}, t_i)} - (u(t_i, t_{i+1}) - u(t_{i-1}, t_i)) \right\} \tag{3-61}$$

类似单阈值分割, 设置第二项为 0, 得到方程

$$t_i^* = \frac{u(t_i, t_{i+1}) - u(t_{i-1}, t_i)}{\log u(t_i, t_{i+1}) - \log u(t_{i-1}, t_i)} = f(t_i) \tag{3-62}$$

式中, t_{i+1} 和 t_{i-1} 是两个已知常量.

假定初始阈值为 $t_{i_n} \in [t_{i-1}, t_{i+1}]$, 且 $t_{i_{n+1}} = t_{i_n} + 1$. 当收敛条件满足 $|f(t_{i_{n+1}}) - f(t_{i_n})| < \varepsilon$ 时, t_{i_n} 是 n 维多级阈值向量的第 i 个分量. 在此, 使用与单阈值相同的回归程序设计方法得到多级阈值分割的最优解. 相比穷尽搜索方法的复杂度 $O(L^{n+1})$, 计算量明显大大减少. 为进一步缩短运算时间, 在上述回归程序设计的基础上, 使用遗传算法搜索多级阈值分割中的最优解.

在所提出的算法中, 采用实数编码的 GA, 假定一幅给定图像的灰度级范围为 $[1, L]$, n 是所需要的阈值个数. GA 中每个染色体编码为一个字符串 $x = (x_1, x_2, \cdots, x_n)$, $x_i \neq x_j$, $i \neq j$. x_i 代表 n 维多级阈值向量中的第 i 个分量. 交叉算子采用离散型. 算法每次迭代运行时, 随机地从父代种群中选出两个个体生成新个体. 假定两个父代个体 $x = (x_1, x_2, \cdots, x_n)$, $y = (y_1, y_2, \cdots, y_n)$, 生成后代 $z = (z_1, z_2, \cdots, z_n)$, $z_i = \{x_i\}$ 或 $\{y_i\}$, $\forall i \in \{1, 2, \cdots, n\}$, x_i 和 y_i 被选择的概率分别为 p_c 和 $(1 - p_c)$. 对每个新个体, 执行变异的概率 $p_m = 1/n$. 在此, 使用高斯变异方法, 则 $z_i = x_i + 0.1 \times (x_i^{\mathrm{U}} - x_i^{\mathrm{L}}) \times N(0,1)$, x_i^{U} 和 x_i^{L} 分别是 x_i 的上限和下限, $N(0,1)$ 是一个服从高斯分布的随机数. 使用式 (3-58) 对个体 z 进行评价. 在此, 设定两个虚拟阈值 $z_0 = 1$ 和 $z_{n+1} = L + 1$, 且 $z_0 < z_1 < \cdots < z_n < z_{n+1}$. 令 $t_{i_0} = z_i$, $t_{i_{n+1}} = t_{i_n} + 1$, 则 $t_{i+1} = z_{i+1}$, $t_{i-1} = z_{i-1}$. 算法收敛条件满足 $f(t_{i_{n+1}}) - f(t_{i_n}) < \varepsilon$ 时, t_{i_n} 就是所求的最优阈值中的第 i 个分量. 具体的算法描述如下.

Step1. 利用回归程序设计方法计算 $m^0(a, b)$ 和 $m^1(a, b)$, $1 < a < b < L$, a 和 b 是两个随机整数.

Step2. 随机性地生成 P 个个体.

Step3. 基于预先定义的矩, 利用式 (3-58) 计算个体的适应度.

Step4. 在选择过程中, 从种群选出 u 个个体.

Step5. 使用交叉和变异算子, 生成 $u \times v$ 个个体, 在此, v 是后代和父代的比率.

Step6. 比较后代和当前种群中的个体. 如果个体 s^* 相比当前种群中某个个体 s 有更好的适应度, 则用 s^* 替换掉 s.

Step7. 如果终止条件不满足, 转向 Step3. 否则, 算法执行结束.

5. 仿真结果及分析

实验环境: Windows XP 操作系统, CPU 为 2.27GHz; 编程语言环境: Matlab7.0. 采用国际上通用的 4 种测试图像: Coin、Cell、Lena 和 Pepper, 大小分别为 256×256、265×272、512×512、512×512. 在实验中, 所提出的新算法简称为 GA-based 方法.

执行 GA-based 方法时, 初始种群大小 $P = 30$. 最佳的 u 个个体和交叉率 p_c 分别为 10 和 0.5. 后代和父代的比例系数 $v = 3$. 算法的终止条件设定迭代次数为 100. 测试图像和对应的直方图如图 3-13 所示.

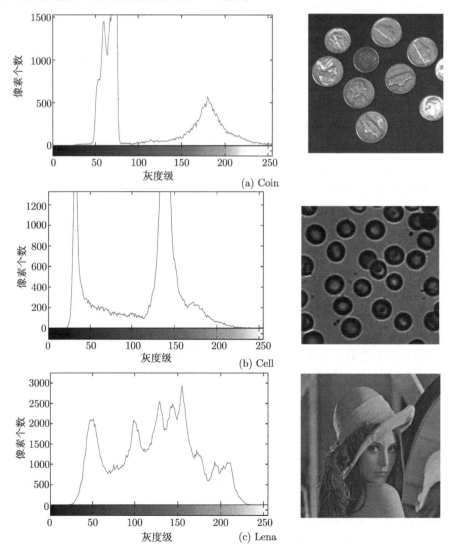

(a) Coin

(b) Cell

(c) Lena

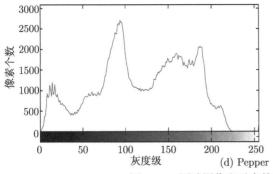 

图 3-13 测试图像和对应的直方图

为了分析 GA-based 方法分割图像的性能, 采用 4 幅图像的直方图, 分别显示不同的目标和背景分布形状. 图 3-14 显示出测试图像和对应的直方图. 在二级阈值分割中, 将 GA-based 方法应用于图像 Coin 和 Cell. 图 3-14 显示所提出的回归程序设计方法是可行的, 图像中的目标能够很好地从背景中被区分出来. 然而对图像细节较为复杂的 Lena 和 Pepper, 分割不同目标区域更多地需要使用多级阈值方法.

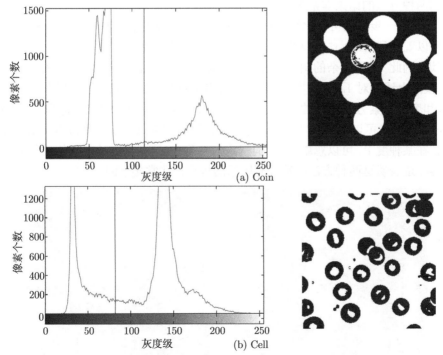

图 3-14 最小交叉熵最优二级阈值和对应的分割图

在图像 Lena 和 Pepper 的多级阈值分割中, 多级阈值向量可以通过 GA-based

方法和穷尽搜索方法获得. 为了测定所提出的方法和穷尽搜索方法 (exhaustive search method) 间的性能差异. 使用以下均匀性准则测定所得阈值图像的质量[31]

$$U = 1 - 2 \times c \times \frac{\sum\limits_{j=0}^{c} \sum\limits_{i \in R_j} (f_i - u_i)^2}{N \times (f_{\max} - f_{\min})^2} \tag{3-63}$$

式中, c 是阈值的个数; R_j 是分割后的第 j 个区域; f_i 是像素 i 的灰度级; u_j 是第 j 个分割区域中像素灰度级的平均值; N 是给定图像中总的像素个数; $f_{\max}$ 是图像中像素灰度级的最大值; $f_{\min}$ 是图像中像素灰度级的最小值.

　　均匀性准则的测定值介于 0 和 1 之间, 值越高意味着分割的图像质量越好. 执行算法时, 寻找最优值的 CPU 时间也被用作测试算法的性能. 表 3-6 显示: 图像 Lena 使用 GA-based 方法和穷尽搜索方法所得到的阈值, c 代表阈值的个数. 可以看出, 两种方法得到的阈值相等 ($c = 1, 2$) 或非常接近 ($c = 3, 4$). 这表明使用 GA-based 方法得到的阈值与实际分割阈值并无太大差距. 另一方面, 使用穷举方法得到的阈值时间会随着阈值数目 c 呈指数级增长. 然而, GA-based 方法的计算时间却远小于穷尽搜索方法, 在某种程度上, 甚至可以忽略不计. 就均匀性准则而言, 这两种方法的结果非常接近.

　　为了进一步提供可视比较, 阈值 ($c = 3, 4$) 的结果以图形的方式显示在图 3-15 中, 可以观察到, 图 3-15(a) 和图 3-15(c) 的分割效果分别与 3-15(b) 和图 3-15(d) 非常接近. 因此, 对于复杂的图像, 使用 GA-based 方法寻找多级阈值向量是可行的.

　　模拟上述针对 Lena 的实验, 表 3-7 给出了对图像 Pepper 分别使用 GA-based 方法和穷尽搜索方法得到的实验结果, 这两种方法得到的最优阈值是非常接近的. 此外, 由表 3-7 可以看出, GA-based 方法的计算时间要远小于穷尽搜索方法的计算时间, 在某种度上, 可以忽略不计. 但就均匀性而言, 这两种方法得到的结果无明显的差异, 这表明这两种方法所得分割图像的效果是非常接近的.

(a) 三级阈值化图像(GA-based方法)

(b) 三级阈值化图像(穷尽搜索方法)

(c) 四级阈值化图像(GA-based方法)　　　　(d) 四级阈值化图像(穷尽搜索方法)

图 3-15　图像 Lena 使用 GA-based 方法和穷尽搜索方法获得的分割效果

图 3-16 给出了使用 GA-based 方法对图像 Pepper 得到的分割图像. 注意到在图 3-16(a) 和图 3-16(c) 分别与图 3-16(b) 和图 3-16(d) 的分割效果是非常接近的. 因此, 使用 GA-based 方法能够在复杂图像的分割中取得比较理想的效果.

表 3-6　图像 Lena 使用 GA-based 方法和穷尽搜索方法得到的实验结果

算法	c	阈值	CPU 时间/s	均匀性
GA-based 方法	1	107	0.0135	0.998637
	2	93,147	0.0166	0.996083
	3	85,126,170	0.0201	0.994096
	4	81,115,148,179	0.0269	0.993859
穷尽搜索方法	1	107	0.1035	0.998637
	2	93,147	0.2107	0.996083
	3	85,127,169	15.7051	0.994045
	4	81,116,146,179	850.2065	0.993971

表 3-7　图像 Pepper 使用 GA-based 方法和穷尽搜索方法得到的实验结果

算法	c	阈值	CPU 时间/s	均匀性
GA-based 方法	1	108	0.0125	0.998259
	2	68,134	0.0168	0.997359
	3	64,118,165	0.0237	0.995215
	4	51,86,125,169	0.0271	0.995277
穷尽搜索方法	1	108	0.1317	0.994383
	2	68,134	0.2864	0.997359
	3	64,117,164	19.2183	0.995215
	4	51,87,126,167	901.1162	0.994749

(a) 三级阈值化图像(GA-based方法)   (b) 三级阈值化图像(穷尽搜索方法)

(c) 四级阈值化图像(GA-based方法)   (d) 四级阈值化图像(穷尽搜索方法)

图 3-16   图像 Pepper 使用 GA-based 方法和穷尽搜索方法获得的分割效果

参 考 文 献

[1]   Rahnamayan S, Tizhoosh H R, Salama M M A. A novel population initialization method for accelerating evolutionary algorithms[J]. Computers and Mathematics with Applications, 2007, 53(10): 1605–1614.

[2]   汪定伟, 王俊伟, 王洪峰, 等. 智能优化方法[M]. 北京: 高等教育出版社, 2007.

[3]   玄光男, 程润伟. 遗传算法与工程设计[M]. 北京: 科学出版社, 2000.

[4]   周育人, 李元香, 王勇, 等. Pareto 强度值演化算法求解约束优化问题[J]. 软件学报, 2003, 14(7): 1243–1249.

[5]   Schoenauer M, Michalewicz Z. Sphere operators and their applicability for constrained parameter optimization problems[C]. Proceedings of the 7th Intenational Conference on

Evolutionary Programming, 1998: 241–250.

[6] Jong K D, Fogel L, Schwefel H P. Handbook of Evolutionary Computation[M]. Oxford:Oxford University Press, 1997.

[7] Gen M, Liu B, Ida K. Evolution program for deterministic and stochastic optimization[J]. European Journal of Operational Research, 1996, 94 (3): 618–625.

[8] Jiménez F, Verdegay J L. Evolutionary techniques for constrained optimization problems[C]. The Seventh European Congress on Intelligent Techniques and Soft Computing(EUFIT'99). Berlin: Springer, 1999.

[9] Coello C A C, Montes E M. Constraint-handling in genetic algorithms through the use of dominance-based tournament selection[J]. Advanced Engineering Informatics, 2002, 16(3): 193–203.

[10] Beyer H G, Deb K. On self-adaptive features in real-parameter evolutionary algorithms[J]. IEEE Transactions on Evolutionary Computation, 2001, 5(3): 250–270.

[11] Costa L, Oliveira P. Evolutionary algorithms approach to the solution of mixed integer non-linear programming problems[J]. Computers and Chemical Engineering, 2001, 25 (2-3): 257–266.

[12] Runarsson T P, Yao X. Stochastic ranking for constrained evolutionary optimization[J]. IEEE Transactions on Evolutionary computation, 2000, 4(3): 284–294.

[13] Koziel S, Michalewicz Z. Evolutionary algorithms, homomorphous mappings, and constrained parameter optimization[J]. Evolutionary Computation, 1999, 7(1): 19–44.

[14] 汤可宗. 遗传算法与粒子群优化算法的改进及应用研究[D]. 南京: 南京理工大学, 2012.

[15] Abido M A. A niched Pareto genetic algorithm for multiobjective environmental /economic dispatch[J]. Electrical Power & Energy Systems, 2003, 25(2): 97–105.

[16] 焦李成, 刘静, 钟伟才. 协同进化计算与多智能体系统[M]. 北京: 科学出版社, 2006.

[17] Ombach J. Stability of evolutionary algorithms[J]. Journal of Mathematical Analysis and Applications, 2008, 342(1): 326–333.

[18] Zhou Y R, He J. Convergence analysis of a self-adaptive multi-objective evolutionary algorithm based on grids[J]. Information Processing Letters, 2007, 104(4): 117–122.

[19] Eberbach E. Toward a theory of evolutionary[J]. Biosystems, 2005, 82(1): 1–19.

[20] Hanne T. On the convergence of multiobjective evolutionary algorithms[J]. European Journal of Operational Research, 1999, 117(3): 553–564.

[21] Deb K. Multi-Objective Optimization using Evolutionary Algorithms[M]. CHichester, UK: John Wiley & Sons, 2001.

[22] Runarsson T P, Yao X. Stochastic ranking for constrained evolutionary optimization[J]. IEEE Transactions on Evolutionary Computation, 2000, 4(3): 284–294.

[23] Madavan N K. Multiobjective optimization using a pareto differential evolution approach[C]. Proceedings of 2002 World Congress on Computational Intelligence, 2002:

1445–1150.

[24] Deb K, Agrawal S, Pratap A, Meyarivan T. A fast and elitist multiobjective genetic algorithm: NSGA-II[J]. IEEE Transactions on Evolutionary Computation, 2002, 6(2): 182 –197.

[25] Kelner V, Capitanescu F, Léonardand O, et al. A hybrid optimization echnique coupling an evolutionary and a local search algorithm[J]. Journal of Computational and Applied Mathematics, 2008, 215(2): 448–456.

[26] Kullback S. Information Theory and Statistics[M]. New York: Dover, 1968.

[27] Pal N R, Pal S K. A review on image segmentation techniques[J]. Pattern Recognition, 1993, 26(9): 1277–1294.

[28] 罗希平, 田捷, 诸葛婴, 等. 图像分割方法综述[J]. 模式识别与人工智能, 1999, 12(3): 300–312.

[29] Zhang Y J. A survey on evaluation methods for image segmentation[J]. Pattern Recognition, 1996, 29(8): 1335–1346.

[30] 姚敏. 数字图像处理[M]. 北京: 机械工业出版社, 2006.

[31] 李佐勇, 刘传才. 基于统计和谱图的图像阈值分割方法研究[D]. 南京: 南京理工大学, 2010.

[32] 邹秀芬, 刘敏忠, 吴志健. 解约束多目标优化问题的一种鲁棒的进化算法[J]. 计算机研究与发展, 2004, 41(6): 986–990.

[33] Tang K Z, Sun T K, Yang J Y. An improved genetic algorithm based on a novel selection strategy for nonlinear programming problems[J]. Computers & Chemcial Engineering, 2011, 35(4): 615–621.

[34] 汤可宗, 杨静宇, 高尚, 等. 求解约束优化问题的一种线性进化算法[J]. 模式识别与人工智能, 2009, 22(6): 869–876.

[35] Tang K Z, Sun T K, Yang J Y, et al. An improved scheme for minimum cross entropy threshold selection based on genetic algorithm[J]. Knowledge-Based Systems, 2011, 24(8): 1131–1138.

[36] 汤可宗, 柳炳祥, 徐烘焱, 等. 一种基于遗传算法的最小叉熵阈值选择方法[J]. 控制与决策, 2013, 28(12): 1805–1810.

第4章　粒子群优化算法

粒子群优化 (particle swarm optimization, PSO) 算法由于其具有结构简单、易于实现、无需梯度信息、参数少等特点在连续函数优化问题和离散函数优化问题中表现出良好的效果. 特别是实数编码易于处理实值优化问题中, 已成为国内外智能优化领域的热点研究算法. 本章首先介绍粒子群优化算法的思想起源和基本原理, 然后讨论粒子群优化算法的数学机理, 最后对目前各种经典粒子群优化算法的改进与变形进行介绍.

4.1　导　　言

人们研究生物群体行为往往从观察自然现象开始. 自然界中许多生物体具有一定的群体行为, 如蚂蚁、细菌、蜜蜂、鸟和鱼等. 生物个体间通过相互交流信息与协作, 在群体层面上表现出一种"智能化"的行为, 单个生物体在自然界是很难生存的, 然而以群体协作方式形成的活动能力却能够保证族群在恶劣的自然环境与物种间的生存竞争中繁衍生息. 例如, 单个蚂蚁的能力极其有限, 但当这些蚂蚁组成蚁群时, 却能表现出智能化的行为, 完成像觅食、筑巢、迁徙、清扫蚁巢等工作; 一群行为显得盲目的蜂群在受到外来入侵时, 能够进行集体攻击, 消灭入侵的敌人; 鱼群聚集成群可以有效地逃避捕食者, 因为任何一只鱼发现异常都可带动整个鱼群逃避外来危险. 蜜蜂群体能够在任何环境下, 以极高的效率从食物源 (花朵) 中采集花蜜, 同时, 它们又能够很快适应环境的改变; 鸟群在飞行过程中, 能够在没有集中控制的情况下同步飞行或以某种方式进行队形重组等行为. 这些自组织的生物行为中, 又以鸟群中蕴涵的"美学"最为引人注目. 因此, 生物群体行为的研究对于理解大自然与社会中的复杂现象有着重要的意义. 群体行为的研究是人工生命的主要探索领域之一, 通过在计算机上对其进行仿真建模能够有助于人们更好地了解、揭示生命科学中的许多秘密. 可见生物群体的一个有趣现象: 虽然单个个体的行为表现非常简单, 但是群体行为却表现出非常复杂的行为特征.

Reynolds 和 Heppner 两位动物学家分别在 1987 年和 1990 年发表的论文中都关注了鸟群行动中的规律, 并对其运动方式进行仿真建模. Reynolds 设定了鸟群的行为应遵循的规则[1]: ①碰撞的避免, 即个体应避免和附近的同伴碰撞; ②速度的匹配, 即个体必须同附近个体的速度保持一致; ③向中心聚集, 即个体必须飞向邻域的中心. Heppner 指出鸟儿在运动中遵循如下规则[2]: ①个体随着群体的移动会向食物源最邻近区域移动；②鸟儿在捕食过程中, 根据其自身的初始速度和同伴的速度不断地调整其自身的速度, 并且受其他一些自然因素的影响, 速度也会随之变化；③鸟儿之间不是单独捕食的. 通常, 集体捕食过程中, 不同鸟儿能够相互共享许多信息, 例如, 障碍物距离鸟群的距离. 通过这种信息共享机制, 鸟儿之间将达成某种默契, 最终发现食物所在位置；④大自然中存在许多随机性因素的影响, 如强风暴雨、鸟群的天敌、地面上的一些移动物体, 这些因素都会对鸟儿的飞行产生影响.

除了鸟群, 鱼群的觅食行为方式也引起了人们的极大注意. 1975 年, 生物社会学家 Wilson 根据对鱼群的研究, 在其论文中提出: "至少在理论上, 鱼群的个体成员能够受益于群体中其他个体在寻找食物的过程中的发现和以前的经验, 这种受益是明显的, 它超过了个体之间的竞争所带来的利益消耗, 不管任何时候食物资源不可预知的分散于四处."

鸟群、鱼群运动时表现出的群体智能化行为方式对同种生物之间信息的社会共享带来了好处, 这种生物行为方式为粒子群优化算法的提出奠定了坚实的生物基础.

4.2　基 本 原 理

4.2.1　基本粒子群优化算法

人们发现: 由数目庞大的鸟儿组成的鸟群, 在飞行中可以在没有集中控制的情况下改变方向、散开或者进行队形重组等集体行为. 对鸟群捕食行为的进一步观察, 人们又发现一定有某种潜在的能力或者规则保证了这些智能化行为的进行. 作为一种仿生进化类算法, PSO 类似于遗传算法, 也是一种基于迭代的寻优技术, 但是算法实现过程中并没有交叉变异操作. 目前已经提出多种 PSO 的改进算法, 如自适应 PSO[3]、杂交 PSO[4]、协同 PSO[5]. 这些改进的算法大都基于 Kenney 和 Eberhart 提出的标准粒子群优化算法, 图 4-1 描述了粒子群优化算法的执行流程图, 其基本原理描述如下.

一个由 m 个粒子 (particle) 组成的群体在 D 维搜索空间中以一定的速度飞行, 每个粒子代表着搜索空间中的一只鸟. 对于待求解的优化问题而言, 一个粒子就是一个潜在解. 每个粒子还有一个速度决定它们飞行的距离和方向. 所有的粒子都有一个由被优化的函数决定的适应值 (fitness value). 在飞行的过程中, 粒子会利用自身的飞行经验和群体的飞行经验来动态调整自己, 经过若干次迭代搜索, 最终得到最优解. PSO 初始化为一群随机粒子, 然后通过迭代找到最优解. 在每次迭代中, 粒子通过跟踪两个 "极值" 来更新自己. 一个极值是粒子本身找到的最优解称为个体极值 pbest; 另一个极值是整个种群目前找到的最优解, 这个极值是全局极值 gbest. 每个粒子在找到这两个最优值时, 通过下面的公式来更新自身的速度和新的位置

$$v_{k+1} = v_k + c_1(\text{pbest}_k - x_k) + c_2(\text{gbest}_k - x_k) \tag{4-1}$$

$$x_{k+1} = x_k + v_{k+1} \tag{4-2}$$

式中, v_k 是粒子的速度向量; x_k 是当前粒子的位置; pbest_k 表示粒子本身找到的最优解的位置; gbest_k 表示整个种群目前找到的最优解的位置; c_1 和 c_2 是两个学习因子, 分别称为粒子的 "自身认识因子" 和 "社会认识因子", 分别用于调整 pbest_k 和 gbest_k 对粒子吸引的影响强度. c_1 和 c_2 的取值均为 $(0, 2)$ 的随机数. v_{k+1} 是 v_k, $\text{pbest}_k - x_k$ 和 $\text{gbest}_k - x_k$ 等矢量的和. 粒子每一维的速度都会被限定在一个最大速度 $v_{\max}$ 内.

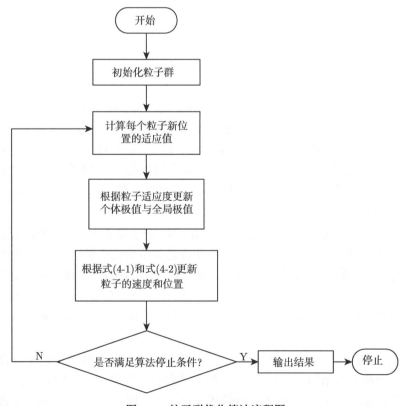

图 4-1 粒子群优化算法流程图

PSO 算法中, 若把群体内所有粒子都作为邻域成员, 此时称为全局版 PSO 算法; 若把群体内部分成员组成邻域, 称为局部版 PSO 算法. 在局部版 PSO 中, 一

般有两种方式组成邻域: 一种是索引号相邻的粒子组成邻域; 另一种是按空间距离相邻的粒子组成邻域. 粒子群优化算法的邻域定义策略又称为粒子群的邻域拓扑.

基本粒子群优化算法的流程描述如下.

Step1. 根据给定的变量初始范围, 对粒子群进行随机初始化, 包括随机位置和速度.

Step2. 计算每个粒子位置的适应值.

Step3. 对每个粒子, 将其适应值与所经历过的最好位置的适应值进行比较, 如果更好, 则将其作为粒子的个体历史最优值, 用当前位置作为个体历史最好位置.

Step4. 对每个粒子, 将其历史最优适应值与群体内或邻域内所经历过的最好位置的适应值进行比较, 如果历史最优适应值更好, 则将其作为当前的全局最好位置.

Step5. 根据式 (4-1) 和式 (4-2) 更新粒子的速度和位置.

Step6. 若不满足停止条件, 则转向 Step2, 否则停止迭代.

从 PSO 的速度更新方程可以看到, 粒子速度主要由 3 部分组成.

(1) v_k 是粒子速度的第一个组成部分, 它表明了粒子飞行具有一定的惯性作用, 是粒子能够进行飞行的基本保证.

(2) $c_1(\text{pbest}_k - x_k)$ 是粒子速度组成的第二项, 表示粒子飞行中考虑了自身的飞行经验, 具有向自己曾经找到过的最好点靠近的趋势. c_1 通常取值为 2, 当然, 也有其他取值. $c_1 = 0$, 则粒子只有 "社会学习" 能力, 缺少自身的认识能力; $c_1 \neq 0$, 在粒子的相互作用下, 群体有能力在新的搜索空间内探索, 并飞向它本身最好位置 pbest_k 和全局最好位置 gbest_k 的加权中心. 在这种条件下, c_1 的取值决定了粒子向自身运动的趋势程度.

(3) $c_2(\text{gbest}_k - x_k)$ 是粒子速度组成的第三项, 表示粒子飞行中需考虑社会群体的经验, 向邻域中其他粒子学习. 这样, 粒子在群体中最优位置的引导下, 向着最终最优解进一步靠近. c_2 取值介于 0 和 2 之间. 若 $c_2 = 0$, 则粒子之间没有社会信息共享机制, 只有 "自身认知" 部分. 在这种模型下, 由于不同粒子间缺乏有效的信息交流, 一个规模为 m 的群体就等价于 m 个粒子的单独运行, 因而得到解的概率非常小.

另外, 对最大速度 $v_{\max}$ 和群体大小 m 的设定也是影响粒子搜索性能的因素. $v_{\max}$ 过小会极大地增加全局搜索的时间, 导致搜索的失败; 而较大的 $v_{\max}$ 虽然增强了全局搜索能力, 但同时也容易使粒子飞过目标区域, 导致粒子局部搜索能力降低. m 过小, 陷入局部最优的可能性很大. 然而, 群体过大将导致计算时间的大幅度增加, 并且粒子个体达到一定数目后, 单纯增加 m 对 PSO 的搜索效率不会有显著的改善.

4.2.2 标准粒子群优化算法

为改善算法的收敛性能, Shi 和 Eberhart 在 1998 年的论文中引入了惯性权重的概念, 对粒子速度更新方程式 (4-1) 重新修正为

$$v_{k+1} = wv_k + c_1(\text{pbest}_k - x_k) + c_2(\text{gbest}_k - x_k) \tag{4-3}$$

式中, w 称为惯性权重或惯性因子, 其大小决定了粒子当前速度继承的多少, 适当地选择 w, 将能够对粒子前一次迭代中自身的速度起到加速或减速的作用, 使粒子在保持运动惯性的同时, 有进一步扩展搜索空间的趋势.

研究发现, 惯性权重 w 值较大有利于跳出局部极小点, 增强粒子的勘探能力 (exploration, 全局搜索能力), 而惯性权重 w 值较小有利于粒子的开发能力 (exploitation, 局部搜索能力). 通常 w 的设定为随着迭代次数线性减小. w 的引入还可消除对 $v_{\max}$ 的需要, 因为两者的作用都是均衡勘探能力和开发能力的. 因此, 当 $v_{\max}$ 较大时, 可通过降低 w 半维持均衡搜索. 在某种程度上, w 的降低可使得所需的迭代次数减少. 从这个意义上看, 将 $v_{\max}$ 设定在一个合理的固定变化范围内, 则只需对 w 进行调节即可. 值得注意的是, 当 $w=0$ 时, 速度只取决于粒子当前位置和其历史最好位置 pbest_k 和 gbest_k, 速度本身不再有记忆性. 在早期的实验中, 设置 $w=1$, 而 c_1 和 c_2 固定为 2, 此时, $v_{\max}$ 成为唯一需要调节的参数, 限定在每维变化范围的 10%~20%.

目前, 国内外学者对 PSO 的研究主要集中在带有惯性权重的粒子群优化算法, 并对其进行改进和增强. 因此, 大多数文献中也将带有惯性权重的粒子群优化算法作为 PSO 的标准版本, 或者称为标准 PSO 算法; 而将前述的粒子群优化算法称为初始粒子群优化算法或基本粒子群优化算法.

4.2.3 组成要素

粒子群优化算的组成要素既包括算法有关参数的设置, 如群体大小、惯性权重、学习因子、最大速度, 又包括算法设计中的相关问题, 如邻域拓扑结构、算法的收敛性分析、算法融合、粒子空间的初始化和停止准则.

1. 群体大小 Pop_{size}

Pop_{size} 是个整型参数. 当 Pop_{size} 很小时, 陷入局部最优的可能性很大. 然而, Pop_{size} 过大又将导致计算时间大幅度提升. 研究表明, 粒子群体的搜索性能并不是随着粒子数目的增加呈线性增加, 当粒子个体增加达到某一极限时, 再增加将不会对搜索性能有任何显著作用. 当 $\text{Pop}_{\text{size}}=1$ 时, PSO 算法则变为基于单个体搜索的技术, 一旦粒子陷入局部最优区域, 将难以跳出. 而当 Pop_{size} 逐渐增大时, PSO 的

全局搜索的性能将会提高, 但是收敛的速度将变得非常缓慢, 而当 Pop_{size} 达到某一数目时, PSO 搜索性能将不会有显著增强.

2. 惯性权重 w

粒子寻优过程贯穿勘探和开发两种模式: 勘探是指粒子从当前的寻优轨迹转到新的方向进行搜索; 开发则是粒子在当前的搜索区域继续进行细致搜索. 影响这两种模式的重要因素是惯性权重 w. 因此, PSO 算法的运行是否成功, 取决于如何平衡粒子的勘探能力和开发能力, 在不借助任何其他辅助策略的前提下, 这种平衡就是由惯性权重来维持的. Shi 和 Eberhart 首次提出了惯性权重 w 的概念[6], 并对基本粒子群算法中的粒子速度进行修正, 以获得较好的全局优化效果. 以后的研究者大多采用这种方式作为系统粒子速度更新的基本方式, 并在大量的优化问题中验证了其合理性. 在惯性权重 w 修正思想的引导下, Shi 和 Eberhart 提出了自适应设置惯性权值的模糊系统[7], 系统的输入是对 PSO 性能进行评价的变量, 而系统的输出则是调整后的权值增量. 文献 [8] 通过采用随机近似理论分析 PSO 的动态行为, 提出一种随更新迭代次数递减至 0 的 w 取值策略, 以提高算法的搜索能力. 文献 [9] 提出一种带收缩因子的 PSO 算法.

3. 学习因子 c_1 和 c_2

学习因子 (c_1 和 c_2) 使粒子具有自我总结和向群体中优秀个体学习的能力, 从而向群体内或邻域内最优点靠近. 文献 [10] 建议 $\varphi = c_1 + c_2 \leqslant 4.0$, c_1 和 c_2 通常等于 2. Ratnaweera 等[11] 提出一种自适应时变调整策略, c_1 随着迭代次数从 2.5 线性递减至 0.5, 而 c_2 随着迭代次数从 0.5 线性递增至 2.5. Riget 和 Vesterstrom 提出一种增加种群多样性的粒子群算法[12], 学习因子的调整根据粒子群体的多样性指标进行, 从而动态地改变 "吸引" 和 "扩散" 状态, 达到改善算法过早收敛的目的.

4. 最大速度 $v_{\max}$

最大速度 $v_{\max}$ 决定着粒子一次迭代中能够移动的最大距离. $v_{\max}$ 较大时, 勘探能力增强, 但容易越过所经历区域的最好解; 而 $v_{\max}$ 较小时, 开发能力增强, 但搜索易于陷入局部最优. 通常, $v_{\max}$ 的选择凭经验设定, 设置为问题空间的 $10\% \sim 20\%$. 此外, 设定 $v_{\max}$ 的作用可以通过惯性权重 w 的调整来实现. 文献 [13] 提出了一种多阶段 PSO 算法, 将粒子群体分成若干组, 并让群体在算法不同阶段执行不同的目标搜索, 这些目标使粒子群体移向自身或全局的最优位置, 可防止粒子群体陷入局部最优解. 文献[14]提出了一种保证收敛的 PSO 算法, 该算法为目前找到的全局最优粒子引入新的速度和位置更新公式, 并在新的速度和位置更新公式中引入一个比例因子.

5. 邻域拓扑结构

PSO 算法中, 粒子间通过相互学习寻找最优解, 这种学习方式是通过群体间的信息共享机制来实现的. 粒子间的信息共享方式体现为粒子群的拓扑结构, 因此, 对粒子的邻域拓扑结构的研究可以有助于深刻理解 PSO 算法的工作方式进而提高 PSO 算法的性能.

目前, 根据粒子邻域是否为整个群体, PSO 分为全局模型Gbest和局部模型 Lbest. Gbest 模型将整个群体作为粒子的邻域, 虽然速度较快, 但有时会陷入局部最优. 局部模型 Lbest 将索引号相近或者位置相近的个体作为粒子的邻域. 当前, 国内外研究人员已经提出不少粒子拓扑结构的模型, 根据现有的成果, 可将其划分为 3 种: 空间邻域、性能空间邻域和社会关系邻域. 空间邻域直接在搜索空间按粒子间的距离进行划分. 如 Suganthan[15] 引入一个时变的欧氏空间邻域算子, 在搜索初始阶段, 将邻域定义为每个粒子自身, 随着迭代次数的增加, 其邻域范围逐渐扩展到整个种群. 性能空间则根据某些性能指标 (如适应度值) 划分的邻域, 性能相近的粒子构成一个邻域结构. Veeramachaneni[16] 采用适应度距离比值来动态地选择粒子的邻域粒子. 社会关系邻域通常按粒子的索引号进行划分, 主要有环形拓扑、轮形拓扑 (或星形拓扑)、塔形拓扑、冯-诺伊曼形拓扑、随机拓扑等[17,18]. 不同的拓扑结构其性能差异也不一样, 具体应用要根据待求解问题的本身特点进行选择.

此外, Janson 等[19] 提出基于树形邻域结构的算法, Hamdan[20] 提出一种多邻域结构混合的 PSO 算法. 王雪飞等[21] 受到小世界网络模型的启发, 在进化过程中根据概率来动态调整粒子的邻域结构. 倪庆剑等[22] 在 PSO 算法中引入一种新的粒子群信息共享方式, 基于多簇结构提出一种动态可变拓扑策略以协调粒子的勘探和开采能力, 从理论上分析了最优信息在各种拓扑中的传播.

6. 收敛性分析

粒子群优化算法尽管原理简单, 但至今并没有形成一个完整的理论体系. 现有的很多理论分析都是基于对简化的社会模型的模拟. 虽然有部分研究者对算法的收敛性进行了分析, 但更多的研究者还是致力于研究算法的结构和性能改善方面.

PSO 的收敛性分析可从微观和宏观两个角度进行. 微观是对单个粒子在搜索空间的飞行轨迹进行考察, 通过对单个粒子的行为观察描绘出其运动轨迹. 而宏观从整个种群的行为作为研究, 分析群体的整体搜索过程, 通过建立合理的数学模型, 得出群体的飞行趋势. 文献 [23, 24] 首次对 PSO 算法所基于的理论框架进行探讨. Van de Bergh[25] 采用一种确定性模型, 对 PSO 算法的收敛性和参数选择进行了较为深入的分析. Kadirkamanathan 等[26] 利用一种稳定性分析方法, 研究在动态变化下微粒的稳定性. Liu 等[27] 通过分析粒子群的混沌动态特性来讨论粒子的稳定性和收敛性. 李宁等[28] 从差分方程分析的角度对粒子群优化算法中粒子的轨迹进行了分析研究. 文献 [29] 提出一种变采样周期的粒子群优化模型, 利用误差动力系数的李雅普诺夫函数分析优化行为的稳定性, 并对粒子的飞行轨迹进行了分析, 得出轨迹收敛的采样时间约束条件. 任子晖等[30]从粒子状态所构成的马尔可夫链着手, 分析了马尔可夫链的一系列性质, 并对基于粒子群优化算法的全局收敛性进行分析.

7. 算法融合

PSO 算法的融合就是将其他计算智能算法或其他优化技术应用于 PSO 算法中, 进一步提高 PSO 算法的性能, 如全局搜索能力、多样性的提高、增强收敛速度与精度. 融合的方式可分为 2 种: 一是利用其他优化技术对 PSO 算法中的参数做自适应的调整; 二是在 PSO 算法中引入其他进化算法的算子或与其他新技术结合. 文献 [31] 将蚂蚁算法与 PSO 算法结合用于求解离散优化问题; Angeline[32] 提出了采用进化计算中的选择操作的混合粒子群优化模型. Lovbjerg 等[33] 将进化算法和粒子群优化算法进行混合, 将进化算法中的繁殖和子种群的概念引入粒子群优化算法, 建立了两种混合型粒子群优化器, 增强了算法的收敛速度和寻优解的能力. Ei-Dib 等[34] 对粒子位置和速度进行交叉操作. Higashi[35] 将高斯变异引入 PSO 算法中. Miranda 等[36] 则使用了变异、选择和繁殖多种操作, 同时采用自适应策略确定速度更新公式中的邻域最佳位置、惯性权值和加速常数. 方伟等[37] 将 PSO 算法与量子空间进行结合, 建立粒子的量子势能场模型, 基于群体的群集性推导了量子粒子群优化 (QPSO) 算法, 论证了 QPSO 算法的收敛性, 并针对 QPSO 算法的唯一控制参数, 提出了三种控制策略.

此外, 其他一些搜索技术则是与 PSO 算法结合以提高算法的局部搜索能力, 如文献 [38] 是将 PSO 算法与单纯形法相结合; 文献 [39] 是将 PSO 算法与模拟退火技术结合; 文献 [40] 则是与二次规划相结合; 文献 [41] 是将禁忌技术与 PSO 算法结合; 文献 [42] 是将 PSO 算法与牛顿法结合; 文献 [43] 是将 PSO 算法与爬山法相结合; 文献 [44] 将差分进化算法与 PSO 算法相结合; 文献 [45] 则是将小波变异引入 PSO 算法中.

8. 粒子空间的初始化

在某种程度上, 种群初始化空间与最优解的距离将影响粒子的收敛时间. 因此, 合理地选择粒子的初始化空间, 将减少粒子的收敛时间. 然而, 这种选择在一定程度也取决于问题本身的性质.

9. 停止准则

一般使用最大迭代次数, 最大函数评价次数或运行达到可以接受的满意解作为停止准则.

4.3 数 学 机 理

4.3.1 复杂度分析

基于上述标准 PSO 算法, 可以看出: 在每一次迭代中, 粒子群体总的数量保持不变. 假定第 i 步迭代中粒子的数量为 N_i, 其中 $i = 1, 2, \cdots, m$, m 表示最大迭代次数. 因此有 $N_1 = N_2 = \cdots = N_m = N$. 假设每个粒子每一次迭代需要的运算时间为 T, 则可以得出标准 PSO 算法进行优化所需要的总的运行时间为 $N \times m \times T$.

4.3.2 收敛性分析

从式 (4-2) 和式 (4-3) 可以看出, 尽管 v_k 和 x_k 是多维变量, 但各维相互独立, 故对算法的收敛性分析可以简化到一维进行. 这里, 假定粒子本身所找到的最优解的位置和整个种群目前找到的最优解的位置不变, 分别记为 p_b 和 g_b; w、c_1 和 c_2 均为常数.

式 (4-2) 和式 (4-3) 可简化为

$$v(k+1) = wv(k) + c_1(p_b - x(k)) + c_2(g_b - x(k)) \tag{4-4}$$

$$x(k+1) = x(k) + v(k+1) \tag{4-5}$$

由式 (4-4) 和式 (4-5) 得

$$v(k+2) = wv(k+1) + c_1(p_b - x(k+1)) + c_2(g_b - x(k+1)) \tag{4-6}$$

$$x(k+2) = x(k+1) + v(k+2) \tag{4-7}$$

将式 (4-5) 和式 (4-6) 代入式 (4-7), 可得

$$
\begin{aligned}
x(k+2) &= x(k+1) + v(k+2) \\
&= x(k+1) + wv(k+1) + c_1(p_b - x(k+1)) + c_2(g_b - x(k+1)) \\
&= x(k+1) + w(x(k+1) - x(k)) + c_1(p_b - x(k+1)) + c_2(g_b - x(k+1)) \\
&= (w - c_1 - c_2 + 1)x(k+1) - wx(k) + c_1 p_b + c_2 g_b
\end{aligned}
$$

即

$$x(k+2) + (-w + c_1 + c_2 - 1)x(k+1) + wx(k) = c_1 p_b + c_2 g_b \tag{4-8}$$

式 (4-8) 是一个二阶常系数非齐次差分方程, 此类方程的解法较多, 最典型的方法是特征方程法.

首先可求解式 (4-8) 的特征方程 $\lambda^2 + (-w + c_1 + c_2 - 1)\lambda + w = 0$, 根据一元二次方程解的情况分为 3 种情况:

(1) 当 $\Delta = (-w+c_1+c_2-1)^2 - 4w = 0$ 时, $\lambda = \lambda_1 = \lambda_2 = -(-w+c_1+c_2-1)/2$, 此时 $x(k) = (A_0 + A_1 k)\lambda^k$, A_0, A_1 为待定系数, 分别由 $v(0)$ 和 $x(0)$ 确定, 经计算得

$$\begin{cases} A_0 = x(0) \\ A_1 = \dfrac{(1-c)x(0) + wv(0) + c_1 p_b + c_2 g_b}{\lambda} - x(0) \end{cases}$$

(2) 当 $\Delta = (-w+c_1+c_2-1)^2 - 4w > 0$ 时, $\lambda_1 = \lambda_2 = \dfrac{w - c_1 - c_2 + 1 \pm \sqrt{\Delta}}{2}$, 此时 $x(k) = A_0 + A_1 \lambda_1^k + A_2 \lambda_2^k$, A_0 , A_1, A_2 为待定系数.

令 $b_1 = x(0) - A_0$, $b_2 = (1-c)x(0) + c_0 v(0) + c_1 p_b + c_2 g_b - A_0$, 经计算得

$$\begin{cases} A_0 = \dfrac{c_1 p_b + c_2 g_b}{c} \\[2mm] A_1 = \dfrac{\lambda_2 b_1 - b_2}{\lambda_2 - \lambda_1} \\[2mm] A_2 = \dfrac{b_2 - \lambda_1 b_1}{\lambda_2 - \lambda_1} \end{cases}$$

(3) 当 $\Delta = (-w+c_1+c_2-1)^2 - 4w < 0$ 时, $\lambda_1 = \lambda_2 = \dfrac{w - c_1 - c_2 + 1 \pm i\sqrt{-\Delta}}{2}$, 此时 $x(k) = A_0 + A_1 \lambda_1^k + A_2 \lambda_2^k$, A_0 , A_1, A_2 为待定系数, 同样可得

$$\begin{cases} A_0 = \dfrac{c_1 p_b + c_2 g_b}{c} \\[2mm] A_1 = \dfrac{\lambda_2 b_1 - b_2}{\lambda_2 - \lambda_1} \\[2mm] A_2 = \dfrac{b_2 - \lambda_1 b_1}{\lambda_2 - \lambda_1} \end{cases}$$

若 $k \to \infty$ 时, $x(k)$ 有极限, 趋向于有限值, 表示迭代收敛. 由此可知, 若要求上述 3 种情况 $x(k)$ 收敛, 其条件是 $||\lambda_1|| < 1$ 且 $||\lambda_2|| < 1$.

经过计算可得如下结论:

令 $c = c_1 + c_2$,

当 $\Delta = 0$ 时, 收敛区域为抛物线, $w^2 + c^2 - 2wc - 2w - 2c + 1 = 0$ 且 $0 \leqslant w < 1$.

当 $\Delta > 0$ 时, 收敛区域为由 $w^2 + c^2 - 2wc - 2w - 2c + 1 > 0$, $c > 0$ 和 $2w - c + 2 > 0$ 所围成的区域.

当 $\Delta < 0$ 时, 收敛区域为由 $w^2 + c^2 - 2wc - 2w - 2c + 1 < 0$ 和 $w < 1$ 所围成的区域.

综合上面 3 种情况, 收敛区域为 $w < 1$, $c > 0$ 和 $2w - c + 2 > 0$ 所围成的区域. 如图 4-2 所示.

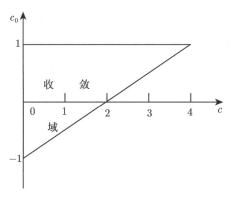

图 4-2 收敛区域

4.4 实 例 分 析

4.4.1 基于多样性反馈的粒子群优化算法

相比其他智能优化算法, PSO 算法寻优过程中也会遇到早熟收敛的问题, 究其原因是粒子在解空间分布性的过快损失, 导致了种群过早地收敛于某些局部最优解. 不少学者对粒子群体分布的多样性评价方法给出了多种不同评价策略, 例如, 文献 [46] 通过将种群中的部分粒子重新在解空间内进行随机初始化来保持种群的多样性; 文献 [47] 采用分群思想, 每个粒子类似于一个带有一定电量的电荷. 寻优过程中, 粒子间借助 "吸引力" 和 "排斥力" 来保持种群的多样性, 从而达到增强算法全局搜索的能力. 窦全胜[48] 等采用分群思想, 将粒子群体划分为 3 个子群, 分别负责局部搜索、最优解邻域的细致搜索、搜索空间内的粒子多样性维持. 由于种群中的一部分粒子是发散轨迹, 确保了算法的全局勘探能力. 俞欢军[49] 等采用种群分布熵和平均粒距来评价粒子寻优过程中的多样性分布, 均衡了算法的勘探和开发能力. 这些不同的多样性评价策略可以分布两类: 前馈策略和反馈策略. 通过对算法中参数的调整来保持粒子群体的多样性称为前馈策略, 而采用某种测度函数评价进化过程中粒子群体的多样性称为反馈策略. 由于反馈策略描述了进化过程的粒子群体的动态变化信息, 在面向复杂计算问题时, 使用反馈策略要比前馈策略能更好地维持粒子群体的多样性, 且使全局搜索和局部搜索过程达到一种平衡状态. 在此提出一种新的多样性评价策略来均衡算法的不同搜索阶段, 在搜索陷入局部最优时执行一种精英学习策略来使最优粒子跳转到一个新的具有良好潜力的搜索区域. 此外, 根据多样性的评价, 我们对惯性权值在不同搜索阶段给出了自适应调整策略, 提出一种基于多样性反馈的自适应粒子群优化算法[67](an adaptive particle swarm optimization algorithm based on diversity feedback, APSO).

1. 多样性评价机制

粒子的多样性反映了搜索空间内各粒子相互之间的分布离散程度, 影响算法的全局勘探和局部开发能力. 通常, 多样性越好, 算法全局勘探能力越强, 但算法的局部搜索能力较差, 反之亦然. 因此, 多样性的评价机制影响算法的收敛速度和解的精确度. APSO 算法基于熵的概念, 提出以下多样性评价机制, 具体描述如下.

Step1. 设置 PSO 的初始参数, 在 n 维搜索空间内, 令粒子集合 $X = \{x_1, x_2, \cdots, x_m\}$, m 为个体数目, $x_i = (x_{i1}, x_{i2}, \cdots, x_{in})$; 假定粒子群体在搜索空间分布的对角线最长距离为 $d(x_i, x_j) = L$, 粒子 x_i 和 x_j 连线的方向矢量为 w.

Step2. 按式 (4-9) 计算每个粒子 (除去 x_i 和 x_j) 在方向为 w 直线上的投影, 这样便得到 m 个一维样本 y_m 组成的集合.

$$y_i = w^{\mathrm{T}} x_i, \quad i = 1, 2, \cdots, m \tag{4-9}$$

Step3. 将 x_i 和 x_j 的连线按长度划分成等距离的 m 个子区域, 统计每个子区域内样本 y_i 的数目 h_i, $i = 2, 3, \cdots, m$, 且 $\sum\limits_{i=1}^{m} h_i = m$.

Step4. 按照式 (4-10) 计算种群分布熵

$$E(t) = -\sum_{i=1}^{m} q_i \ln q_i, \quad q_i = h_i/m \tag{4-10}$$

上述评价机制考查了粒子在搜索空间分布的离散程度, 将粒子群体在搜索空间分布的最长对角线划分成与粒子相等的 m 个子域, 统计每个子域区内粒子投影的数目, 从而计算粒子的种群分布熵. 当每个子区域都有粒子 $(h_i = 1)$ 时, 种群分布熵值最大, 多样性较好; 然而, 当大多数粒子趋于落入几个或单个子区域时, 种群分布熵值较小, 多样性较差. 图 4-3 描述了二维空间中粒子在方向为 w 直线上的投影过程.

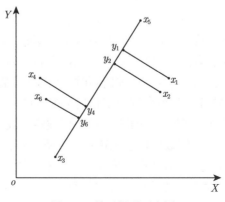

图 4-3　粒子投影示意图

2. 惯性权值 w 的自适应控制

粒子寻优过程贯穿勘探 (exploration) 和开发 (exploitation) 两种模式, 影响这两种模式的重要因素是惯性权值 w. 通常, 算法执行的前期 (后期) 阶段, 较大 (小) 的 w 有利于种群的勘探 (开发) 模式. 因此, w 均衡算法的全局和局部搜索过程. 但标准 PSO 算法中的 w 是由某初始值线性递减到终值的方法未必能有效平衡算法的勘探和开发能力. 由于种群熵 $E(t)$ 在勘探阶段变得相对较大, 而在开发阶段会变得相对较小, 所以 w 可以采用种群熵提供的信息进行动态的设置, 以更好地反映出整个寻优过程的搜索方式. 按以上分析设计出具有自适应惯性权值的调节方式:

$$w(E(t)) = \frac{1}{1 + 1.5e^{-2.6E(t)}}, \quad E(t) \in [0, 1] \tag{4-11}$$

式 (4-11) 限定了 w 的取值范围为 0.4~0.9, 由于 w 并不会随时间做单调线性变化, 但会随着 $E(t)$ 做单调变化, 因此 w 将会根据搜索过程表现出的群体多样性来自适应搜索环境的变化. 显然, $E(t)$ 较大时, w 随多样性的增大而增大有利于增强算法的全局勘探能力; 而 $E(t)$ 较小时, w 随多样性的减小而减小, 有利于强化算法的局部开发能力, 使算法具有较好的开发性.

3. 精英学习过程

粒子寻优过程中, 最优粒子作为种群的 "领袖" 引导着全体粒子向着全局最优解位置或其邻近区域挺进. 而复杂计算问题往往在解空间范围内存在多个局部最优解, 当领袖位于某个局部最优解位置或邻近区域而远离全局最优解区域时, 此时搜索很有可能出现停滞早熟现象, 如果能给予当前最优粒子某种扰动以帮助最优粒子跳出局部最优区域, 就有可能使搜索方向转向某个更好的潜在区域; 种群中的其他粒子也将尾随领袖进入一个新的勘探区域. 该扰动机制描述: 对最优粒子 i 的每一维 d 配置一个介于 $[0, 1]$ 的随机数 r_d, 如果 r_d 小于给定的变异概率 p_m, 则该维重新在解空间初始化, 对每一维实施变异操作后, 新生成的粒子仍然记忆迄今找到的最优位置.

4. 算法描述

所提出算法的具体步骤描述如下.

Step1. 随机产生粒子的初始位置和初始速度, 确定粒子当前的个体历史最优位置和种群历史最优位置, 将当前算法执行模式设定为 Mode= "Exploration", 并确定算法的相关参数和最优解的精度误差 ε.

Step2. 计算 $E(t)$, 若 $E(t) < E_{\min_1}$, 变换模式 Mode= "Exploitation", 转向 Step3, 否则转向 Step4.

Step3. 若 $E(t) < E_{\min_2}$, 执行精英学习策略.

Step4. 按式 (4-11) 更新惯性权值 w, 按式 (4-2) 和式 (4-3) 更新粒子的位移和速度. 此时, 若 $E(t) > E_{\min_1}$, 变换模式 Mode="Exploration".

Step5. 评价每个粒子的位置, 若第 i 个粒子位置优于该粒子迄今找到的最优位置 lbest$_i$, 则更新 lbest$_i$, 否则保持 lbest$_i$ 不变. 将 lbest$_i$ 与种群迄今找到的最优位置 gbest 进行比较, 若更优, 则更新 gbest, 否则保持 gbest 不变.

Step6. 检查算法执行是否满足终止条件. 若满足则结束寻优; 否则, 转至 Step2. 结束条件为达到最大迭代次数或在最优解设定的精度误差 ε 范围内.

5. **仿真结果及分析**

实验采用典型的多变量优化函数[50] (Sphere, Rosenbrock, Rastrigrin) 测试 APSO 的性能. 3 个测试函数的全局最优值者为 0, 并与文献 [51] 提出的算法 DCWQPSO 进行性能比较分析. 仿真实验的环境为: Microsoft Windows XP Professional 版本 2002; Intel Pentium 双核处理器; 主频为 2.19GHz; 内存为 0.98GB; 机型为 Dell; 在 Matlab7.0 语言环境下编写测试程序. 测试函数描述如表 4-1 所示.

表 4-1　测试函数描述

函数	数学表达式	维数 D	搜索空间	可接受值
Sphere	$f_1(x) = \sum\limits_{i=1}^{D} x_i^2$	20	$[-100,100]$	0.001
Rosenbrock	$f_2(x) = \sum\limits_{i=1}^{D-1} [100(x_{i+1} - x_i^2)^2 + (x_i - 1)^2]$	20	$[-20, 20]$	0.005
Rastrigrin	$f_3(x) = \sum\limits_{i=1}^{D} x_i^2 - 10\cos(2\pi x_i) + 10]$	20	$[-5.12, 5.12]$	0.01

表 4-1 中, Sphere 函数是一个单峰二次函数, 全局最优点出现在 $[0,0,\cdots,0]^D$; Rosenbrock 是一个较难寻找到最优值的病态单峰二次函数, 全局最优点出现在 $[1,1,\cdots,1]^D$; Rastrigrin 函数是一个具有多个局部极小值点的多峰函数, 全局最优点出现在 $[0,0,\cdots,0]^D$. APSO 和 DCWQPSO 这两种算法执行时, 取测试函数为粒子的适应值函数; 为避免算法执行中出现的偶然因素影响算法间的性能, 两种比较算法分别运行 30 次, 初始种群规模设定 Pop$_{\text{size}}$=30, 算法最大迭代次数 NG=100. DCWQPSO 算法参数 $\beta_1 = 0.45$、$\beta_2 = 0.15$.

算法间的性能比较分别采用下列指标来衡量: 算法执行 30 次得到的最大优化值 (MXO)、最小优化值 (MNO)、平均优化值 (AVO) 和平均运行时间 (AVT). 平均运行时间表示算法执行时到达可接受值的平均实际运行时间, 测试结果如表 4-2 所示.

表 4-2 中数据显示: 针对测试函数 $f_1(x)$ 和 $f_3(x)$, APSO 在规定的运行次数内

能够取得全局优化值为 0, 且最大优化值和平均优化值均为可接受值; DCWQPSO
算法在规定的运行次数内, 最大优化值、最小优化值和平均优化值都要略差于 APSO
算法. 而在函数 $f_2(x)$ 上的测试数据表明: APSO 算法和 DCWQPSO 算法获得最小
优化值和平均优化值较为接近, 而 APSO 算法在最大优化值要略优于 DCWQPSO
算法. 就平均运行时间而言, APSO 算法要明显优于 DCWQPSO 算法, 即算法在较
短的时间内能够达到可接受值. 因此, 本节提出的 APSO 算法具有较好的全局寻优
能力和搜索速度, 获得的解的精确度也在理想范围内.

表 4-2　DCWQPSO 算法和 APSO 算法在测试函数上的性能对比

函数	测试算法	MXO	MNO	AVO	AVT/ms
$f_1(x)$	APSO	0.867×10^{-2}	0	2.744×10^{-8}	102.5
	DCWQPSO	2.912×10^{-1}	3.213×10^{-8}	2.794×10^{-7}	180.4
$f_2(x)$	APSO	3.218×10^{1}	0.135×10^{-2}	1.239×10^{-1}	293.6
	DCWQPSO	6.741×10^{2}	0.392×10^{-2}	1.102×10^{-1}	349.6
$f_3(x)$	APSO	0.376×10^{-5}	0	2.351×10^{-9}	219.2
	DCWQPSO	4.326×10^{-4}	3.459×10^{-9}	2.342×10^{-8}	273.9

　　图 4-4 给出了 APSO 和 DCWQPSO 寻优过程中粒子在 30 次运行过程中的
平均最优适应度变化曲线. 由于 APSO 中精英学习策略执行于种群的最优粒子, 增

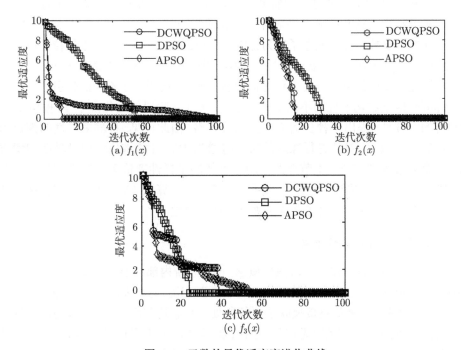

(a) $f_1(x)$　　　　(b) $f_2(x)$

(c) $f_3(x)$

图 4-4　函数的最优适应度进化曲线

强了算法跳出局部最优解的概率, 提高了种群的多样性, 拓展了解的搜索空间. 勘探和开发两种模式的交替进行, 也更加有利于算法的全局搜索, 避免过早地陷入局部最优点.

可以看出, APSO 算法在函数 f_2 的测试结果接近于 DCWQPSO 算法, 而在函数 f_1 和 f_3 上的测试结果有明显差别, APSO 算法具有较好的收敛效果, 因而 APSO 算法获得了平均最优适应度曲线要优于 DCWQPSO 算法.

综上所述, 相比 DCWQPSO, APSO 可以增强算法对未探测空间的搜索能力, 加速粒子在整个解空间的寻优过程. 在开发阶段, 惯性权值随多样性的减少而递减, 而在勘探阶段, 惯性权值随多样性的增加而递增. 较好地均衡算法的全局搜索和局部细致搜索能力, 可使粒子在较大范围空间内快速寻找到最优解所在的区域, 并展开细致搜索.

4.4.2   基于离散式多样性评价策略的自适应粒子群优化算法

群体多样性的评价策略是影响群体搜索性能的一个重要因素, PSO 算法易于陷入局部最优解从而导致算法过快收敛, 究其原因是参数选择机制的不合理和进化过程中种群多样性的损失过快. 种群多样性损失过快将会使算法过早地收敛到局部最优解, 而适当的参数选择机制则需要面向不同的问题做出合理的设置. 国内外不少学者对此进行了相关方面的研究, 例如, Mendes 和 kennedy 研究了进化过程中不同种群结构下的种群多样性对算法性能的影响[52]. Clerc[53] 和 Trelea[54] 等对种群多样性及参数选择机制做了较为详细的分析, 提出了适当变换近邻粒子拓扑结构、融入高斯变异算子、拓展空间粒子、增添吸引与排斥等改进策略. Pant[55] 根据群体多样性的反馈信息对速度方程进行动态调整, 并给予粒子不同的吸引力和排斥力. Zhan[3] 根据进化过程的不同阶段, 设定了描述各阶段的进化因子 f, 根据 f 判定种群的多样性, 提出一种自适应参数调节策略. 由此可见, 种群多样性的判定影响算法的执行效率, 对其进行深入的研究将增强 PSO 执行效率, 引导种群搜索方向向着全局最优解前进. 本节介绍使用一种新的多样性评价策略来均衡算法不同搜索阶段的多样性, 描述一种新的自适应粒子群优化算法 (APSO)[68]. 根据多样性评价值, 惯性权值将在不同搜索阶段进行自适应调整.

1. 离散式多样性评价策略

熵作为不确定性方法的一种重要概念, 描述系统内部的混乱程度, 它在控制论、概率论、理论物理及生命科学等领域都有着重要应用, 它将系统的宏观物理量与微观物理量联系起来, 熵值直接反映了系统所处的状态均匀程度, 即系统的熵值越小 (大), 它所处的状态越是有 (无) 序, 越不 (是) 均匀. 本书采用种群熵对 PSO 中种群的多样性进行度量, 定义[56] 如下.

定义 4-1 (种群分布熵)　若第 t 代种群有 Q 个子集: $S_1^t, S_2^t, \cdots, S_Q^t$, 各个子集所包含的数目记为 $|S_1^t|, |S_2^t|, \cdots, |S_Q^t|(Q \leqslant N)$, 且 $S_p^t \bigcap S_q^t = \Phi$, $\bigcup\limits_{q=1}^{Q} S_q^t = A^t$, 其中 $p, q \in \{1, 2, \cdots, Q\}$, A^t 为第 t 代种群的集合, 则第 t 代种群的熵为

$$E = -\sum_{j=1}^{Q} p_j \lg(p_j) \tag{4-12}$$

式中, N 为种群规模; $p_j = |S_j^t|/N$. 由定义可知, 当种群中的所有粒子收敛于某个局部极小点或其邻近区域时, 粒子的适应值趋于相同, 种群分布熵 E 接近于 0; 种群中粒子的适应值相差越大, 意味着粒子分配得越平均, 熵值 E 就越大.

定义 4-2 (分群比)　令粒子总体个数为 N, 粒子按不同运动方式分为 m 个子集: $S_1, S_2, \cdots, S_m$, 各子集包含的粒子数目分别为 $|S_1|, |S_2|, \cdots, |S_m|$, 则定义第 i 子集与第 j 子集的分群比为 $P_{ij} = |S_i|/|S_j|$, $i, j \leqslant m$.

种群熵描述种群在搜索空间各个子空间的粒子分布情况, 分群比表达种群在搜索空间各子集内的粒子分布情况. 粒子在各子空间分布的越均匀, 种群的熵值越大, 分群比也就越接近于 1, 种群的多样性也将越大, 反之亦然. 目前, 使用式 (4-12) 给出的多样性衡量方法对子集的划分有 2 个依据: ①粒子间距划分法: 根据粒子间的空间距离, 将处于相同邻近区域的粒子划分为一个子群体, 而不同邻近区域间的粒子相距较远; ②粒子适应值划分法. 根据粒子的适应值, 按适应值的接近程度, 将适应值接近的粒子划分在同一区域, 然而, 粒子在子空间分布均匀未必意味着粒子在适应值区间的分布也具有同样的均匀性, 如图 4-5 所示.

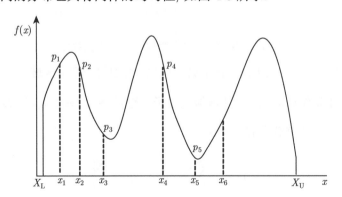

图 4-5　粒子分布区间图

图 3-5 描述了由 6 个一维粒子 p_1、p_2、p_3、p_4、p_5 和 p_6 组成的种群, 对应的位置分别是 x_1、x_2、x_3、x_4、x_5 和 x_6. 假定当前种群粒子在搜索空间 $[X_L, X_U]$ 需划分为两个个体数目相同的子群体 S_1 和 S_2, 根据粒子间距划分法, $S_1 = \{p_1, p_2, p_3\}$,

$S_2 = \{p_4, p_5, p_6\}$，但根据适应值划分方法，p_1, p_2 和 p_4 适应值最为接近，应当划为同一子群体 $S_1 = \{p_1, p_2, p_4\}$；而 p_3, p_5 和 p_6 划分在另一子群体 $S_2 = \{p_3, p_5, p_6\}$.

在上述两种划分中，如果仅根据其中一种划分方式，各子群都从一个侧面反映了种群的多样性. 文献 [3] 指出，种群的多样性反映了算法寻找其他潜在优化解的可能，但同时它也影响着算法的局部搜索能力和寻优速度. 多样性越大 (小)，算法全局寻优能力越强 (弱)，但局部搜索能力和寻优速度较差 (好). 为了评估算法在当前状态下的多样性，综合上述两种划分方法的优劣，基于种群熵的概念提出以下离散式多样性评价策略. 假定种群规模为 Q，该策略描述如下.

Step1. 将第 t 代种群分布的当前搜索空间 R_t^n 划分成 Q 个相等区域 S_i^t，$i = 1, 2, \cdots, Q$，每个区域包含的粒子记为 $S_i^t = \{x_{i1}, x_{i2}, \cdots, x_{in}\}$，统计每个区域出现的粒子数目记为 $|S_1^t|, |S_2^t|, \cdots, |S_Q^t|$.

Step2. 计算每个区域 S_i^t 的粒子群体中心位置 $\overline{x}_j = \sum\limits_{j=1}^n x_{ij}$ 和对应的适应值均值中心 $\overline{m}_j = \sum\limits_{j=1}^n f(x_{ij})$，按以下公式分别计算每个粒子属于各中心的隶属度

$$u_j(x_i) = \frac{(1/\|x_i - \overline{x}_j\|^2)}{\sum\limits_{k=1}^Q (1/\|x_i - \overline{x}_k\|^2)}, \quad v_j(x_i) = \frac{(1/\|f(x_i) - \overline{m}_j\|^2)}{\sum\limits_{k=1}^Q (1/\|f(x_i) - \overline{m}_k\|^2)} \tag{4-13}$$

Step3. 对于粒子 x_i，按以下公式重新确定该粒子所在区域

$$u_j(x_i) = \max\{u_1(x_i), u_2(x_i), \cdots, u_Q(x_i)\},$$

$$v_l(x_i) = \max\{v_1(x_i), v_2(x_i), \cdots, v_Q(x_i)\}, \tag{4-14}$$

如果 $u_j(x_i) \geqslant v_l(x_i)$，则 x_i 属于第 j 区域，否则属于第 l 区域.

Step4. 重新统计落入各个小区域内粒子的数目 $|S_i^t|$，$i = 1, 2, \cdots, Q$，且 $\sum\limits_{i=1}^Q |S_i^t| = Q$，按照以下公式计算分布式种群熵

$$\phi(t) = -\sum_{i=1}^Q q_i \ln q_i, \quad q_i = \frac{|S_i^t|}{Q} \tag{4-15}$$

该方法首先考察粒子所在的搜索空间，对粒子进行初始的划分. 对于每个划分区域中的粒子集合，分别计算群体的 2 个中心值——$\overline{x}_j$ 和 $\overline{m}_j$，通过计算每个粒子到各中心的隶属度，根据隶属度的大小确定每个粒子所在的区域. 可以看出：这种划分方法在粒子分布空间和适应值分布区间上进行综合考虑，可以反映出种群

分布的多样性. 由式 (4-15) 可知, 种群中所有粒子的适应值均相同时, 熵取最小值 $E(t) = 0$; 种群中粒子的适应值越多时粒子分配得越均匀, 熵值越大, 此时, 若每个小区域都有一个粒子, 熵取最大值 $\phi(t) = \ln Q$.

2. 惯性权值的自适应调节

种群熵在进化过程中随种群多样性的改变而变化, 惯性权值 w 被用于均衡算法的勘探和开发能力. 勘探是种群的搜索能力, 反映了粒子以较大程度离开原先的寻优轨迹, 在新的方向进行搜索的状态; 开发则指粒子的局部细致搜索能力, 反映了粒子在较大程度上继续原先的寻优轨迹进行局部细致搜索的状态; 不少研究者认为: 勘探阶段和开发阶段分别设定较大和较小 w 值将有利于算法的运行状态, 即多样性的增加 (减少) 应当成为调节惯性权值的一个重要依据; 寻优前期, 多样性增加伴随着惯性权值增加, 使 PSO 具有较强的勘探能力, 称为勘探阶段; 而在寻优后期, 多样性减少伴随着惯性权值的递减, 使 PSO 具有较多的开发性, 称为开发阶段. 因此, 按以上分析设计出具有自适应惯性权值调节方式

$$w(\phi) = \frac{1}{1 + 1.5 e^{\ln \frac{2}{7Q} \phi}} \in (0.4, 0.9), \quad \forall \phi \in (0, \ln Q) \tag{4-16}$$

式中, w 初始值设为 0.9. 虽然 w 并不会随着时间单调变化, 但会随着 ϕ 进行作动态变化. 因此, w 会自适应搜索过程 ϕ 所体现的多样性环境. 在勘探阶段, 较大的 ϕ 将有利于全局搜索; 反之, 较小的 ϕ 意味着开发阶段被检测到, 此时 w 的减小将有利于粒子的局部细致搜索.

3. 变异策略

当种群分布熵 ϕ 小于某个给定的值后, 为了防止算法的未成熟收敛, 一种变异策略被引入以增强 PSO 跳出局部最优解的能力, 变异策略按以下方式设计.

粒子按指定概率 p_m 变异. 每次迭代中, 从种群中随机性地选择一个待变异的粒子 P_j, 为该粒子分配一个置于 [0,1] 的随机数 r_1, 如果 $r_1 \leqslant p_m$, 则随机性地选择维数 k 重新在解空间初始化, 粒子 P_j 变异按以下形式进行

$$x_{jk} = \begin{cases} x_{\min} + r_2 \times (x_{\max} - x_{\min}), & r_1 < p_m \\ x_{jk}, & r_1 > p_m \end{cases} \tag{4-17}$$

粒子 P_j 变异后在搜索空间内重新确定一个新的位置, 但该粒子迄今找到的最优位置仍然存在, 然后进入新一轮的寻优搜索. 整个算法的执行伴随着勘探阶段和开发阶段, 初始时, 算法处于勘探阶段, 整个种群的分布熵 ϕ 和 w 均较大, 伴随着搜索的进行, 当 ϕ 小于某一个给定的阈值 $\phi_{\min}^1$, 算法进入开发阶段, 该阶段期间当 ϕ 减小到某个给定的阈值 $\phi_{\min}^2$ 时, 重复执行变异策略直到进入勘探阶段. 整个进

化过程就是不断地勘探与开发过程, 直到搜索到最优点或局部最优点. 整个算法的步骤描述如下.

Step1. 初始化. 随机产生粒子的初始位置和初始速度, 确定粒子当前的个体历史最优位置和种群历史最优位置, 将当前算法执行模式设定为 Mode= "Exploration", 并确定算法的相关参数及最优解的精度误差 ε.

Step2. 计算 $\phi(t)$, 若 $\phi(t) < \phi_{\min}^1$, 则切换模式 Mode= "Exploitation", 转到 Step 3. 否则转至 Step4.

Step3. 计算 $\phi(t)$, 若 $\phi(t) < \phi_{\min}^2$, 执行变异操作. 变异操作后, 若 $\phi(t) > \phi_{\min}^1$, 切换模式 Mode= "Exploration".

Step4. 按式 (4-16) 更新惯性权值 w, 按式 (4-2) 和式 (4-3) 更新粒子的位移和速度.

Step5. 评价种群 P. 对每个粒子 P_i 进行适应值评价, 若第 i 个粒子当前适应值优于该粒子迄今找到的最优位置 p_{lbest}, 则更新 p_{lbest}, 否则保持 p_{lbest} 不变. 将 p_{lbest} 与种群迄今找到的最优位置 p_{gbest} 进行比较, 若更优, 则更新 p_{gbest}, 否则保持 p_{gbest} 不变.

Step6. 检查算法执行是否满足终止条件. 若达到迭代次数, 或给定的解在指定的精度误差 ε 范围内, 则算法执行结束, 否则, 转至 Step2.

4. 仿真结果及分析

为测试 APSO 算法, 选取了文献 [55] 和文献 [3] 的 4 个测试函数. 由于优化函数的维数越高, 自变量范围越大, 目标精度将越高, 相应的寻优难度也就越大. 本节选用的比较算法是文献 [57] 中的耗散粒子群算法 (DPSO), APSO 和 DPSO 两种算法的认识系数 c_1 和社会系数 c_2 都设定为 1.5. DPSO 中惯性权值 w 由 0.9 随迭代次数递减至 0.3. 两种算法种群初始规模设定为 20, 最大迭代次数为 1000; 各算法分别运行 50 次, 统计每次算法运行后得到的最优值的最小值/时间 (取得最小值的时间)、平均值、方差值. 算法执行时, 迭代次数达到最大或算法的终止条件为理论值 (或在规定的误差范围内时) 结束, 即 $|f^* - f_{\min}| < \varepsilon$, 其中, f^* 和 $f_{\min}$ 分别为理论最优值和种群当前最优值. 测试函数如表 4-3 所示.

表 4-3　测试函数描述

名称	函数表达式	自变量范围	最优值	维数	最优点
Sphere	$f_1(x) = \sum\limits_{i=1}^{n} x_i^2$	$-50 \leqslant x_i \leqslant 50$	0	20	$(0,0,\cdots,0)$
Rastrigin	$f_2(x) = \sum\limits_{i=1}^{n} (x_i^2 - 10\cos(2\pi x_i) + 10)$	$-60 \leqslant x_i \leqslant 60$	0	20	$(0,0,\cdots,0)$

续表

名称	函数表达式	自变量范围	最优值	维数	最优点
Griewank	$f_3(x) = \dfrac{1}{4000}\sum\limits_{i=1}^{n} x_i^2 - \prod\limits_{i=1}^{n}\cos(\dfrac{x_i}{\sqrt{i}}) + 1$	$-300 \leqslant x_i \leqslant 300$	0	20	$(0,0,\cdots,0)$
Rosenbrock	$f_4(x) = \sum\limits_{i=1}^{n-1}\left(100(x_{i+1}-x_i^2)^2 + (x_i-1)^2\right)$	$-50 \leqslant x_i \leqslant 50$	0	20	$(1,1\cdots,1)$

表 4-4 给出了 APSO 和 DPSO 这两种算法在 4 种不同测试函数上的运行结果. 可以看出: APSO 在三项测试性能上的结果均要优于所比较的 DPSO 算法, 但这两种算法取得最小值的时间是比较接近的.

表 4-4　APSO 算法和 DPSO 算法在 4 种不同函数上的测试结果

函数	测试性能	APSO	DPSO
$f_1(x)$	最小值/时间/s	$1.6035\times10^{-6}/5.03$	$5.7634\times10^{-7}/4.56$
	平均值	1.2105×10^{-2}	1.3473×10^{-3}
	方差	2.31×10^{-6}	2.23×10^{-4}
$f_2(x)$	最小值/时间/s	$2.3658\times10^{-3}/7.34$	$2.7653\times10^{-2}/11.90$
	平均值	0.8321	32.4532
	方差	0.9387	34.2123
$f_3(x)$	最小值/时间/s	$1.2155\times10^{-8}/12.70$	$1.3453\times10^{-5}/15.82$
	平均值	5.2175×10^{-4}	3.2313×10^{-2}
	方差	0.2314×10^{-4}	2.3412
$f_4(x)$	最小值/时间/s	$3.4391\times10^{-5}/10.15$	$3.2128\times10^{-6}/10.212$
	平均值	2.2189	23.4531
	方差	3.2013	2.3432

为了更清楚地分析整个进化过程, 图 4-6 分别给出了 4 个测试函数最优适应值的平均值随进化代数变化的情况. 可以看出, APSO 的适应值变化明显要优于 DPSO, 种群陷入局部最优的概率较小, 即随着种群多样性的减小, 通过分布式多样性评价策略, 两种模式 (勘探和开发) 在不断进行转换, 使得种群全局寻优能力明显增强, 提高了 APSO 跳出局部最优点的能力, 避免了算法的早熟, 相应地寻优精度也得到提高. 此外, 自适应惯性权值 $w(\phi)$ 采用均衡算法的勘探和开发能力, 使得全局搜索能力和局部搜索能力的调节更为合理.

此外, APSO 算法中变异算子的融入, 进一步增强了算法跳出局部最优解的概率, 同时增强种群的多样性, 拓展了解的搜索空间. 变异在这两种模式间起了一定的转换作用, 这两种模式的交替进行, 将更加有利于算法的全局搜索, 避免过早地陷入局部最优点.

综上所述, 本节介绍的 APSO 算法相比 DPSO 算法, 可以增强算法对未探测空间的搜索能力, 加速粒子在整个解空间的寻优过程. 在开发阶段, 惯性权值随多样性的减少而递减, 而在勘探阶段, 惯性权值随多样性的增加而递增, 较好地平衡了算法的全局搜索和局部细致搜索能力, 可使粒子在较大范围空间内快速寻找到最优解所在的区域, 并展开细致搜索.

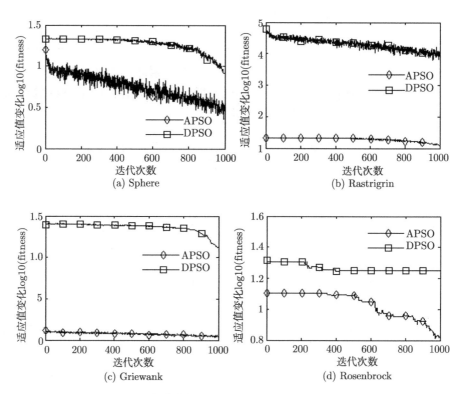

图 4-6　不同算法在测试函数上的种群平均最小值变化规律

4.4.3　双中心粒子群优化算法[50]

为改善 PSO 的搜索性能, 不少学者提出了许多改进方法来克服其不足之处, 比较有代表性的有 Liang 等[58] 提出的综合学习粒子群优化算法 (comprehensive learning particle swarm optimizer, CLPSO), 使得每个粒子的速度更新都基于种群中每个粒子的历史最优位置, 从而达到综合学习的目的. Zhan等[3] 提出的自适应粒子群优化算法 (adaptive particle swarm optimization, APSO), 预先定义四种粒子进化状态, 每次迭代执行实时进化状态评估过程, 从而对惯性因子、加速因子及其他参数达到自动控制目的, APSO 的另一新颖之处表现在粒子处于收敛状态时, 执行一种精英学习策略以使当前全局最优粒子跳出局部最优. 文献 [59] 针对粒子速度更新机制, 在不同的 PSO 算法间进行比较, 借鉴各算法的特点, 设计出一种新的混合 PSO 算法. 文献 [60] 介绍一种分形粒子群优化 (fractional particle swarm optimization, FPSO) 方法, 描述了两种新颖技术: 多维 (multi-dimensional, MD) PSO 和分形全局最优构建技术 (fractional global best formation, FGBF), 在标准 PSO 算法中无需引入额外参数, 两者既能整合使用, 又能单独与 PSO 融合, 实验效果表明两者的混合能以适宜的搜索速度收敛到全局最优位置, 且不受搜索空间维数、群体规模及问题复杂性等影响. 此外, 针对一些组合优化问题设计的基于集合的 PSO (set-based PSO, S-PSO) 方法[61]、采用直交学习策略的直交学习粒子群优化 (orthogonal learning particle swarm optimization, OLPSO)[62] 算法、利用模拟退火和分工两种机制设计的模拟退火粒子群优化 (PSO with simulated annealing, PSOwSA) 和有分工策略的粒子群优化 (PSO with division of work, PSOw-DOW)[48] 等, 这些算法都在标准 PSO 基础上进行不同程度的改进, 但其改进也不同程度增加了算法的复杂性. 目前, PSO 的不同改进方法仍然遵循着相同的基本原理, 即通过迭代寻找最优解, 每个粒子在个体极值和全局极值的引导下, "积极"向着最优解靠近, 并且粒子群体会被吸引到全局极值与个体极值的邻近区域. 搜索结束后, 所有粒子的个体极值中心和粒子群体的中心位于最优解或其邻近区域, 相比全局极值, 粒子群体的中心和全体粒子的个体极值中心或许会更接近最优解. 这一启示为改善全局极值, 加快算法的收敛速度提供非常有用的信息. 但这些改进在增强 PSO 算法搜索性能的同时, 也不同程度地增加了算法的复杂性. 为了提高算法的性能, 有些改进甚至超过了算法自身的复杂性, 这有悖于粒子群算法的应用目的 —— 简单实效性.

本节首先深入分析粒子群算法的基本原理和粒子飞行轨迹, 描述一种新的个体极值更新方式; 其次, 在所提出算法中引入广义中心粒子和狭义中心粒子, 介绍一种新的全局极值更新方式; 最后, 在基本 PSO 算法中融入两种极值更新方式, 提出双中心粒子群优化 (double center particle swarm optimization, DCPSO) 算法[50], 在不增加算法复杂性基础上达到改进的目的. 通过与几种经典粒子群算法及微分进化算法进行比较, 验证了 PSO 改进算法的有效性和改进思想的先进性.

1. 个体极值的更新

PSO 速度更新公式 (4-3) 由 $w \times V_{id}^{\text{old}}$、$c_1 \times r_1 \times (\text{pbest}_{id} - x_{id}^{\text{old}})$ 和 $c_2 \times r_2 \times (\text{gbest}_d - x_{id}^{\text{old}})$ 三项进行矢量合成, 合成过程指引着粒子的飞行轨迹, 如图 4-7 所示. 粒子 i 从起始位置 x_i^{old} 飞行到新位置 x_i^{new}, 这一过程从矢量合成角度可以描述为: 粒子 i 起先沿着速度 V_i^{old} 的方向飞行 wV_i^{old} 距离, 到达 A 位置, 紧接着改变飞行方向, 沿着平行于矢量 $\text{pbest}_i - x_i^{\text{old}}$ 的方向飞行 $c_1 \times r_1 \times (\text{pbest}_i - x_i^{\text{old}})$ 的距离, 到达 B 位置. 最后再沿着平行于矢量 $\text{gbest} - x_i^{\text{old}}$ 方向飞行 $c_2 \times r_2 \times (\text{gbest} - x_i^{\text{old}})$ 的距离, 到达终点位置 x_i^{new}.

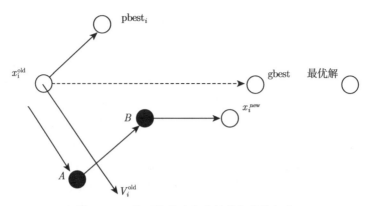

图 4-7　三种可能移动方向的带权值的组合

通常, 在由式 (4-2) 和式 (4-3) 计算得到粒子的新位置 x_i^{new} 时, 这一过程往往会被简单地认为是一种由 x_i^{old} 到 x_i^{new} 的直线运动. 然而, 在现实的鸟群觅食环境中, 这种直线运动方式是较少出现的, 鸟群喜欢的仍然是折线运动: $x_i^{\text{old}} \to A \to B \to x_i^{\text{new}}$, 其优点在于: ①就单个鸟儿而言, 折线运动经历的区域比直线方式复杂, 其捕食范围能够被最大程度地覆盖在整个搜索空间内. 体现在 PSO 算法中, 每个粒子能够在更为广阔的搜索空间内寻找最优解. 这样粒子的个体极值就能够得到显著的改善. ②从鸟群整体来说, 每个粒子个体极值的改善将直接影响种群全局极值的增强, 这一影响使得种群能更快地收敛于最优解.

注意到图 4-7 中 A 和 B 两点是粒子实现区域搜索最大范围的 "拐点", 同时这两个拐点也是某一方向搜索的最终位置, 如果在考虑个体极值更新方式中, 引入这两个 "拐点" 位置, 势必会对每个粒子个体极值的改善产生重要的影响. 在此, 给出以下个体极值更新方式

$$f(\text{pbest}_i^{\text{new}}) = \min(f(A), f(B), f(x_i^{\text{new}}), f(\text{pbest}_i)) \tag{4-18}$$

2. 全局极值的更新

观察图 4-7 可知, 随着搜索的进行, 全局极值将会越来越接近最优解 (optimum solution). 搜索结束后, 全局极值位于最优解或邻近区域. 在整个迭代寻优过程中, 全局极值是一个关键性的位置, 它引导着所有粒子向着最优解前进, 影响着算法的整体收敛速度和最终解的质量. 以往对全局极值的更新操作主要依赖粒子群体个体极值集合的改善, 即 $f(\text{gbest}) = \min(f(\text{pbest}_i))$, $i \in [1, n]$, n 为粒子的个数. 显然, 个体极值无变化或变化极小时, 都不会对全局极值产生较大影响. 注意到每次搜索中, 所有粒子都追随着全局极值, 并分布在邻近区域, 与此同时, 出于某种随机性的因素, 每个粒子的个体极值也分布在全局极值的邻近区域. 为了改善全局极值, 使其更快地向最优解靠近, Liu 和 Qin[12] 引入中心粒子, 中心粒子由粒子群体的中心位

置形成, 伴随整个搜索过程, 除不具有速度之外, 该粒子具有与其他普通粒子相同的所有性质, 如粒子间信息的共享与合作、个体位置的更新、适应度的评价和参与全局极值竞争等操作. 在实验中进一步发现: 由所有粒子个体极值形成的中心相比粒子群体的中心更有希望进一步趋近于最优解. 为方便观察, 以二维的 Rastrigrin 函数为例进行说明.

图 4-8(a)~(f) 给出二维 Rastrigrin 函数使用基本 PSO 算法优化时, 在迭代次数分别为 1、10、30、50、80 和 100 的粒子分布状况, 种群规模为 10. 图中的空心点、中心圆圈、星形和三角形等分别表示粒子的位置、优化问题的最优解、全体粒子的个体极值中心和全局极值. 其中, 横 (纵) 坐标 $x,(y)$ 分别表示第一维 (二维) 度量的搜索范围. 从这些图中可以观察到这样一种现象: 群体活动的区域持续不断地发生变化, 伴随着搜索的进行, 全局极值和全体粒子个体极值的中心越来越接近于最优解. 但在一个给定的时间, 全体粒子的个体极值中心相比全局极值会更加接近最优解. 在某种程度上, 当该中心优于全局极值时, 用该中心替换掉当前全局极值, 此时, 粒子群体将会在该中心的引导下向着最优解前进并加快算法的收敛速度. 因此, 全体粒子的个体极值中心是一个极其重要的位置, 并且种群中所有粒子最终都会收敛到该中心位置, 但传统的粒子群优化算法中并没有考虑该中心的特殊性. 本节算法中, 引入 2 个中心粒子: 广义中心粒子 (general center particle, GCP) 和狭义中心粒子 (special center particle, SCP). 它们分别来自全体粒子的个体极值中心和粒子群体的中心. 这两个中心粒子除不具有速度之外, 在本质上与其他粒子一样, 具有如粒子间的共存与合作行为、个体优劣的比较、参与全局极值的竞争等操作. 每一次搜索中, 两个粒子与全局极值的更新方式为

$$x_d^{\text{GCP}} = \frac{1}{n-2}\left(\sum_{i=1}^{n-2} \text{pbest}_{id}\right) \tag{4-19}$$

$$x_d^{\text{SCP}} = \frac{1}{n-2}\left(\sum_{i=1}^{n-2} x_{id}\right) \tag{4-20}$$

$$f(\text{gbest}) = \min(f(\text{pbest}_1, f(\text{pbest}_2), \cdots, f(\text{pbest}_{n-2}), f(x^{\text{GCP}}), f(x^{\text{SCP}})) \tag{4-21}$$

尽管这两个粒子相比整个群体来说, 其数量显得 “微不足道”, 但这两个粒子却能对种群的全局极值产生重要影响, 其位置的确定方式也是简单的. 表 4-5 给出在规定的迭代次数内, 利用基本 PSO 算法求解 Rastrigrin 函数极小值时, 粒子群体中每个粒子作为种群最优粒子出现的频度. 粒子群体由 8 个粒子和 2 个中心粒子 (GCP 和 SCP) 组成.

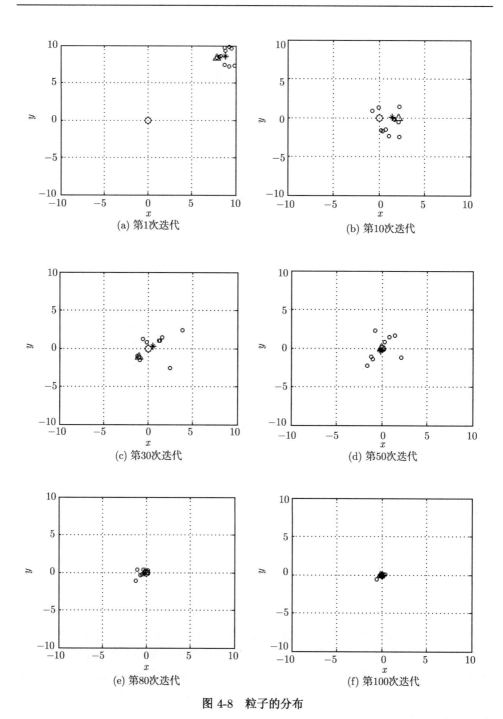

图 4-8　粒子的分布

表 4-5　在规定迭代次数内, 每个粒子作为 gbest 出现的频度

粒子	频度		
	迭代次数 50	迭代次数 100	迭代次数 200
particle 1	5	6	22
particle 2	2	10	13
particle 3	3	12	17
particle 4	1	8	13
particle 5	6	10	20
particle 6	7	9	16
particle 7	3	7	20
particle 8	7	7	21
GCP	7	14	28
SCP	9	17	30

3. 算法流程

DCPSO 算法流程如下.

Begin DCPSO

Step1. 初始化粒子群: 给定群体规模 N, 随机产生每个粒子的位置 x_i 和速度 V_i.

Step2. 根据待优化问题的目标函数, 评价各个粒子的适应度.

Step3. 利用式 (4-18) 确定每个粒子的个体极值. 根据式 (4-19) 和式 (4-20) 确定出广义中心粒子和狭义中心粒子的位置.

Step4. 根据式 (4-21) 在粒子群体中产生全局极值gbest.

Step5. 如果全局极值满足问题的需要或达到指定的迭代次数, 则终止算法的执行. 否则转向 Step2.

End DCPSO

4. 实验结果及分析

本节采用表 4-6 中 6 个典型函数来测试 DCPSO 算法性能[64]. 选用的比较算法有线性递减粒子群优化 (linearly decreasing weight particle swarm optimization, LDWPSO) 算法[65]、中心粒子群优化群 (center particle swarm optimization, CPSO) 算法[63]、CLPSO[58]、APSO[3] 以及当前热点研究优化方法-微分进化[66] (differential evolution, DE) 算法. 测试函数的目标是在指定的维数和变量范围内求其最小值. 为了增强可比性, 6 种不同粒子群算法的种群初始规模都相同, $c_1 = c_2 = 2$, 参数 w 根据迭代次数由初始值 0.95 线性递减至 0.3, 需要指出的是 CLPSO 中 $c_2 = 0$. DE 参数设置为群体规模 $N = 100$, 放缩因子 $F = 0.7$, 交叉常数 $CR = 0.6$. 实验采用的软硬件环境为: Microsoft Windows XP Professional 版本 2002; Intel Pentium(R)

双核处理器; 主频为 2.19GHz; 0.98GB 的内存; 机型为 Dell. 在 Matlab7.0 语言环境下编写测试程序.

表 4-6　测试函数描述

序号	函数名称	函数表达式	自变量范围	维数	最小值	最优点
1	Rosenbrock	$f_1(x) = \sum\limits_{i=1}^{n-1}(100(x_{i+1}-x_i^2)^2 + (x_i-1)^2)$	$-30 \leqslant x_i \leqslant 30$	10	0	$(1,1,\cdots,1)$
2	Rastrigrin	$f_2(x) = \sum\limits_{i=1}^{n}(x_i^2 - 10\cos(2\pi x_i) + 10)$	$-10 \leqslant x_i \leqslant 10$	10	0	$(0,0,\cdots,0)$
3	Griewank	$f_3(x) = \dfrac{1}{4000}\sum\limits_{i=1}^{n}x_i^2 - \prod\limits_{i=1}^{n}\cos\left(\dfrac{x_i}{\sqrt{i}}\right) + 1$	$-600 \leqslant x_i \leqslant 600$	10	0	$(0,0,\cdots,0)$
4	Sphere	$f_4(x) = \sum\limits_{i=1}^{n}x_i^2$	$-100 \leqslant x_i \leqslant 100$	30	0	$(0,0,\cdots,0)$
5	Ackley	$f_5(x) = -20\exp\left(-0.2\sqrt{\dfrac{1}{n}\sum\limits_{i=1}^{n}x_i^2}\right) - \exp\left(\dfrac{1}{n}\sum\limits_{i=1}^{n}\cos(2\pi x_i)\right) + 20 + \mathrm{e}$	$-30 \leqslant x_i \leqslant 30$	10	0	$(0,0,\cdots,0)$
6	Salomon	$f_6(x) = 1 - \cos\left(2\pi\sqrt{\sum\limits_{i=1}^{n}x_i^2}\right) + 0.1\sqrt{\sum\limits_{i=1}^{n}x_i^2}$	$-100 \leqslant x_i \leqslant 100$	10	0	$(0,0,\cdots,0)$

测试分 2 种方案进行: 一种是在固定迭代次数内; 另一种是在固定时间长度内. 这两种方案的仿真参数设置如表 4-7 所示.

为了能够在真实的相同条件下比较各种算法的效果, 每个测试函数运行多次, 取其统计结果 (种群均值、标准方差和最小值) 进行比较, 结果如表 4-8 和表 4-9 所示.

表 4-7   仿真参数设置

函数名称	固定迭代次数			固定时间长度		
	种群大小	运行次数	迭代次数	种群大小	运行次数	时间长度/s
Rosenbrock	200	50	1000	80	100	50
Rastrigrin	200	50	1000	80	100	50
Griewank	100	100	500	160	50	100
Sphere	100	100	500	160	50	100
Ackley	160	50	500	200	100	150
Salomon	160	50	500	200	100	150

表 4-8   固定迭代次数的仿真结果

函数	性能	LDWPSO	CPSO	CLPSO	APSO	DE	DCPSO
$f_1(x)$	均值	121.6378	0.5914	3.7846	2.8116	40.4707	0.4312
	方差	70.3713	1.4634	2.0103	1.0462	7.0104	0.9327
	最小值	76.5631	1.0122×10^{-6}	2.6417×10^{-5}	0.9106×10^{-5}	2.5634	0.2156×10^{-6}
$f_2(x)$	均值	0.3981	0.2162	0.6902	0.5012	0.4506	0.0063
	方差	1.0126	0.9276	5.0143	3.7048	2.1033	0.3648
	最小值	0.2791	1.9867	0.1009×10^{-5}	0.1002×10^{-7}	1.3189	0
$f_3(x)$	均值	21.3618	6.1834	6.0244	9.10513	32.8093	1.0314
	方差	2.9683	2.6184	2.0278	3.9103	8.1127	0.3571
	最小值	17.3619	2.9836	0	1.6063×10^{-3}	19.4062	0
$f_4(x)$	均值	13.5612	0.5563	4.3209	0.3903	0.5844	0.3516
	方差	3.0621	3.0561	7.0534	4.0026	0.2992	2.2658
	最小值	7.8104	1.0168×10^{-6}	0	0	0	0
$f_5(x)$	均值	1.7015	0.8126	0.2107	0.2109	1.6537	0.4015
	方差	0.3101	0.3517	0.5347	1.0093	3.2471	0.2541
	最小值	1.2056	0.2045	0	0	1.2319	5.4017×10^{-6}
$f_6(x)$	均值	0.9215	0.3912	0.1434	0.1352	0.7038	0.1013
	方差	0.5601	0.1514	0.2081	0.1951	1.6525	0.1632
	最小值	0.4518	0.1216	0	0	0.4358	0

表 4-9   固定时间长度的仿真结果

函数	性能	LDWPSO	CPSO	CLPSO	APSO	DE	DCPSO
$f_1(x)$	均值	130.5615	0.6462	3.1216	2.9107	31.3567	0.4702
	方差	80.3962	1.6381	1.3035	1.1246	8.0736	1.5637
	最小值	79.6548	1.0126×10^{-6}	2.5837×10^{-5}	1.0126×10^{-5}	2.0128	0.8356×10^{-6}
$f_2(x)$	均值	0.5681	0.3962	0.7305	0.6702	0.4345	0.1023
	方差	1.1245	0.9276	6.1124	4.7398	2.0136	0.3648
	最小值	3.3701	2.3827	0.2109×10^{-5}	0.1136×10^{-7}	2.5022	0
$f_3(x)$	均值	30.4256	8.3134	6.7284	8.3214	34.7183	1.3641
	方差	5.2317	2.8182	3.1276	3.8014	7.0437	0.3674
	最小值	20.5138	3.0231	0	1.0843×10^{-3}	23.6784	0

续表

函数	性能	LDWPSO	CPSO	CLPSO	APSO	DE	DCPSO
$f_4(x)$	均值	15.4782	0.6124	3.1238	0.4131	0.6113	0.4125
	方差	3.1247	3.2514	5.3532	4.0237	0.3216	3.1271
	最小值	8.1004	1.5861×10^{-6}	0	0	0	0
$f_5(x)$	均值	1.8126	0.9102	0.3216	0.2089	1.7318	0.4218
	方差	0.3611	0.3615	0.8347	1.0274	3.1201	0.3012
	最小值	1.2352	0.2431	0	0	1.0983	5.9017×10^{-6}
$f_6(x)$	均值	1.0232	0.4012	0.1529	0.0234	0.6341	0.1136
	方差	0.6011	0.1702	0.2194	0.1892	1.3724	0.1802
	最小值	0.4621	0.1317	0	0	0.4023	0

由表 4-8 和表 4-9 可知: 在 6 个测试函数中, DCPSO 相比于 LDWPSO 和 CPSO 两种算法得到的种群均值具有明显的优势. 对 $f_1(x)$ 的测试表明: DCPSO 与 CPSO 统计结果较为较近, 但相对于其他的算法, 无论从均值、方差和最小值都具有较好的优势. 由 f_2 的测试结果可知, DCPSO 要明显优于其他的测试算法. 而在 $f_3(x)$、$f_5(x)$ 和 $f_6(x)$ 这三个函数上的测试表明, 3 种算法 (CLPSO、APSO 和 DCPSO) 在各项性能的测试接近一致, 均能实现较为理想的统计效果. 值得注意的是, 对于较简单的多维圆函数 $f_4(x)$, 4 种算法 (CLPSO、APSO、DE 和 DCPSO) 均能求得其最小值, 并且种群均值也较为较近, 达到一种理想的效果. 另外, DCPSO 对各测试函数所得较小的方差反映出在每次统计中, DCPSO 算法得到的全局极值都集中在均值附近, 不会因测试次数的增加而远离均值. 这是因为 DCPSO 算法中融入了两种不同的极值更新方案. 式 (4-18) 中个体极值的更新方式, 由于引入了粒子折线路径搜索方式, 扩大了搜索覆盖范围, 使得每个粒子探索到的个体极值得到了显著改善. 同样这一过程也极大影响了全局极值的改善. 最为重要的是双中心粒子 (GCP 和 SCP) 能够频繁地以全局极值的角色出现, 这在很大程度上, 不仅加快了整个种群的收敛速度, 也极大地改善了粒子群体中每个粒子的质量.

为了更直观地说明本书算法在求解上述 6 个测试函数的优越性, 以图形方式给出这 6 个典型测试函数的仿真结果, 如图 4-9 所示. 每幅图中显示出各算法在求解测试函数时, 对应的种群适应度均值的变化趋值. 从图 4-9(a), (b), (e), (f) 中可以看出, DE 算法得到的均值曲线变化轨迹介于 LDWPSO 和 CPSO 之间. 图 4-9(c) 显示出 DE 算法性能要劣于其他的比较算法. 而由图 4-9(d) 可知, 相比于其他的算法, DE 算法能够在较少的迭代次数内达到最优值. 从图 4-9(c), (d), (e), (f) 中可以观察到, DCPSO 与 APSO 算法所得到的曲线变化轨迹较为接近, 两者均能够在规定的迭代次数内实现最优值. 图 4-9(b) 表现出 DCPSO 算法在规定迭代次数内, 相比其他的 5 种算法, 能够在较少的迭代次数内达到最优值.

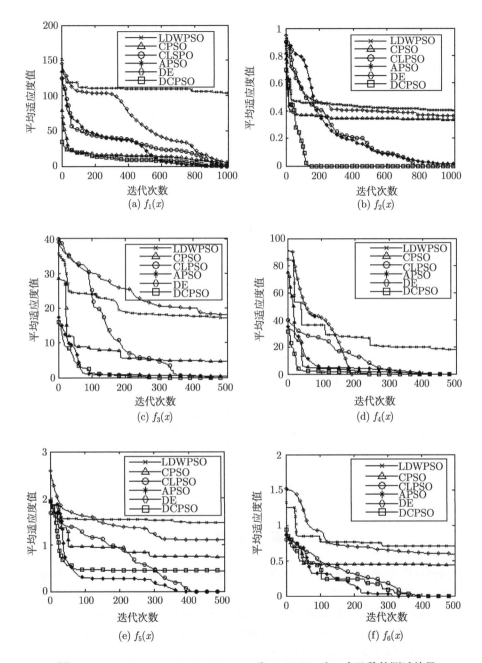

图 4-9   LDWPSO,CPSO APSO、DE 和 DCPSO 对 6 个函数的测试结果

另外, 不同于以往的测试算法, DCPSO 算法采用较大的种群规模. 为分析 DCPSO 受种群规模的影响, 选用函数 f_3, 设定种群规模大小 $t \in [20, 200]$, 种群

规模以 10 为间隔, 测试其取得最优值时所需的迭代次数, 如图 4-10 所示, 可以观察到这样一种现象: 种群规模 $t \in [20, 61]$ 时, 规模越小达到最优值需要的迭代次数越多, 但在一个给定的种群规模范围内 $t \in [61, 158]$, 这种变化趋势逐渐变小. 当种群规模超出 158 时, 这种变化趋势逐渐趋近于平缓, 即达到最优值所需的迭代次数变化很小, 可以忽略不计. 当然, 必须指出的是, 对于不同的测试函数, 会出现不同的曲线变化形式. 其实, 采用较大种群规模, 一定程度是因为两个中心粒子来自于群体中心和极值中心, 通过较大种群规模使两个中心粒子在搜索空间内能够表现出全局搜索的广泛性和局部搜索的狭隘特点.

综合上述实验结果及分析过程, 相比于 5 种比较算法, DCPSO 算法可以作为一种有效、快速、稳健的 PSO 改进算法.

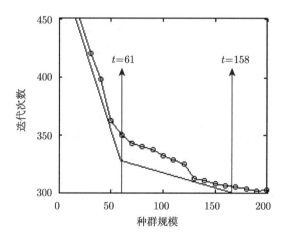

图 4-10 不同种群规模取得最优值的迭代次数

参 考 文 献

[1] Reynolds C W. Flocks, herds and schools: a distributed behavioral model[J]. Computer Graphics, 1987, 21(4): 25–34.

[2] Heppner F, Grenander U. A Stochastic nonlinear model for coordinated bird flocks[C]// Krasner. The ubiquity of chaos. Washington, USA: American Association for the Advancement of Science, 1990: 233–238.

[3] Zhan Z H, Zhang J, Li Y, et al. Adaptive particle swarm optimization[J]. IEEE Transactions on Systems, Man and Cybernetics-Part B: Cybernetics, 2009, 39(6): 1362 –1381.

[4] Beji N, Jarboui B, Eddaly M, et al. A Hybrid particle swarm optimization algorithm for the redundancy allocation problem[J]. Journal of Computational Science, 2010, 1(3):

159–167.

[5] 毛恒, 王永初. 一种基于差异演化的协同粒子群优化算法[J]. 信息与控制, 2008, 37 (2): 176–185.

[6] Shi Y H, Eberhart R C. A modified particle swarm optimizer[C]. Proceedings of the IEEE International Conference on Evolutionary Computation, 1998: 69–73.

[7] Shi Y H, Eberhart R C. Fuzzy adaptive particle swarm optimization[C]. Proceedings of the Congress on Evolutionary Computation, 2001: 101–106.

[8] Chen X, Li Y. An improved stochastic PSO with high exploration ability[C]. Proceedings of IEEE Swarm Intelligence Symposium, 2006: 228–235.

[9] Clerc M, Kennedy J. The particle swarm-explosion, stability and convergence in a multi-dimensional complex space[J]. IEEE Transactions on Evolutionary Computation, 2002, 6(1): 58–73.

[10] Eberhart R C, Shi Y H. Tracking and optimization dynamic systems with particle swarms[C]. Proceedings of the IEEE congress on Evolutionary Computation, 2001: 94–97.

[11] Ratnaweera A, Halgamuge S K, Watson H. Self-organizing hierarchical particle swarm optimizer with time-varying acceleration coefficients[J]. IEEE Transaction on Evolutionary Compution, 2004, 8(3): 240–255.

[12] Vesterstom R J. A diversity-guided particle swarm optimizer-the ARPSO[Z]. EVALife Technical Report, 2002.

[13] Al–Kazemi B, Mohan C K. Multi-Phase generalization of the particle swarm optimization algorithm[C]. Proceedings of the Congress on Evolutionary Computation, 2002: 489–494.

[14] Van den Bergh F, Engelbrecht A P. A new locally convergent particle swarm optimizer[c]. Proceedings of the IEEE International Conference on Systems, Man and Cybernetics, 2002: 94–99.

[15] Suganthan P N. Particle swarm optimizer with neighborhood operator[C]. Proceedings of the Congress on Evolutionary Computation, 1999: 1958–1962.

[16] Veeramachaneni K, Peram T, Mohan C, et al. Optimization using particle swarms with near neighbor interactions[C]. Proceedings of Genetic and Evolutionary Computation, 2003: 110–121.

[17] Kennedy J. Small worlds and mega-minds: Effects of neighborhood topology on particle swarm performance[C]. Proceedings of the Congress on Evolutionary Computation, 1999: 1931–1938.

[18] Kennedy J, Mendes R. Population structure and particle swarm performance[C]. Proceedings of the Congress on Evolutionary Computation, 2002: 1671–1676.

[19] Janson S, Middendorf M. A hierarchical particle swarm optimizer and its adaptive variant[J]. IEEE Transaction on Systems, Man, and Cybernetics-Part B: Cybenetics, 2005,

35 (6): 1272–1282.

[20] Hamdan S A. Hybrid particle swarm optimizer using multi-neighborhood topologies[J]. Info Comp Journal of Computer Science, 2008, 7(1): 36–44.

[21] 王雪飞, 王芳, 邱玉辉. 一种具有动态拓扑结构的粒子群算法研究[J]. 计算机科学, 2007, 34 (3): 205–207.

[22] 倪庆剑, 张志政, 王蓁蓁, 等. 一种基于可变多簇结构的动态概率粒子群优化算法[J]. 软件学报, 2009, 20 (2): 339–349.

[23] Ozcan E, Mohan C K. Analysis of a simple particle swarm optimization system[J]. Intelligent Engineering Systems through Artificial Neural Networks, 1998, 8: 253 – 258.

[24] Ozcan E, Mohan C K. Particle swarm optimization: Surfing the waves[C]. Proceedings of the Congress of Evolutionary Computation, 1999: 1934–1944.

[25] Van den Bergh F. An Analysis of Particle Swarm Optimizers[D]. Pretoria: University of Pretoria, 2002.

[26] Kadirkamanathan V, Selvarajah K, Fleming P J. Stability analysis of the particle dynamics in particle swarm optimizer[J]. IEEE Transactions on Evolutionary Computation, 2006, 10(3): 245–255.

[27] Liu H, Abraham A, Clerc M. Chaotic dynamic characteristics in swarm intelligence[J]. Applied Soft Computing, 2007, 7(3): 1019–1026.

[28] 李宁, 孙德宝, 邹彤, 等. 基于差分方程的 PSO 算法粒子运动轨迹分析[J]. 计算机学报, 2006, 29(11): 2052–2061.

[29] 冯远静, 俞立, 冯祖仁. 采样粒子群优化模型及其动力学行为分析[J]. 控制理论与应用, 2009, 26(1): 28–34.

[30] 任子晖, 王坚, 高岳林. 马尔科夫链的粒子群优化算法全局收敛性分析[J]. 控制理论与应用, 2011, 28(4): 462–466.

[31] Hendtlass T, Randall M. A survey of ant colony and particle swarm meta-heuristics and their application to discrete optimization problems[C]. Proceedings of the Inaugural Workshop on Artificial Life, 2001: 15–25.

[32] Angeline P J. Using selection to improve particle swarm optimization[C]. Proceedings of the IEEE Congress on Evolutionary Computation, 1998: 84–89.

[33] Lovbjerg M, Rasmussen T K, Krink T. Hybrid particle swarm optimization with breeding and subpopulations[C]. Proceedings of the Genetic and Evolutionary Computation Conference, 2001: 469–476.

[34] EI-Dib A, Youssef H, EI-Metwally M, et al. Load flow solution using hybrid particle swarm optimization[C]. Proceedings of International Conference on Electrical, Electronic and Computer Engineering, 2004: 742–746.

[35] Higashi N, Iba H. Particle swarm optimization with gaussian mutation[C]. Proceedings of the Congress on Evolutionary Computation, 2003: 72–79.

[36] Miranda V, Fonseca N. EPSO: evolutionary particle swarm optimization, a new algorithm with applications in power systems[C]. Proceedings of IEEE/PES Transmission and Distribution Conference, 2002: 745–750.

[37] 方伟, 孙俊, 谢振平, 等. 量子粒子群优化算法的收敛性分析及控制参数研究[J]. 物理学报, 2010, 59(6): 3686–3694.

[38] Fan S K, Liang Y C, Zahara E. Hybrid simplex search and particle swarm optimization for the global optimization of multimodal functions[J]. Engineering Optimization, 2004, 36 (4): 401–418.

[39] Wang X H, Li J J. Hybrid particle swarm optimization with simulated annealing[C]. Proccedings of International Conference on Machine Learning and Cybernetics, 2004: 2402–2405.

[40] Victoire T A A, Jeyakumar A E. Hybrid PSO-SQP for economic dispatch with valve-point effect[J]. Electric Power System Research, 2004, 71(1): 51–59.

[41] Cui Z H, Zeng J C, Cai X J. A new stochastic particle swarm optimizer[C]. Proceedings of the Congress on Evolutionary Computation, 2004: 316–319.

[42] Liang J J, Suganthan P N. Dynamic multi-swarm particle swarm optimizer with local search[C]. Proceedings of the IEEE Congress on Evolutionary Computation, 2005: 522–528.

[43] Chen J Y. Zheng Q, Liu Y. Particle swarm optimization with local search[C]. Proceeding of International Conference on Neural Networks and Brain, 2005: 481–484.

[44] Taher N, Ehsan Azad F, Majid N, et al. Hybrid fuzzy adaptive particle swarm optimization and differential evolution algorithm for distribution feeder reconfiguration[J]. Electric Power Components and Systems, 2011, 39 (2): 158–175.

[45] Huang T C, Yin L P. Hybrid particle swarm optimized wavelet network for video OCR[C]. Proceedings of the Third International Symposium on Information Processing, 2010: 91–94.

[46] Hu X H, Eberhart R C. Adaptive particle swarm optimization: detection and response to dynamic systems[C]. IEEE Congress on Evolutionary Computation. 2002:1666–1670.

[47] Blackwell T M, Bentley P J. Dynamic search with charged swarms[C]. Proceedings of the Genetic and Evolutionary Computation Conference. San Francisco: Morgan Kaufmann Publishers Inc, 2002: 19–26.

[48] 窦全胜, 周春光, 徐中宇, 等. 动态优化环境下的群核进化粒子群优化方法[J]. 计算机研究与发展, 2006, 43(1): 89–95.

[49] 俞欢军, 张丽平, 陈德钊, 等. 基于反馈策略的自适应粒子群优化算法[J]. 浙江大学学报: 工学版, 2005, 39(9): 1286–1291.

[50] 汤可宗, 柳炳祥, 杨静宇, 等. 双中心粒子群优化算法[J]. 计算机研究与发展, 2012, 49(5): 1086–1094.

[51] 黄泽霞, 俞攸红, 黄德才, 等. 惯性权自适应调整的量子粒子群优化算法[J]. 上海交通大学学报, 2012, 46(2): 228–232.

[52] Mendes R, Kennedy J, Neves J. The fully informed particle swarm:5simpler, maybe better[J]. IEEE Transaction on Evolutionary Computation, 2004,8(3):204–210.

[53] Clerc M, Kennedy J. The particle swarm-explosion, stability, and convergence in a multimensional complex space[J]. IEEE Transactions on Evolutionary Computation, 2002, 6(1): 58–73.

[54] Trelea I C. The particle swarm optimization algorithm: convergence analysis and parameter selection[J]. Information Processing Letters, 2003, 85(6):317–325.

[55] Pant M, Radha T, Singh V. A simple diversity guided particel swarm optimization[C]// Proceedings of IEEE Congress on Evolutionary Computation. Singapore, 2007: 3294–3299.

[56] 陈自郁, 何中市, 张程. 一种邻居动态调整的粒子群优化算法[J]. 模式识别与人工智能, 2010, 23(4): 586–592.

[57] Xie X F, Zhang W J, Yang Z L. A dissipative particle swarm optimization[C]//Congress on Evolutionary Conmputation(CEC). Hawaii, 2002:1456–1461.

[58] Liang J J, Qin A K, Suganthan P N, et al. Comprehensive learning particle swarm optimizer for global optimization of multimodal functions[J]. IEEE Transactions on Evolutionary Computation, 2006, 10(3): 281–295.

[59] Oca M A M D, Stutzle T, Birattari M, et al. Frankenstein's PSO: A composite particle swarm optimization algorithm[J]. IEEE Transactions on Evolutionary Computation, 2009, 13(5): 1120–1132.

[60] Kiranyaz S, Ince T, Yildirim A, et al. Fractional particle swarm optimization in multidimensional search space[J]. IEEE Transactions on Systems, Man, and Cybernetics, Part B: Cybernetics, 2010, 40(2): 298–318.

[61] Chen W N, Zhang J, Chung H S H, et al. A novel set-based particle swarm optimization method for discrete optimization problems[J]. IEEE Transactions on Evolutionary Computation, 2010, 14(2): 278–300.

[62] Zhan Z H, Zhang J, Li Y, et al. Orthogonal learning particle swarm optimization[C]. Proceedings of the 11th Annual Genetic and Evolutionary Computation Conference, 2009: 1763–1764.

[63] Liu Y, Qin Z, Shi Z W, et al. Center particle swarm optimization[J]. Neurocomputing, 2007, 70(4-6): 672–679.

[64] 高芳, 崔刚, 吴智博, 等. 一种新型多步式位置可选择更新粒子群优化算法[J]. 电子学报, 2009, 37(3): 529–534.

[65] Storn R, Price K. Differential evolution-a simple and efficient heuristic for global optimization over continuous spaces[J]. Journal of Global Optimization, 1997, 11(4): 341–359.

[66] Storn R, Price K. Differential evolution–a simple evolution strategy for fast optimiza-tion[J]. Dr. Dobb's Journal, 1997, 22(4): 18–24.

[67] 汤可宗, 吴隽, 赵嘉. 基于多样性反馈的自适应粒子群优化算法[J]. 计算机应用, 2013, 33(12): 3372–2274.

[68] 汤可宗, 肖绚, 贾建华, 等. 基于离散式多样性评价策略的自适应粒子群优化算[J]. 南京理工大学学报:自然科学版, 2013,37(3):344–399.

第5章　蚁群算法

蚁群优化 (ant colony optimization, ACO) 算法是 20 世纪 90 年代发展起来的一种模仿蚂蚁群体行为的智能优化算法. 该算法充分利用了生物蚁群能通过个体间简单的信息传递机制、蚁穴至食物间最短路径的集体寻优模式, 以及易于与其他方法相融合等优点, 逐步应用于多个研究领域. 从最初的对旅行商问题的求解, 到静态优化问题, 再到多维动态优化问题; 从离散问题到连续优化问题, 再到多目标优化问题, 蚁群算法表现出来的优异性能和广阔的发展前景, 已经成为国内外学者竞相关注的研究热点. 本章将系统地介绍蚁群算法的执行机制和原理、数学模型及实现方法, 最后介绍改进的蚁群算法及其在聚类问题和图像分割中的应用过程.

5.1　导　　言

20 世纪中叶出现了仿生学, 人类从自然界生物进化机理中获得启示, 昆虫在群落一级上的合作基本上是自组织的, 在许多场合中尽管这些合作表现得非常简单, 但它们的集体合作所表现出来的群体行为却可以解决许多复杂问题. 例如, 单个蚂蚁的能力极其有限, 但当这些蚂蚁组成蚁群时, 却能表现出智能化的行为, 完成像觅食、筑巢、迁徙、清扫蚁巢等工作; 据此, 意大利学者 Dorigo 等于 20 世纪 90 年代初期提出一种模拟昆虫王国中蚂蚁群体觅食行为方式的群智能优化算法 —— 蚂蚁系统 (ant system, AS)[1-3], 并将其应用于解决计算机算法学中经典的旅行商问题 (traveling salesman problem, TSP). 该算法引入正反馈机制, 具有较强的鲁棒性, 优良的分布式计算机制, 易于与其他方法结合等优点. 已经被广泛应用于工程及理论研究等领域, 蚁群算法之所以能引起相关领域研究者的关注, 是因为该算法的求解模式能将问题求解的快速性、全局优化特征以及有限时间内答案的合理性有效地结合起来. 其中, 寻优的快速性是通过正反馈式的信息传递和积累来保证的, 利用正反馈原理, 可以加快进化过程; 而其分布式计算的特征又避免了算法的早熟性收敛, 并且分布式计算也使该算法易于并行实现, 个体之间不断进行信息交流和传递, 有利于发现较好解, 不容易陷入局部最优; 同时, 具有贪婪启发式搜索特征的蚁群系统又能在搜索过程的早期找到可以接受的问题解答. 当前对蚁群算法的研究, 不仅有算法意义上的研究, 还有从仿真模型角度的研究, 而且不断有学者提出对蚁群算法的改进方案. 从当前可以查阅的文献情况来看, 研究和应用蚁群算法的学者主要集中在比利时、意大利、英国、法国、德国等欧洲国家, 日本和美国在最近几年内也开始启动对蚁群算法的研究. 我国则于 1998 年末才开始有少量公开报道和研究成果. 正因为如此, 为进一步促进在全世界范围内的相关领域的研究工作, *IEEE Tran sactions on Evolutionary Computation* 会刊于 2002 年 8 月出版了蚁群优化算法特刊, 其中以蚁群算法的成功应用领域 —— 离散优化问题求解为重点, 发表了许多优秀的研究论文, 集中体现了蚁群算法研究和应用领域的科学意义.

虽然蚁群算法目前已经成功应用到工程领域中的许多优化问题上, 如二次分配、大规模集成电路设计、网络 Qos 路由以及车辆调度问题等. 但蚁群算法同样也存在有待进一步完善的部分. 例如, 蚁群算法中个体运动的随机性, 面对复杂优化问题时需要很长的搜索时间, 同时易于陷入局部最优, 这些问题都需要做进一步深入研究并改进算法, 以使算法更加完善.

5.2 基 本 原 理

5.2.1 蚁群觅食的特性

蚁群算法是一种源自于大自然生物世界的新型仿生类算法. 其灵感来源于蚂蚁的行为特性, 依照蚂蚁觅食原理, 即蚂蚁寻找从蚁巢到食物的最短路径时的搜索机制设计而成的一种群智能优化算法.

蚂蚁在搜索食物的过程中会在所经过的路径上留下一种挥发性分泌物质 (pheromone, 又称信息素), 信息素随着时间的推移会逐渐挥发消失. 蚂蚁在觅食过程中能够感知这种分泌物的存在及其浓度, 并以此来指导自己的运动方向, 蚂蚁倾向于朝着这种物质浓度高的方向移动, 即选择该路径的概率与当时这条路径上该物质的浓度成正比. 信息素浓度越高的路径, 选择它的蚂蚁就越多, 则在该路径上留下的信息素的浓度就更大, 而浓度大的信息素又可以吸引更多的蚂蚁. 因此, 由大量蚂蚁组成的蚁群的集体行为便表现出一种信息正反馈现象: 某一路径上走过的蚂蚁越多, 则后者选择该路径的概率就越大. 通过这种正反馈机制, 蚂蚁最终可以发现最佳路径, 且绝大多数的蚂蚁都会沿着同一条路径到达食物源.

这里, 为了更加深入地理解蚁群算法的生物学背景和基本原理, 在此, 采用形象化的图 5-1 来说明蚁群系统的工作原理. 设 A 是巢穴, E 是食物源 (反之亦然), 从 A 到 E 的往返路径上都存在着觅食的蚂蚁, 如图 5-1(a) 所示. 然而, 假定在某一时刻开始, 路径 AE 上出现了一障碍物 HC, 使得单一的 AE 路径被分解成两条长短不等的路径 ACE 和 AHE, 如图 5-1(b) 所示. 此时, 处在 B 点和 D 点的蚂蚁必须对前进的方向进行选择, 而影响蚂蚁选择的因素则为路径上的信息素浓度, 信息素浓度越高的路径, 蚂蚁选择的概率就会越大. 在初始时刻, 由于路径 BHD 和 BCD 上均无信息素存在, 位于 B 和 D 的蚂蚁可以自由随机性地选择路径. 从统计的角度可以认为它们以相同的概率从路径 BHD 和 BCD 中选择一条. 由于路径 BCD 比 BHD 短, 选择 BCD 的蚂蚁将比选择 BHD 的蚂蚁更早到达 D 点, 此时路径 BCD 上的信息素浓度要大于 BHD, 这将影响由 D 到 B 返回的蚂蚁的路径选择, 它们会以较大的概率选择 BCD. 这样随着时间的推移, 蚂蚁将会以越来越大的概率选择路径 BCD, 以至于最终绝大多数蚂蚁完全选择路径 BCD. 从而找到由蚁巢到食物源的最短路径, 如图 5-1(c) 所示. 由此可见, 蚂蚁个体之间的信息交换是一个正反馈的过程.

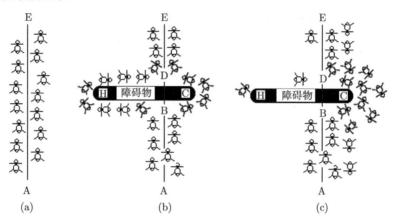

图 5-1   蚁群系统觅食寻优路径过程

由上述分析可知, 蚁群在觅食过程中采取了以下几个重要的策略：① 选择策略, 信息素浓度越强的路径, 选择的概率就越大；② 更新策略, 路径上面的信息素浓度会随蚂蚁的经过而增强, 同时也会随着时间的推移而逐渐减小；③ 协同策略, 蚂蚁之间实际上是通过信息素浓度来达到间接地互相通信与协同工作. 因此, 这样的策略使得整个蚁群在经过一段时间后能够发现其中的最优路径, 最终绝大多数蚂蚁都沿着相同路径来搜索食物源.

5.2.2   蚂蚁系统模型

从蚂蚁系统开始, 基本的蚁群算法得到了不断地发展和完善, 并在 TSP 以及许多实际优化问题求解中进一步得到了验证. 现在以求解 n 个城市的 TSP 问题 (寻找一条经过各城市一次且回到原出发城市的最短路径) 为例来说明基本蚁群算法 (ACA) 模型[4]. 对于其他问题, 只要对此模型稍作修改便可应用.

设蚁群中蚂蚁的数量为 m, $d_{ij}(i,j=1,2,\cdots,n)$ 表示城市 i 和城市 j 之间的距离, $b_i(t)$ 表示 t 时刻位于城市 i 的蚂蚁个数, 且有 $m = \sum_{i=1}^{n} b_i(t)$. $\tau_{ij}(t)$ 表示 t 时刻在城市 i, j 连线上残留的信息量. 初始时刻, 各条路径上信息量相等, 设 $\tau_{ij}(0) = C(C$

为常数). 蚂蚁 k 在运动过程中, 根据各条路径上的信息量决定转移方向. $p_{ij}^k(t)$ 表示为在 t 时刻蚂蚁 k 由城市 i 转移到城市 j 的概率

$$p_{ij}^k = \begin{cases} \dfrac{\tau_{ij}^{\alpha}(t) \cdot \eta_{ij}^{\beta}(t)}{\displaystyle\sum_{s \in \mathrm{allowed}_k} \tau_{is}^{\alpha}(t) \cdot \eta_{is}^{\beta}(t)}, & j \in \mathrm{allowed}_k \\ 0, & \text{其他} \end{cases} \tag{5-1}$$

式中, η_{ij} 为先验知识或称为能见度, 在 TSP 问题中为城市 i 转移到城市 j 的启发式信息, 一般取 $\eta_{ij} = 1/d_{ij}$; α 为路径 ij 上残留信息的相对重要性; β 为启发式信息的重要程度; $\mathrm{allowed}_k$ 为蚂蚁 k 还未遍历的城市集合.

与自然界的蚁群不同, 人工蚁群系统具有记忆功能, tabu_k 用于记录蚂蚁 k 当前所走过的城市, 称为记忆列表, 集合 tabu_k 随着进化过程进行动态调整. 经过 n 个时刻, 所有蚂蚁都完成了一次遍历. 它们本次遍历的记忆列表将填满, 此时应当清空, 将当前蚂蚁所在城市置入 tabu_k, 开始下一次遍历. 这时, 计算每一只蚂蚁所走过的路径 L_k, 并保存最短路径 $L_{\min} = \min\{L_k | k = 1, 2, L, m\}$.

随着时间的推移, 以前在各条路径上留下的信息素逐渐减弱, 蚂蚁在完成一次循环以后, 各条路径上的信息量根据式 (5-2) 做如下调整

$$\tau_{ij}(t+1) = (1-\rho)\tau_{ij}(t) + \Delta\tau_{ij} \tag{5-2}$$

式中, ρ 表示信息素 $\tau_{ij}(t)$ 随时间的流逝而减弱的程度, $\rho \in (0,1)$; 信息素增量 $\Delta\tau_{ij}$ 可表示为

$$\Delta\tau_{ij} = \sum_{k=1}^{m} \Delta\tau_{ij}^k \tag{5-3}$$

式中, $\Delta\tau_{ij}^k$ 为蚂蚁 k 在本次循环中在城市 i 和 j 之间留下的信息量, 其计算公式要根据具体问题而定. Dorigo 给出 $\Delta\tau_{ij}^k$ 的 3 种不同的模型[3], 分别称为 Ant-Cycle System(ACS), Ant-Quantity System(AQS) 和 Ant-Density System(ADS).

在 Ant-Cycle System 模型中

$$\Delta\tau_{ij}^k = \begin{cases} \dfrac{Q}{L_k}, & \text{若第 } k \text{ 只蚂蚁在本次循环经过 } ij \\ 0, & \text{其他} \end{cases} \tag{5-4}$$

在 Ant-Quantity System 模型中

$$\Delta\tau_{ij}^k = \begin{cases} \dfrac{Q}{d_{ij}}, & \text{若第 } k \text{ 只蚂蚁在时刻 } t \text{ 和 } (t+1) \text{ 之间经过 } ij \\ 0, & \text{其他} \end{cases} \tag{5-5}$$

在 Ant-Density System 模型中

$$\Delta\tau_{ij}^k = \begin{cases} Q, & \text{若第 } k \text{ 只蚂蚁在时刻 } t \text{ 和 } (t+1) \text{ 之间经过 } ij \\ 0, & \text{其他} \end{cases} \tag{5-6}$$

式中, Q 为常数. 它们的区别在于: 信息素更新方式上是有差异的. 后两种模型利用的是局部信息, 蚂蚁在完成一步 (从一个城市到达另外一个城市) 后更新其经过路径上的信息素, 而不必等到周游结束. 两种模型的细微差别在于, AQS 和 ADS 的信息素计算方式中是否与转移城市间的距离有关. 而 ACS 模型利用的是整体信息息, 蚂蚁只有在一个循环 (对所有城市的访问) 后, 才开始更新所有路径上的信息素, 且每只蚂蚁所释放的信息素被表达为反映相应行程质量的函数. 因此, 在求解TSP问题时, Ant-Cycle System 模型性能比后面两种模型好, 通常采用它为基本模型.

5.2.3 蚁群算法的实现

算法步骤如下:

Step1. NC←0 (NC 为迭代步数或搜索次数); 各 τ_{ij} 和 $\Delta\tau_{ij}$ 的初始化; 将 m 个蚂蚁置于 n 个顶点上;

Step2. 将各蚂蚁的初始出发点置于当前解集中; 对每个蚂蚁 $k(k=1,2,\cdots,m)$, 按概率 p_{ij}^k 移至下一顶点 j, 将顶点 j 置于当前解集;

Step3. 计算各蚂蚁的目标函数 $Z_k(k=1,2,\cdots,m)$, 记录当前的最好解;

Step4. 按更新方程修改轨迹强度;

Step5. 对各边弧 (i,j), 置 $\Delta\tau_{ij}\leftarrow 0$, NC ← NC + 1;

Step6. 若NC<预定迭代次数且无退化行为(找到的都是相同解), 则转到Step2.

Step7. 输出目前最好解.

蚁群算法模型流程如图 5-2 和图 5-3 所示.

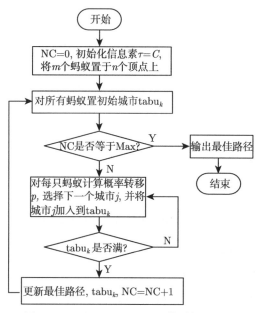

图 5-2   Ant-Cycle System 模型的流程图

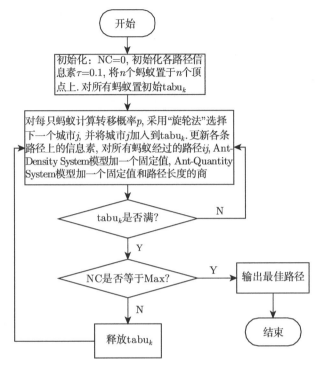

图 5-3 Ant-Density System 模型和 Ant-Quantity System 模型的 TSP 流程图

许多 AS 改进版本的一个共同特点就是增强了蚂蚁搜索过程中对最优解的探索能力, 它们之间的差异仅在于搜索控制策略方面. 而且, 取得了最优结果的蚁群优化 (ant colony optimization, ACO) 算法是通过引入局部搜索算法实现的, 实际上是一些结合了标准局域算法的混合型概率搜索算法, 有利于提高蚁群各级系统在优化问题中的求解质量.

5.3 复杂度及收敛性分析

5.3.1 复杂度分析

TSP问题是一个易于描述但难以求解, 且具有 NP 难度的组合优化问题, 其求解结果映射范围广, 因此, 广大学者都致力于 TSP 问题的快速求解. 针对给定的 TSP, 根据问题的背景, 正确地运用群体智能优化算法进行求解就显得相当重要. TSP 具体表现为问题解的空间会随着问题规模的扩大呈几何级数增长, 很难使用多项式算法进行求解. 对于一个给定的具有 n 个城市的 TSP 问题, 要从该问题的图中求取具有最小成本的周游路线, 显然, 由起始点出发的周游路线共有 $(n-1)!$

条, 即等于 n 个节点的排列数. 因此, TSP 问题是一个排列问题, 假如通过枚举 $(n-1)!$ 条周游路线, 从中找出一条具有最小成本的周游路线的算法, 计算时间复杂度显然为 $O(n!)$. 表 5-1 给出了旅行商问题随着问题空间增长对应的环路数量. 从表 5-1 中可看出: 当 n 较大时, 这样一种枚举求解方式几乎是难以实现的. 因此, 人们一直在不断地寻找合适的算法, 降低如 TSP 这类组合优化问题的时间复杂度, 蚁群算法是一种典型代表方法.

表 5-1   旅行商问题的阶数

问题空间 (n)	总的环路数 $(n!)$
1	1
2	1
3	6
4	24
5	120
6	720
7	5,040
8	40,320
9	362,880
10	3,628,800
11	39,916,800
12	479,001,600
13	6,227,020,800
14	87,178,291,200
15	1,307,674,368,000
16	20,922,789,888,000
⋯	⋯
50	3.014×10^{64}

对应 5.2 节中对蚁群算法实现的描述, 下面分析蚁群算法的渐进时间复杂度, 在此, 对算法步骤中的每一步重新命名, 其后的数据是各个步骤实现过程各自得到的渐进时间复杂度, 其中 n 是 TSP 问题的城市数目, M 是蚂蚁数量.

Step1. 参数初始化: $O(n^2 + M)$

LOOP

Step2. 构建蚂蚁禁忌表 $O(M)$

Step3. 每只蚂蚁单独设置解 $O(n^2 M)$

Step4. 解的评价和轨迹更新量的计算 $O(n^2 M)$

Step5. 轨迹浓度的更新 $O(n^2)$

Step6. 判断是否达到预先设定的最大循环值 $O(nM)$

如果没有, 则转向 LOOP

Step7. 输出结果 $O(l)$

需注意的是: Step2~Step4 有一个循环过程, 其循环变量为 Nc, 最大循环次数为 NC_max, 因此, 蚂蚁算法整个过程的时间复杂度为 $O(\text{NC} \times n^2 \times M)$. 如果设置 $M = n$, 则蚂蚁算法的时间复杂度为 $O(\text{NC} \times n^3)$. 算法理论上认为, 这个复杂度在计算时间上是可以接受的.

由表 5-2 可以看出: 当 $\text{NC} \cdot n^3 < n^2 \cdot 2^n$ 时, 即 $\text{NC} < 2^n/n$ 时, 蚁群算法优于传统的求解 TSP 问题的算法. 而与遗传算法相比, 蚁群算法在时间复杂度上要大一些, 但是求得的解却要优于遗传算法.

表 5-2　各种算法求解 TSP 问题的时间复杂度 (n 为问题规模)

算法名称	时间复杂度
动态规划求解 TSP	$O(n^2 \times 2^n)$
分支–限界法求解 TSP	$O(n^2 \times 2^n)$
遗传算法求解 TSP	$O(m \times n)$　(m 为迭代次数)
蚁群算法求解 TSP	$O(\text{NC} \times n^3)$　(Nc 为迭代次数)

5.3.2　收敛性分析

蚁群算法的深入应用需要坚实的理论基础, 这方面的研究工作还非常欠缺. 目前, 从许多改进的蚁群算法版本在实际工程应用领域的效果来看, 大部分只是针对某一具体问题开展特定的实验研究, 缺乏必要的理论框架及相应的理论支撑. 特别是对于算法的收敛性的数学证明并不太多.

最初蚁群算法的收敛性研究工作是由 Gutjahr[5] 给出的, 他从有向图论的角度证明了蚁群算法的收敛性, 将问题转化为构造图, 将可行解编码转化构造图中的路. 在此基础上, 在某些给定条件下, 蚁群算法可以任意接近 1 的概率收敛到全局最优解. Stutzle 和 Dorigo 针对具有组合优化性质的极小化问题提出了一类改进蚁群算法[6], 并对其收敛性进行理论分析. Gutjahr[7] 又提出两种新的基于图论的改进蚁群算法, 即时变信息素挥发系数 GBAS/TDEV 算法和时变信息素下界 GBAS/TDLB 算法, 证明了合理的参数设置可以保证蚁群算法的动态随机过程收敛到全局最优解. 汪定伟等[8] 对一类广义蚁群算法进行基于不动点理论的收敛性分析; Badr 等[9] 将蚁群算法模型转化为分支随机过程, 从分支随机路径和分支维纳过程的角度推导了蚂蚁路径死亡的比例, 并证明了随机访问过程为稳态分布; 孙焘等[10] 提出一种可用于函数优化的简单蚂蚁算法, 并对其收敛性做了研究. 段海滨等[11] 对基本蚁群算法进行马尔可夫理论分析, 运用离散鞅 (discrete martingale) 研究工具, 对算法的全局收敛性进行研究. 朱庆保[12] 对影响算法收敛条件的启发函数、信息素以及路径的性质进行分析, 证明了基本蚁群算法能够收敛到最优解.

苏兆品等[13] 从鞅理论角度论证了蚁群算法的几乎处处强收敛性以及能在有限步内收敛到全局最优解集. 刘错等[14] 给出了一类基于 GBAS/tdlb 策略改进蚁群算法的收敛性分析, 证明了转移路径向量列是状态有限的马尔可夫链, 通过分析代价函数值序列的条件期望, 证明代价函数值序列是非负下鞅, 且改进的蚁群算法首次发现最优解时的迭代次数是一个值时, 证明了代价函数值序列的期望有限, 进一步从代价函数值序列的停止过程得出算法在有限步内以概率 1 收敛. 因此, 对蚁群优化算法的收敛性研究不仅对深入理解算法机理具有重要的理论指导意义, 而且对蚁群优化算法的改进及编写具有极其重要的理论支撑依据. 本节介绍一种基于熵的理念来论证蚁群算法的收敛性[15].

1. 蚁群算法的熵收敛性

1948 年, Shannon 提出了 "信息熵" 的概念, 解决了对信息的量化及度量问题. 信息熵是信息论中用于度量信息量的一个概念. 一个系统越是有序, 信息熵就越低; 反之, 一个系统越是混乱, 信息熵就越高. 所以, 信息熵也可以说是系统有序化程度的一个度量. 对于离散型随机变量, 其信息熵定义为

$$H = -\sum_{i=1}^{n} p_i \ln p_i \tag{5-7}$$

式中, p_i 表示状态发生的概率, $0 \leqslant p_i \leqslant 1(i = 1, 2, \cdots, n)$ 且 $\sum_{i=1}^{n} p_i = 1$.

在蚁群算法的第 t 次迭代中 $(t = 1, 2, 3, \cdots)$, 每只蚂蚁将生成对应的解 $p_i^{(t)}(i = 1, 2, 3, \cdots, m)$, 则第 t 次迭代的信息熵为

$$H(t) = -\sum_{i=1}^{m} p_i^{(t)} \ln p_i^{(t)} \tag{5-8}$$

从图 5-4 中可以看出: 两个实例 pr107 和 pr136 的曲线均显示蚁群优化算法的熵变化规律, 算法开始阶段系统的信息熵波动较大, 随着迭代次数增大, 熵值波动变小, 最后基本趋于稳定, 此时说明算法的解也趋于稳定即已收敛.

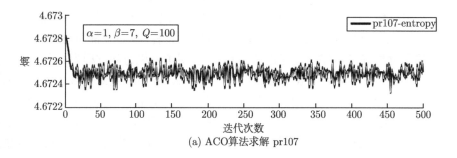

(a) ACO算法求解 pr107

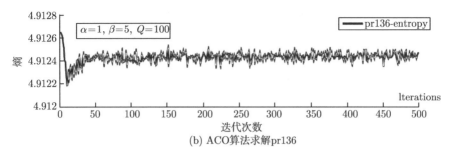

(b) ACO算法求解pr136

图 5-4 ACO 算法求解不同 TSP 实例 (pr107 和 pr136) 的信息熵变化趋势图

2. 蚁群算法解收敛与熵收敛的关系

蚁群优化算法的本质是启发式算法, 当前循环的蚂蚁根据前一次循环蚂蚁留在路径上的信息素选择路径, 而由信息素更新式 (5-2) 可知, 路径上信息素与前一次搜索到的解 (路径长度) 相关, 解越小路径上的信息素就越多. 根据信息素概率定义 $p_i^{(t)} = \dfrac{f_i^{(t)}}{\sum\limits_{j=1}^{m} f_j^{(t)}}$ 知, 路径上的信息素越多, 该路径对应的信息素概率就越大. 当算法解的概率分布趋于稳定时, 算法的系统信息熵处于收敛状态. 因此, 可以形成如下的关系链:

$$L\_Set^{(t)} \to L_i^{(t)} \to \tau_{ij}^{(t)} \to f_i^{(t)} \to p_i^{(t)} \to P\_Set^{(t)} \to H(t)$$

式中, $L\_Set^{(t)}$ 为 ACO 算法第 t 次迭代的解分布; $L_i^{(t)}$ 为第 t 次迭代中第 i 只蚂蚁形成的路径长度; $\tau_{ij}^{(t)}$ 为路径 (i, j) 上的信息量; $f_i^{(t)}$ 为第 t 次迭代中第 i 只蚂蚁形成路径上的信息素总量; $p_i^{(t)}$ 为第 t 次迭代中第 i 只蚂蚁形成的路径对应的信息素概率; $P\_Set^{(t)}$ 第 t 次迭代中信息素概率分布; $H(t)$ 为蚁群优化算法第 t 次迭代解系统的信息熵. 当 $L\_Set^{(t)}$ 趋于稳定即解收敛时, 算法迭代次数 $t \to t_1$; 当 $P\_Set^{(t)}$ 趋于稳定时, 算法迭代次数 $t \to t_2$. 蚁群优化算法中, 由于反映 $L\_Set^{(t)}$ 和 $P\_Set^{(t)}$ 分布特征的两个重要统计指标期望和方差分别近似相等, 其反映了 $L\_Set(t)$ 与 $P\_Set(t)$ 的分布一致性. 因此得到 $t_1 \approx t_2$. 又因为信息熵 $H(t)$ 是反映 $P\_Set^{(t)}$ 分布稳定的重要判据, 所以使 $H(t)$ 收敛的迭代次数 t_{optimal} 近似为算法的最优迭代次数, 即 $t_1 \approx t_2 \approx t_{\text{optimal}}$. 进而归纳蚁群优化算法收敛解收敛和熵收敛过程为如下等价关系

$$L\_Set^{(t)} \xrightarrow{t \to t_{\text{optimal}}} L\_Set_{\text{steady}} \Leftrightarrow \lim_{t \to \text{optimal}} H(t) = \lim_{t \to \text{optimal}} -\sum p_i^{(t)} \ln p_i^{(t)} = H$$

$$\Leftrightarrow \lim \frac{|H(t-1) - H(t)|}{H(t-1)} = 0$$

式中, t_{optimal} 为最优迭代次数; $L\_\text{Set}_{\text{steady}}$ 为稳定的解分布; H_{optimal} 为系统熵收敛值.

上面的等价关系说明了 ACO 算法解收敛等价于熵收敛, 即算法熵收敛的最优迭代次数 t_{optimal} 近似等于解收敛的最优迭代次数. 因此, 可以采用一种简单的算法结束方式作为算法停止条件.

3. 熵收敛应用与仿真测试

算法的收敛判据在算法中扮演一个重要的角色, 一个好的收敛判据可以使算法求解更精确且运行时间更短. 前面提出的 ACO 算法的收敛停止判据为最大迭代次数 Nc_max, 当算法迭代次数达到 Nc_max 时, 则算法立即停止, 此时表示算法已经收敛. 由于该收敛判据不够完善, 本节引入熵作为 ACO 算法收敛判据[16], 其定义为

$$\frac{|H(t) - H(t+1)|}{H(t)} < \varepsilon \tag{5-9}$$

式中, $H(t)$ 为 ACO 算法第 t 次迭代信息熵; ε 为算法的停止门限.

以下算法展现了以信息熵作为收敛判据的 ACO 算法 (ACO-IE) 过程.

Step1. 初始化, 令迭代次数 $t = 0$; 将 m 只蚂蚁随机分布在 n 个不同的城市上; 令各城市之间路径 (i, j) 的初始信息量 $\tau_{ij}(t) = \text{const}$ (const 是常数); 初始时刻各路径 (i, j) 上的信息素增量 $\Delta\tau_{ij}(t) = 0$, 系统的信息熵 $H(0) = \ln m$.

Step2. while $\left(\dfrac{|H(t) - H(t+1)|}{H(t)} \geqslant \varepsilon \right)$

Step2.1. 迭代次数 $t = t + 1$;

Step2.2. 蚂蚁个体根据状态转移概率式 (5-1) 选择下一个移动的城市;

Step2.3. 当每只蚂蚁遍历完所有城市, 根据式 (5-2)、式 (5-3)、式 (5-4) 更新每条路径 (i, j) 上的信息素量 τ_{ij};

Step2.4. 分别按公式 $p_i^{(t)} = \dfrac{f_i^{(t)}}{\sum\limits_{j=1}^{m} f_j^{(t)}}$ 和式 (5-8) 计算本次迭代生成的 $p_i^{(t)}$ 和信息熵 $H(t)$.

Step3. 程序结束, 输出结果.

本书测试的数据都来自http://www.iwr.uniheidelberg.de/iwr/comopt/soft/ TSPLIB95/TSPLIB.html. 采用的测试案例分别为: pr107, pr136, pr226, d198, 本书中的算法运行所有参数设置如下:

$$\alpha = 1; \beta = 8; \rho = 0.4; Q = 100; \tau_{ij}(0) = 1; m = n; \varepsilon = 0.001; \text{Nc\_max} = 500$$

本书对两个算法 (ACO 和 ACO-IE) 进行了测试, 其中 ACO-IE 算法是以信息熵作为收敛判据的 ACO 算法.

表 5-3 ACO 和 ACO-IE 算法在不同 TSP 问题的实验结果

实例	实验次数	ACO			ACO-IE		
		平均最优解	时间/ms	迭代次数	平均最优解	时间/ms	迭代次数
pr107	10	45973	431.496	176	46294	163.0804	189
pr136	10	102608	660.918	123	108467	173.3620	131
d198	10	16891	2832.5	93	17135	447.4071	100
pr226	10	84514	4211.8	281	84718	2466.1	293
d493	2	38926	53007	146	39851	16405	155

从表 5-3 中可见, 在求得的解相近的情况下 ACO-IE 算法的平均时间和迭代次数要比 ACO 算法少很多.

这里定义了一个比例 Ratio=time(ACO)/time(algorithm), Ratio 越大, 则说明 ACO-IE 算法比 ACO 算法运行越快.

从图 5-5 中可以看出, ACO-IE 的 Ratio 都比 ACO 的大, 这就说明了 ACO-IE 算法的运行速度明显快于 ACO. 此外, 与 ACO 算法相比, ACO-IE 算法可以自适应地判断算法收敛时刻, 在相同参数和求得相近解的条件下, ACO-IE 算法要比 ACO 算法快 2~6 倍.

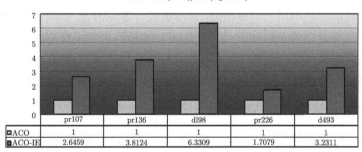

Ratio=time(ACO)/time(algorithm)

	pr107	pr136	dl98	pr226	d493
☐ACO	1	1	1	1	1
■ACO-IE	2.6459	3.8124	6.3309	1.7079	3.2311

图 5-5 ACO 算法和 ACO-IE 算法的 Ratio 对比效果图

5.4 蚁群算法的改进

5.4.1 蚁群算法的改进思路

蚁群算法的初始信息量是相同的, 蚂蚁在创建第一条路径依据的主要是城市的距离信息, 使得蚁群在所经路径留下的信息不一定能够反映最优路径的方向. 不仅如此, 只要利用的信息量平均分布在各个方向, 都可能对蚁群以后的路径选择产生误导.

蚁群算法利用随机搜索策略, 使得进化速度较慢, 收敛速度不理想. 利用正反馈机制强化性能较好的解, 但会使当前不被选用的路径以后被选用的概率越来越小, 导致算法在局部最优解附近来回徘徊, 出现停滞现象. 挥发系数 ρ 的存在会使那些从未搜索到的路径上的信息素逐渐减少到 0, 从而降低算法的全局搜索能力. 若 ρ 太大, 会使以前搜索过的路径再次被选择的概率过大, 影响算法的全局搜索能力, 易于陷入局部最优解; 减小 ρ, 虽然可提高算法的全局搜索能力, 但会使算法的收敛速度降低. 这些现象已经引起了许多研究者的注意, 且提出了许多相应的改进算法. 作为一种体现群体协作寻优特征的启发式优化方法, 蚁群算法改进模式可以从以下 2 个方面[17] 进行考虑:

(1) 算法的总体结构. 在这里需要考虑的是蚁群的总体结构和组织模式. 当然, 各个系统间的信息联系模式也需要考虑. 如多群体蚁群算法和混合型蚁群算法等, 就是由几个蚁群来协同解决 TSP 问题的算法, 而传统的蚁群算法中只有一个群体. 而且, 在这些算法的信息联系模式中, 蚁群群体层的交互还使用了正负两种信息素效应. 由于引入了群体层的交互作用, 蚁群能更好地交互从而解决过程中的规划信息, 并保持它们在搜索过程中的多样性. 另外, 还可考虑不同信息交换方式的多重蚁群算法和具有分工特征算法等改进方向.

(2) 算法的具体参数设定和调整策略. 在这里, 可以对参数的选择和变化模式进行设定, 如最大最小蚁群算法的使用就形成了比传统蚁群算法更贪婪的搜索模式. 如果在基本蚁群算法中引入变异机制, 对参数进行变异改进, 则可使算法既有较快的求解速度又有较高的求解精度. 当然, 也可将其他的启发式算法用于信息素分配, 以及搜索过程中最优解的筛选等过程, 并且与其他智能算法相结合, 形成一些效果较好的改进型蚁群算法. 这些领域的研究工作是很有前途的, 同时也是很不完善的.

5.4.2　最大最小蚁群系统 (MMAS)

最大最小蚁群系统[18] (max-min ant system, MMAS) 是由德国学者 Stutzle 与 Hoos 提出的. MMAS 也是一种较好的通用优化算法, 该算法主要在以下几个方面做了改进:

(1) 当所有的蚂蚁完成周游后, 仅对蚂蚁发现的最后路径上的信息素进行更新, 这种信息素更新方法称为全局信息素更新;

(2) 每条边上的信息素被限制在 $[\tau_{\min}, \tau_{\max}]$ 区间内;

(3) 信息素初始化为 $\tau_{\max}$.

对每条边上的信息素浓度的限制有利于减少早熟现象. MMAS 中的每条边的信息素初始化为 $\tau_{\max}$, 经过几次迭代之后, 每条路径上的信息素因挥发而减少, 而仅有每次迭代过程中的最好路径上的信息素被允许增加, 因而只有最好路径上的信息素保持一个较大的值.

MMAS 有一种改善性能的机制称为信息素轨迹平滑机制 (pheromone trail smoothing, PTS). 当 MMAS 计算结果收敛到一个值而停滞不变时, 按下式调整信息素

$$\tau(r,s) = \tau(r,s) + \delta(\tau_{\max}(r,s) - \tau(r,s)),\ 0 < \delta < 1 \tag{5-10}$$

这种机制是在进化接近停滞的情况下对信息素进行更新, 其中参数 δ 决定了对以前信息素的保留度. $\delta = 0$ 时为完全保留, PTS 不起作用; $\delta = 1$ 表示完全去掉以前的信息素分布, 重新开始计算. 这种机制在长时间计算中有较好的作用. MMAS 限定了信息素浓度的上下限, 但是只采用最大最小信息素浓度的限制还不足以在较长的运行时间里消除停滞现象, 因此采用了平滑机制; 信息素浓度的增加正比于 $\tau_{\max}$ 和当前浓度 $\tau(r,s)$ 之差. 这样在防止算法过早停滞以及有效性方面都有了很大改进. 仿真结果表明, MMAS 算法是目前解决 TSP、QAP 等问题性能最好的算法.

5.4.3 分段算法

由于蚁群算法在算法前期收敛较快, 而且城市数对所有 TSP 算法包括蚁群算法的性能有较大影响, 采用分段算法的目的是针对算法前期快速收敛的特点, 在得到一定质量的结果后, 减少城市数, 分段优化, 以提高算法运行效率.

分段算法[19]Section_MMMAS 具体描述如下:

```
Section_MMMAS()
{
    //参数初始化;
    Ccycle = n/8; //循环因子
    NC_max = 50;
    Section_length = n/8; //分段长度
    counter=0;
    //循环分段开始;
    While(counter<= n/Ccycle)
    {        start=counter× Ccycle; //分段起点
             MMMAS(start, Section_length);
             If(分段结果优于原结果) 更换路径;
    }
        输出最优结果;
}
```

算法中 Section-MMMAS(start, Section_length) 是由上一部分描述的 MMMAS( ) 稍作修改的. 算法中循环因子 Ccycle 与分段长度 Section_length 决定算法的时间复杂度, 设分段因子 CSL $= n/$section_length, 算法复杂度为 $O(\mathrm{NC}\cdot(n/\mathrm{CSL})^2 \cdot m \cdot$

n/Ccycle), 相比于 MMMAS 的复杂度, 虽然算法 Section_MMMAS 的复杂度增加了一个 n 的乘积, 由于一次周游城市数减少, 所以不仅 NC 可以较大地减小, 而且 m 值也相应较小, 同时合理地选取 CSL 和 Ccycle 的数值也可控制复杂度.

5.4.4 小窗口蚁群算法

与一个城市相连的另外两个城市是与该城市最近的城市数中的 2 个, 在一个 N 个城市的 TSP 问题中, 任何一个城市有 $(N-1)$ 个从该城市出发的路径, 而在这 $(N-1)$ 条路径中, 只有较短的几条路径中的一条是组成最优解中的一条路径的可能性较高, 而其他的较长的路径是最优解中的一条路径的可能性较低. 因此, 通过限定蚂蚁每次移动的范围, 或者限定蚂蚁在每个城市所能 "看到" 的下一个城市的数目, 来达到剔除劣质解, 缩小搜索范围的目的. 在算法中为每个城市建立一个数组 cityWin[window], 保存 window 个距离最近的城市. 其中 window 表示窗口大小, 对窗口大小的选择是依据 TSP 问题的维数而定的, 维数越高, 窗口越大. 蚂蚁每次移动就从 cityWin[window] 和 tabu[k] 的交集中选择移动的城市, 根据式 (5-1) 转移到下一个城市, 若交集为空, 则只在 tabu[k] 中选择.

小窗口算法的流程[20], 如下.

Step1. 初始化参数: Q, α, β, ρ, window, NC_{max}, tabu[k], cityWin[window];

Step2. 迭代次数 n++;

Step3. 蚂蚁从 cityWin[window] 和 tabu[k] 中选择允许达到的城市, 根据式 (5-1) 转移;

Step4. 若 tabu[k] 未满, 转到 Step2;

Step5. 2-opt 局部优化路径;

Step6. 记录本次最短路径, 置空 tabu[k];

Step7. 按式 (5-2) 和式 (5-4) 更新最短路径上的信息素;

Step8. 若 $n < NC_{max}$, 转到 Step2;

Step9. 输出最优解.

该算法的复杂度为 $O(n^2 \cdot m)$, 与算法 MMAS 的复杂度一样.

5.4.5 智能蚂蚁算法

通过对蚁群算法的改进, 文献 [21] 提出了智能蚂蚁算法. 智能蚂蚁算法对蚁群算法的改进主要体现在以下 4 个方面: ①取消外激素; ②自动调整选择最优路径的比例; ③改变选择目标城市的依据; ④引入扰动.

1) 取消外激素

外激素是蚁群算法中蚂蚁实现通信的媒介, 指导蚂蚁的前进方向. 但是, 由于蚂蚁的每一步运动都要更新外激素, 要占用大量的 CPU 时间. 通过对蚁群算法的考察可以发现, 由于局部更新的作用, 除最优路径外的所有边, 其外激素水平相差无几. 而最优路径与其他路径的外激素水平则差异巨大. 这在搜索的后期尤其明显. 因此, 如果取消外激素, 即以 q_0 的比例选择最优路径, 以 $(1 - q_0)$ 的比例选择其他路径, 可以大大减少计算量, 同时搜索的性能不会有太大的变化. 实际上, 在智能蚁蚁系统中, 有 2 个比例参数 —— q_g 和 q_i, 分别代表选择全局最优路径和上次迭代搜索中最优路径的比例, 且 $q_g + q_i < 1$. 通过引进 q_i, 蚁蚁的搜索范围不局限于全局最优路径的周围. 这样, 可以避免重复搜索, 达到了蚁群算法中局部更新的目的.

2) 自动调节选择最优路径的比例

定义 5-1(相对距离)   给定两条周游路线 t_1 和 t_2, 其中, t_1 相对 t_2 的距离为所有属于 t_1 而不属于 t_2 边的数量. t 的相对距离定义为 t 与最优路径的相对距离.

蚁蚁搜索过程中, 相对距离的大小对搜索结果的优劣起着至关重要的作用. 相对距离太小, 会出现搜索停滞现象; 相对距离太大, 则不容易产生改进的搜索结果. 为取得好的搜索效果, 在智能蚁蚁系统中, 采取自动调节比例参数的做法, 使相对距离保持在一个适宜的范围内, 从而保证搜索的有效性.

在智能蚁蚁系统中, q_i 为常数, q_g 则从 0 逐渐增大. 假设相对距离与 $(1 - q_g - q_i)$ 近似成正比, 则有

$$(1 - q_i - q'_g)/(1 - q_g - q_i) = d'/d \tag{5-11}$$

式中, q'_g 是新的 q_g 值; d' 是最佳距离; d 是已完成的迭代搜索中的相对距离. 由于相对距离与 $(1 - q_g - q_i)$ 实际上并不呈正比关系. 反映在实验结果中, 为减少振荡, 将 q_g 设为

$$q_{g\_new} = (q'_g + q_g)/2 \tag{5-12}$$

式 (5-12) 的方法可以收到一举多得的效果: 第一, 可以减小相对距离的振荡现象; 第二, q_g 逐渐上升, 也就是 $(1 - q_g - q_i)$ 逐渐减小, 使得相对距离在搜索的开始阶段加大, 有利于减少陷入局部最优; 第三, 使得搜索初期蚁蚁选择迭代最优路径的可能性加大, 减少了陷入局部最优路径的可能性.

在智能蚁蚁系统中, 在经过等于城市数目的迭代搜索后, 进行比例参数的调整. 比例参数的调整进行 10 次, 一般就可以得到合适的 q_g 值.

3) 选择目标城市的依据

$$p_k(r, s) = \begin{cases} q_g, & (r, s)\text{是全局最优路径中的边} \\ q_i, & (r, s)\text{是上次搜索中的最优路径的边} \\ d(r, s)/\sum d(r, u) \end{cases} \tag{5-13}$$

式中, s, u 是未访问的城市; $d(r, u) = 1/(\eta(r, u) - \min(\eta(r, t)) + \text{len}/n/100)$, $\eta(r, u)$ 是从城市 r 到城市 u 的距离, $\min(\eta(r, t))$ 是从城市 r 到最近的城市的距离, len 是周游路线的长度, n 是城市的数量; $d(r, u)$ 的选择使得蚁蚁以更大的概率选择距离短的城市.

4) 引入扰动

尽管采取多种措施, 局部最优往往还是难以避免. 在智能蚂蚁系统中, 通过扰动的引入使搜索跳出局部最优.

定义 5-2(无效搜索次数) 当前的搜索次数与最近一次改进结果的搜索次数的差值, 定义为无效搜索次数.

在智能蚂蚁系统中, 引入扰动的标准为

$$\text{iter\_inv} = 2\text{iter\_lst} + 1000 \tag{5-14}$$

式中, iter_inv 是无效搜索次数; iter_lst 是最近一次改进结果的搜索经过的迭代次数.

引入扰动的方法是把 q_g 和 q_i 减半. 在所有蚂蚁都完成一次搜索后, 选取其中结果最好的作为全局最优路径和结果, 并恢复 q_g 和 q_i 的值.

5.4.6　自适应蚁群算法

通过对蚁群算法的分析不难发现: 蚁群算法的主要依据是信息正反馈原理和某种启发式算法的有机结合, 这种算法在构造解的过程中, 利用随机选择策略, 这种选择策略使得进化速度较慢, 正反馈原理旨在强化性能较好的解, 却容易出现停滞现象. 这是造成蚁群算法不足的根本原因. 因而文献 [29] 从选择策略方面进行改进, 我们采用确定性选择和随机选择相结合的选择策略, 并且在搜索过程中动态地调整确定性选择的概率. 当进化到一定迭代次数后, 进化方向已经基本确定, 这时对路径上信息量做动态调整, 缩小最好和最差路径上信息量的差距, 并且适当加大随机选择的概率, 以利于对解空间的更完全搜索, 从而可以有效地克服基本蚁群算法的两个不足. 该方法属于自适应方法[22]. 此算法按照式 (5-15) 决定蚂蚁 k 由 i 转移到下一城市 s.

$$s = \begin{cases} \arg\max_{u \in \text{allowed}_k}\{\tau_{iu}^{\alpha}(t)\eta_{iu}^{\beta}(t)\}, & r \leqslant p_0 \\ \text{依式(5-1)的概率} p_{ij}^k \text{选择} s, & \text{其他} \end{cases} \tag{5-15}$$

式中, $p_0 \in (0,1)$; r 是 $(0,1)$ 中均匀分布的随机数. 当进化方向基本确定后, 用简单的放大 (或缩小) 方法调整每一路径上的信息量.

5.4.7　具有变异和分工特征的蚁群算法

在蚁群算法中, 在蚂蚁搜索过程的起始阶段, 有的路径上有蚂蚁走过, 有的路径蚂蚁还未来得及走过. 而蚂蚁选择路径的策略是一旦有路径的信息素 (即信息量) 多于其他路径, 它就以较大的概率选择该路径. 这样就使得蚂蚁从搜索的开始就以较大的概率集中在几条当前局部长度较短的路径上. 为了避免蚁群一开始就失去解的多样性, 在路径上信息量还未达到一定阈值时, 让蚂蚁忽视较优解的存在. 只有当信息量的刺激趋于所设阈值时, 才让蚂蚁在信息量的刺激下趋于信息量累计较多的路径. 这样, 各蚂蚁智能体就可在寻优的初始阶段选择较多的路径, 以保证解的多样性.

这里, 可以让第 k 只蚂蚁按以下概率从状态 i 转换到状态 j

$$
j = \begin{cases} \max\{\tau_{is}^{a}, \eta_{is}^{\beta}\}, s \in \mathrm{allowed}_k, & \text{若} r \leqslant p_0 \\ \text{依概率} p_{ij}^{k} \text{选择} j, & \text{其他} \end{cases} \tag{5-16}
$$

式中, $p_0 \in (0,1)$; r 是 $(0,1)$ 中均匀分布的随机参数. 由此便增加了所得解的多样性, 并在一定程度上削弱了蚁群陷入局部最优的趋势.

为了克服蚁群算法计算时间较长的缺陷, 这里可以引入遗传算法中变异算子, 经过局部优化后, 整个群体的性能就会有明显改善, 使算法保持更好的多样性特征. 蚁群算法的变异方式主要有以下 2 类[4].

(1) 逆转变异. 在所得的某一解中随机选两点, 再把这两点内的路径按反序插入原位置中. 例如, 路径 A = {01234567890}的逆转点选择 3、6, 经逆转后, 变为 A*={01265437890}. 这种变异操作对于 TSP 问题, 就调整前后的 TSP 圈的长度变化而言属于非常细微的调整, 因而可使得局部优化的精度提高, 但所需的计算稍微复杂一些. 在实现过程中, 逆转变异法可在每次循环安排完 m 只蚂蚁的路径之后, 信息素调整之前进行, 且应考虑到时间问题. 在具体的应用中, 有的方案只对每次循环的最优路径进行变异, 如果变异后路径长度小于变异前, 就保留这个最优解, 否则就维持路径原值.

(2) 插入变异. 变异方法是从所得路径中随机选择一点, 并将此点插入随机选择的插入点中. 例如, 对上面的路径 A, 如果选择插入点为 5, 选取插入点为 2~3, 则经插入变异后, A*={01253467890}. 在具体的应用中, 可在蚁群算法循环全部完成后对所求得的全局最优解进行变异, 且为达到最优效果. 对最优路径可能进行的每一种插入都应进行尝试, 如果所得解有进展就加以保留, 否则就维持原值.

所谓分工, 就是蚁群中的蚂蚁从事不同的工作. 在 TSP 问题求解中, 蚂蚁从不同的顶点出发, 就相当于这些蚂蚁根据出发顶点的不同而进行分工, 且从自己出发的顶点找出回到自己顶点的最短路径. 如果不加分工, 就很难得到最短路径. 另外, 在函数优化中, 让每只蚂蚁搜索一个变量取值范围, 就可使得每种蚂蚁的搜索空间大大减少. 这样, 不但降低了求解问题的难度, 还增强了蚁群算法的搜索能力.

5.5 实 例 分 析

5.5.1 旅行商问题

从蚂蚁系统开始, 基本的蚁群算法得到了不断地发展和改善, 并在具有 NP 复杂度的 TSP 以及许多实际优化问题求解中进一步得到了验证. 这些改进的 AS 版本有一个共同特点就是增强了蚂蚁搜索过程中对最优解的探索能力, 它们之间的差异在于搜索控制策略的不同. 许多改进的 AS 版本实际上是一些结合了标准局域算法的混合型概率搜索算法, 有利于提高蚁群算法在优化问题中的求解质量. 本节针对旅行商问题, 在基本蚁群算法的基础上, 从以下 2 个方面[23] 改进: ①对影响蚁群算法性能的相关参数进行动态调整; ②信息素的优化策略.

1. 参数 α、β 的动态调节

在蚂蚁的状态转移规则中, 参数 α、β 在整个路径的搜索中始终保持不变, 而在真实环境中, 生物会因时间的流逝, 逐渐对周围环境的刺激失去敏感性. 从这一原理出发, 建立一种对参数的引导机制, 在算法的不同阶段适当调节 α、β 的比值, 以增加对路径选择的多样性, 从而有利于扩大解的搜索空间, 避免某些路径上因为信息素的不断积累而出现蚂蚁过早地集中于少数几条较优路径上. 为此, 采用以下参数 α、β 的调整方式

$$\alpha = \begin{cases} \gamma\alpha, & \tau_{ij} \leqslant \tau \\ \alpha, & 其他 \end{cases}, \quad \beta = \begin{cases} \gamma\beta, & \tau_{ij} \geqslant \tau \\ \beta, & 其他 \end{cases} \tag{5-17}$$

$$\gamma = \tau_{ij}(t)/\tau_{ij}(t+1) \tag{5-18}$$

式中, τ 为经过实验所给定的值. 蚂蚁每走完一次闭合路径, 通过设定参数 γ 来调节信息素和能见度两者在路径选择中的比例. 实验中, 可以预先设定 α 为较大值, β 为较小值, 以确保初始阶段路径的多样性选择.

2. 信息量的优化策略

1) 局部信息量

大幅度地削减信息量虽然能够使各路径的信息量趋于平均值, 但不利于最优路径的建立, 影响算法的收敛速度. 信息量的局部更新采用信息量的均匀度自适应地进行局部更新[30], 以动态调整各路径上的信息量的分布, 使其不至于过分集中或者分散. 为此, 在蚂蚁建立了合适的路径方案后, 对所走路径释放信息素, 按以下规则

进行局部更新：

$$\tau_{ij}(t+1)=\begin{cases} \tau_{ij}(t) - 1/L, & \text{若本次循环中有}\ m/3\ \text{只蚂蚁选择同一路径}\ i,j\ \text{或} \\ & m/5\ \text{只蚂蚁选择该路径后终止本次循环} \\ \tau_{ij}(t) + 1/d_{ij}, & \text{其他} \end{cases}$$

$$(5\text{-}19)$$

式中, 设置 $\tau_{ij}(0) = Q/L^k$, Q 是一个常数, L^k 为本次循环后蚂蚁所走过的路径长度, L 为当前蚂蚁已走路径长度; $1/d_{ij}$ 为增加的信息量.

通过使用局部更新规则, 一方面使得相应路径上的信息素逐渐减少, 对 t 与 $(t+1)$ 时刻的信息量进行综合考虑, 避免某些路径上因信息量的大幅度增加使搜索集中到少数几条路径上, 增加解的多样化; 另一方面, 也有利于增大不同解之间的信息量差值, 加快算法的收敛速度, 以利于最优解的建立.

2) 全局信息量

在 ACS 中, 每次循环结束后, 只有全局最优的蚂蚁才被允许释放信息素. 由此可见, 仅有一只蚂蚁对全局信息素的更新产生影响, 对最优及最差路径上的信息素进行全局更新, 虽然在一定程度上有利于加快演化过程, 但实质上不利于扩大解的搜索空间, 尤其在算法搜索的初始阶段, 那些从未被访问过的路径或是信息量较小的路径会被蚂蚁忽略, 使蚂蚁对路径的搜索过早地集中在几条较优路径上. 为此, 采用以下改进规则[31]

$$\tau_{ij}(r,s) = 1 - \omega(\tau_{ij}(r,s)) \cdot \tau_{ij}(t) + c(r,s) \cdot \Delta\tau_{ij}(r,s) \qquad (5\text{-}20)$$

$$c(r,s)=\begin{cases} Q, & (r,s) \in \text{global\_best\_tour}\text{和}\tau_{ij} \geqslant \tau_{\max} \\ -Q, & (r,s) \in \text{global\_worst\_tour}\text{和}\tau_{ij} \leqslant \tau_{\min} \\ \lambda, & (r,s) \in \text{the\_other} \end{cases} \qquad (5\text{-}21)$$

$$\Delta\tau(r,s)=\begin{cases} (L_{\text{best}})^{-1}, & (r,s) \in \text{global\_best\_tour} \\ (L_{\text{worst}})^{-1}, & (r,s) \in \text{global\_worst\_tour} \end{cases} \qquad (5\text{-}22)$$

式中, L_{best} 为全局最优路径长度; L_{worst} 为最差路径长度; $\tau_{\max}$, $\tau_{\min}$ 已在实验进行中给定.

以上更新规则综合考虑了路径搜索的各个阶段, 在算法的初期阶段, 让蚂蚁走过的各路径都有机会获得信息量的更新, 增强那些可能离最优解有一定距离的路径, 提高蚂蚁选择相应路径的概率. 随着某些路径上信息素的不断积累, 在循环次数达到一定时, 仅更新最优与最差路径上的信息素, 增大最优路径与最差路径的边之间的信息量差距, 从而使蚂蚁的搜索行为集中于最优路径的附近.

当解的搜索逐渐接近于收敛时, 为了提高探索新解的能力, 可以通过增加选择有低强度信息素的轨迹量解元素的概率来提高解的搜索空间, 参考 MMAS 中平滑

信息素的方法来对搜索空间进行更有效的探索

$$\tau_{ij}^* = \tau_{ij}(t) + \varepsilon(\tau_{\max}(t) - \tau_{ij}(t)) \tag{5-23}$$

式中, $0 < \varepsilon < 1$; $\tau_{ij}(t)$ 和 $\tau_{ij}^*(t)$ 分别为平滑化之前和之后的信息素轨迹量, 该量正比于它们与最大信息素轨迹限制的差异.

平滑化思想的优点在于: 当 $\varepsilon < 1$, 在算法运行过程中所积累的信息不会完全丢失, 而仅是被削弱; 当 $\varepsilon = 1$ 时, 该机制相当于信息素轨迹的重新初始化; 当 $\varepsilon = 0$ 时, 相当于该机制被关闭.

3. 仿真测试及分析

从通用 TSPLIB 中选取 4 个对称 TSP 实例 (Att48, Eil51, ch130, Tsp225) 进行测试, 实验所设置的环境为: Intel Pentium 4, CPU 为 2.26GHz, 内存为 225MB, Microsoft Windows XP Professional; 采用的编程语言为 Matlab 7.0. 蚂蚁的数量取与城市数相同, 参数的默认值取为 $\alpha = 3$, $\beta = 1$, $\rho = 0.1$, $Q = 1$, $\lambda = 0.5$. 实验进行 10 次, 每次循环次数为 1500 次, 实验结果如表 5-4、图 5-6 和图 5-7 所示.

表 5-4 对称 TSP 问题的实验结果

TSP 问题	ACS 的最优解	改进算法的最优解	改进算法最差解	改进算法的平均解
Att48	31489.846	31475.769	31499.637	31482.658
Eil51	453.226	438.642	462.327	445.789
Ch130	6253.572	6145.786	6326.352	6241.903
Tsp225	4352.062	4131.238	4479.923	4368.96

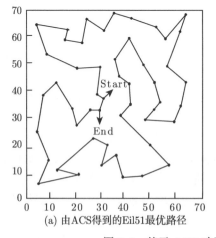
(a) 由ACS得到的Eil51最优路径

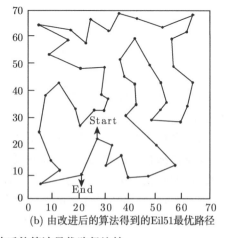
(b) 由改进后的算法得到的Eil51最优路径

图 5-6 基于 ACS 改进前后的算法最优路径比较

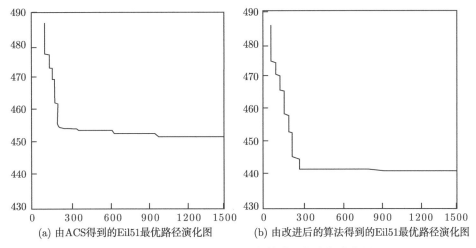

(a) 由ACS得到的Eil51最优路径演化图　　(b) 由改进后的算法得到的Eil51最优路径演化图

图 5-7　基于 ACS 改进前后的算法最优路径演化图

分析以上实验数据可得: 改进后的蚁群算法具有较好的搜索最优解的能力, 对问题 Eil51 在原有蚁群算法的基础上的最优路径为 453.226, 而改进后的算法得到的是 438.642. 在 Eil51 路径演化过程中, 改进后算法在所给循环次数内, 由于加入了信息素平滑机制, 对新解的搜索不会过早终止, 探索新解的能力进一步增强. 随着问题规模的扩大, 如 Ch130、Tsp225, 算法的平均解接近于 ACS 的最优解, 而相应最优解明显优于 ACS, 因此, 实验表明: 改进后的算法具有较好的性能.

5.5.2　聚类问题

聚类分析是将物理或抽象对象的集合分组相似对象组成的多个类的过程, 它的目标是在同一类中的数据具有较高的相似性. 聚类分析可以发现属性之间所存在的联系, 从而找出数据分布的模式, 目前已广泛应用于模式识别、数据分析、图像处理等不同领域.

聚类分析属于一种无监督的学习方法, 大致可分分类数目未知和分类数目已知两类问题. 可以采用的聚类分析方法比较多, 例如, 对于分类数目已知的聚类算法有 K-均值算法、ISODATA 算法、修正的 ISODATA 算法等. 本节分别对基于蚁群觅食思想、基于蚂蚁堆形成原理、K-均值算法与蚁群算法混合形成的聚类算法进行介绍, 并对比各聚类方式之间的差别.

1. 聚类问题的数学模型

已知模式样本集 $\{X\}$ 有 n 个样本和 K 个模式分类 $\{S_j, j = 1, 2, \cdots, K\}$, 以每个模式样本到聚类中心的距离之和达到最小为准则, 其数学模型[24] 为

$$\min \sum_{j=1}^{K} \sum_{X \in S_j} \|X - m_j\| \tag{5-24}$$

式中, K 为聚类数目; m_j 为 j 类样本的均值向量. 若模式样本 i 分配给第 j 聚类中心, 则令 $y_{ij} = 1$; 否则 $y_{ij} = 0$. $m_j = \dfrac{1}{\sum\limits_{i=1}^{n} y_{ij}} \sum\limits_{i=1}^{n} y_{ij} X_i$, $\sum\limits_{j=1}^{n} y_{ij} = 1$ 表示模式样本 i 只能分配到一个聚类中心上, 因此, 聚类问题的数学模型为

$$\min \sum_{i=1}^{n} \sum_{j=1}^{K} (y_{ij} \| X_i - m_j \|) \tag{5-25}$$

$$\text{s.t.} \quad \sum_{j=1}^{K} y_{ij} = 1 \quad (i = 1, 2, \cdots, n) \tag{5-26}$$

$$m_j = \frac{1}{\sum\limits_{i=1}^{n} y_{ij}} \sum_{i=1}^{n} y_{ij} X_i \quad (j = 1, 2, \cdots, K) \tag{5-27}$$

$$y_{ij} = 0, 1 \tag{5-28}$$

2. K-均值算法描述

K-均值算法是基于划分的聚类方法, 有些文献习惯称为 C-均值算法, 该算法不断计算每个聚类的中心, 也就是聚类中模式样本的平均值, 作为新的聚类种子.

K-均值算法的步骤如下.

Step1. 任选 K 个初始聚类中心: $z_1, z_2, \cdots, z_K$.

Step2. 将样本集 $\{X\}$ 中各个样本按最小距离原则分配给 K 个聚类中心的某一个 z_j.

Step3. 计算新的聚类中心 $z_j'(j = 1, 2, \cdots, K)$, 即 $z_j' = \dfrac{1}{N_j} \sum\limits_{X \in S_j} X$, 其中 N_j 为第 j 个聚类域 S_j 所包含的模式样本的个数.

Step4. 若 $z_j' \neq z_j(j = 1, 2, \cdots, K)$ 或 $J_e = \sum\limits_{i=1}^{X} \sum\limits_{X \in \Gamma_j} \| X - z_j' \| \geqslant \varepsilon$, 转向 Step2; 否则算法收敛, 计算结束. 其中, Γ_j 是第 j 类样本集合, ε 为给定的常数.

K-均值算法的目标是找出使误差平方和函数 J_e 最小的 K 个划分. 若类内密集并且各类之间的区别明显时, 它的效果较好. 在处理数据量较大时, 该算法有较好的可伸缩性和高效率, 其缺点是必须事先给出要生成的聚类数目 K.

3. 蚁群聚类的主要方法

1) 基于蚂蚁觅食的蚁群聚类算法

蚂蚁的觅食过程可以分为搜索食物和搬运食物 2 个环节. 每个蚂蚁在运动过程中都会在其经过的路径上释放信息素, 并能够感知信息素及其强度. 经过蚂蚁越多的路径其信息素越强, 同时信息素自身也会随着时间的流逝而挥发. 蚂蚁倾向于信息素强度高的方向移动, 某一路径上走过的蚂蚁越多, 后来的蚂蚁选择该路径的概率就越大, 整个蚁群的行为表现出信息正反馈现象. 基于蚂蚁觅食思想的聚类分析的基本思想如下:

将数据视为具有不同属性的蚂蚁, 聚类中心是蚂蚁所要寻找的食物源, 那么数据聚类过程就可以看作蚂蚁寻找食源的过程[25]. 假设数据对象为 $X = \{X|X_i = (x_{i1}, x_{i2}, \cdots, x_{im}), i = 1, 2, \cdots, N\}$, 算法首先进行初始化, 将各个路径的信息素置为 0, 即 $\tau_{ij}(0) = 0$, 设置簇 (簇是一组数据对象的集合, 同一个簇中对象彼此类似, 而不同簇中的对象彼此相异) 的半径为 r, 统计误差为 ε 等参数. 计算对象 X_i 到 X_j 之间的加权欧氏距离 d_{ij}, 计算各路径上的信息素 $\tau_{ij}(t)$

$$\tau_{ij}(t) = \begin{cases} 1, & d_{ij} \leqslant r \\ 0, & d_{ij} > r \end{cases} \tag{5-29}$$

对象 X_i 合并到 X_j 的概率为

$$p_{ij}(t) = \frac{\tau_{ij}^{\alpha}(t)\eta_{ij}^{\beta}(t)}{\displaystyle\sum_{s \in S} \tau_{sj}^{\alpha}(t)\eta_{sj}^{\beta}(t)} \tag{5-30}$$

式中, $S = \{X_s|d_{sj} \leqslant r, s = 1, 2, \cdots, j, j+1, \cdots, N\}$; 如果 $p_{ij}(t)$ 大于阈值 p_0, 就将 X_i 合并到 X_j 的邻域内; 这里 η_{ij} 是 d_{ij} 的倒数, 称为能见度; α, β 为调节因子, 防止所有蚂蚁均沿相同路径得到相同结果所产生的停滞搜索, 再现了经典的贪心算法思想.

该聚类方法中的 α, β 的选择对算法运行效率和聚类结果影响较大, 选择不当将影响算法执行效率和效果, 所需时间增加等缺点. 可以根据情况尝试不同的方法避免算法陷于局部最优. 算法虽然不需要预先指定簇的数目, 但是由于簇的半径是预置的, 所以聚类的规模受到限制. 另外, 在实际计算中, 在给定循环次数的条件下很难找到最优解. 再者信息素分配策略、路径选择搜索策略、最优解保留策略等方面均带有经验性和直觉性, 导致算法的求解效率不高, 收敛性差.

2) 基于蚂蚁堆形成原理的聚类算法

基于群体智能的算法起源于对蚁群、蚁卵的分类研究. Deneubourg 等[26] 对此类现象作出了解释, 并给出了基本模型, 这种模型主要是基于模仿单只蚂蚁拾起、放下物体的行为方式进行建模. 在一个二维网格环境中, 一只随机移动的无负载蚂蚁沿着网格单元移动, 在遇到一个对象 (死蚁) 时, 周围与这个对象相同的对象越少, 则拾起这个对象的概率越大; 一只随机移动的有负载蚂蚁, 如果它的周围与所背负对象相同的对象越多, 则放下这个对象的概率越大. 这样可以保证不破坏已有的大堆的对象, 并且能够收集小堆的对象. 这种方法可以将相同种类的对象聚集在一起. 蚂蚁的这种对对象进行聚类的方式, 主要取决于对象周围空间的分布状态.

蚂蚁这种分类对象的方式, 其基本思想是将待聚类对象随机分布在一个二维的网格环境中. 每个网格单元中只含有一个对象, 蚂蚁在网格环境中沿单元格不断移动, 每遇到一个对象时, 测试当前对象在观察半径内的群体相似密度 $f(O_i)$ 执行拾起或放下操作. 网格环境中任意两个对象 (O_i 与 O_j) 之间的相似度为 $\delta(O_i, O_j)$, 如果 O_i 与 O_j 是同一类对象, 则 $\delta(O_i, O_j)=1$, 否则 $\delta(O_i, O_j)=0$. 群体相似密度按式 (5-31) 进行计算

$$f(O_i) = \begin{cases} \dfrac{1}{S^2} \displaystyle\sum_{O_j \in \text{neither}(r)} \left(1 - \dfrac{\delta(O_i, O_j)}{u}\right), & f(O_i) > 0 \\ 0, & \text{其他} \end{cases} \tag{5-31}$$

式中, 相似度 $\delta(O_i, O_j)$ 为两个对象 O_i 与 O_j 之间的欧氏距离; $u \in [0,1]$ 为相异度因子; $\text{neither}(r)$ 表示以对象 O_i 为中心, 并以半径为 r 的观察区域, 其面积为 S^2.

在聚类过程中, 蚂蚁拾起对象的概率和放下对象的概率分别用 p_{pack} 和 p_{drop} 表示.

$$p_{\text{pack}}(O_i) = \left(\frac{k^+}{k^+ + f(O_i)}\right)^2 \tag{5-32}$$

$$p_{\text{drop}}(O_i) = \begin{cases} 2f(O_i), & f(O_i) < k^- \\ 1, & f(O) \geqslant k^- \end{cases} \tag{5-33}$$

式中, k^+, k^- 都是阈值常量, 决定着群体相似密度 $f(O_i)$ 对 p_{pack} 和 p_{drop} 取值产生的影响, 群体相似度越小, 说明对象属于此观察区域越小, 对象被拾起的概率越大; 反之, 对象被拾起的概率越小.

该算法实际上是一种基于网格和密度的聚类方法[27]. 为了便于处理高维数据空间, 首先将其映射到某一低维网格空间, 映射要确保簇内距离小于簇间距离, 同时网格的精细度将会影响聚类质量. 群体相似密度大, 拾起的概率 $p_{\text{pack}}(O_i)$ 小, 数据不易从该簇中移走, 同时放下的概率 $p_{\text{drop}}(O_i)$ 大, 对象倾向于留在该簇中, 反之亦然. 该算法不必预先指定簇的数目, 并能构造任意形状的簇.

3) 基于蚂蚁转移概率的 k-means 聚类算法

k-means 算法具有收敛速度比 ACO 快的特点, 但是其结果与初始聚类中心有关. 相反, ACO 较精确, 但速度较慢, 需要对其改进. 在以上论述的基于蚂蚁觅食

的蚁群聚类算法中, 初始化时, 各路径的信息素取相同值, 让蚂蚁以等概率选择路径, 这样使蚂蚁很难在短时间内从大量的杂乱无章的路径中, 找出一条较好的路径, 所以其收敛速度较慢. 假如初始化时就给出启发式信息量, 则可以加快收敛速度. 改进思路是与 k-means 算法混合, 将数据视为具有不同属性的蚂蚁, 初始时先用 k-means 算法做快速分类, 从而得到起始时的聚类中心, 并将聚类中心看作蚂蚁所要寻找的 "食物源". 所以, 数据聚类过程可看作蚂蚁寻找食物源的过程.

基于蚁群转移概率的 k-means 算法的基本思想: 首先用 k-means 算法做快速分类; 然后, 再将蚂蚁从 i 到食物源 j 的转移概率 p_{ij} 引入 k-means 算法中, 根据概率决定数据的归属; 在下次的循环中, 更新聚类中心, 计算聚类的偏差; 再次判断, 直至偏差小于某一设定值, 算法结束. k-means 算法是以距离为判断的标准进行聚类的, 而基于转移概率的算法是以蚁群转移概率为标准进行聚类的, 具有蚁群算法更为精确的优势.

设 $X = \{X_i = (x_{i1}, x_{i2}, \cdots, x_{im}), i = 1, 2, \cdots, n\}$ 是 n 个 m 维待聚类分析的数据集合, 则

$$d(X_i, C_j) = \|X_i - C_j\| = \sqrt{\sum_{r=1}^{m} (x_{ir} - c_{jr})^2} \tag{5-34}$$

式中, C_j 表示聚类中心的坐标值, 初始值可以为任意不相同的数据值; $d(X_i, C_j)$ 表示 X_i 到 C_j 之间的欧氏距离.

设 R 为聚类半径, $\tau_{ij}(t)$ 是 t 时刻蚂蚁 X_i 到聚类中心 C_j 路径上残留的信息素. 令 $\tau_{ij}(0) = 0$, 即在初始时刻各条路径上的信息量相等且为 0. L_{ij} 表示蚂蚁从 X_i 到食物源 (聚类中心)C_j 的路径矢量. 则 L_{ij} 上的信息素为

$$\tau_{ij}(t) = \begin{cases} 1, & d(X_i, C_j) \leqslant R \\ 0, & d(X_i, C_j) > R \end{cases} \tag{5-35}$$

判断数据 X_i 是否归并到 C_j, 其 $p_{ij}(t)$ 由下式给出

$$p_{ij}(t) = \frac{[\tau_{ij}(t)^\alpha][\eta_{ij}(t)]^\beta}{\sum_{s \in S} [\tau_{sj}(t)^\alpha][\eta_{sj}(t)]^\beta} \tag{5-36}$$

式中, $S = \{X_s | d(X_s, C_j) \leqslant R, s = 1, 2, \cdots, j+1, \cdots, n\}$; $\eta_{ij} = 1/d(X_i, C_j)$ 称为能见度; α, β 分别为控制信息素和能见度的可调节参数. 若 $p_{ij}(t) \geqslant p_0 (p_0$ 为预先设定的值), 则 X_i 归并到 C_j 邻域.

令 $S_j = \{X_h | d(X, C) \leqslant R, h = 1, 2, \cdots, J\}$ 表示所有归并到 C_j 邻域的数据集合, J 为 C_j 邻域的数据数量. 理想的聚类中心:

$$\bar{C}_j = \frac{1}{J} \sum_{h=1}^{J} X_h \tag{5-37}$$

式中, $X_h \in S_j$.

聚类的偏离误差定义为

$$e_j = \frac{1}{J} \sum_{h=1}^{J} \left\| X_h - \bar{C}_j \right\|^2 \tag{5-38}$$

$$e = \sum_{j=1}^{k} e_j \tag{5-39}$$

式中, e_j 为第 j 个聚类的偏离误差; e 为所有聚类的总偏差.

基于蚁群转移概率的 k-means 算法具体描述如下.

Step1. 输入聚类个数 K, 设定 n, R, p_0, e_0, α, β;

Step2. 利用 k-means 算法快速分类, 得到初始聚类中心 $C_j (j = 1, 2, \cdots, K)$;

Step3. 取不同于 C_j 且未被标识过的数据 X_i, 计算 X_i 归并到 C_j 的概率 p_{ij};

Step4. 如果 $p_{ij} \geqslant p_0$, 则归并 X_i 到 C_j;

Step5. 如果所有数据均被标识完, 对所有聚类 C_j 计算总偏差 e, 如果 $e \leqslant e_0$, 则退出并输出结果; 否则重置聚类中心 $C_j (j = 1, 2, \cdots, K)$, 转向 Step3 继续迭代.

5.5.3　边缘检测问题

本节介绍的图像分割方法是基于群智能理论的聚类算法. 首先是将图像中的每个像素看作具有二维特征的待聚类对象 (模式), 然后将虚拟的蚂蚁放置于图像中对其进行建堆, 蚂蚁建堆的过程就是对不同的对象分别聚类的过程. 下面将改进后的蚁群聚类算法应用于图像的边缘检测问题[28].

1. 图像分割中的蚁群聚类算法改进策略

1) 特征提取

将蚁群聚类算法应用于图像的边缘检测中, 将每个像素看作具有若干特征的模式. 在一幅图像中, 像素的灰度、邻域平均灰度、梯度、区域纹理、局部能量等均为其重要的分割特征, 特征选取的好坏直接影响蚂蚁对模式的拾起和放下. 图像中的内容通常包括目标、背景、边缘以及噪声等, 在目标与背景区域内的像素灰度值往往有着较大的差异, 因此选用像素的灰度作为像素的第一特征, 可以较好地区别不同区域内的像素. 另外, 在两个具有不同灰度值的相邻区域之间总存在边缘, 边缘点的梯度值往往高于目标和背景区域. 因此, 选用梯度作为像素的第二特征. 这样, 在一幅图像中, 每个像素就是一个具有灰度、梯度的二维向量的模式.

2) 初始堆的设置

蚂蚁沿着网格单元不断地移动并反复执行拾起或放下操作, 当蚂蚁遇到一个堆或自己需要搭建一个堆时, 需要重新对其周围观察区域做出相似性判断. 由于蚂蚁移动的随机性, 堆中的对象会多次出现在比较过程中, 随着循环次数的增加, 整个过程需要的时间较长, 计算量大. 蚂蚁移动的初始阶段, 对所遇到的不同对象都当作堆来对待, 这会造成过多的小堆个数, 增加数目较大堆的形成时间. 在此, 以原始图像的二维灰度直方图和梯度图像为基础, 直方图的峰值点个数在很大程度上反映了蚂蚁最终所建堆的个数与堆总体的特征, 由此可确定初始堆的个数与堆中对象的总体特征. 为此, 蚂蚁移动初期, 假设最终虚拟堆 (不含有对象) 的个数及各堆的总体特征, 并直接求对小堆的总体特征. 如果小堆与虚拟堆在特征上接近, 将小堆与虚拟堆合并, 否则, 求此小堆的总体特征, 并再设定一个虚拟堆. 为了避免对象被重复比较, 让每只蚂蚁都具有一定的功能, 蚂蚁在遇到或自己搭建一个堆时, 它会将该堆的信息记录下来, 蚂蚁移动到下一个对象时, 首先与已有的记忆信息进行比较, 如果当前对象能够与以往的堆进行合并, 那么蚂蚁会将此对象直接归并到堆中.

3) 负载的设置

蚂蚁遇到一个对象时, 需要和半径为 r 的观察区域中的对象进行比较, 如果放下的概率大, 则放下负载. 随之, 蚂蚁移动下一模式, 重新对对象观察进行相似性比较. 蚂蚁的这种随机性, 使得蚂蚁寻找同类对象的时间增加. 为此, 笔者采用距离探测法来探测同类对象, 蚂蚁放下负载后, 并不随机性地移动下一模式, 利用公式 (5-40) 计算和存放邻域内的负载节点距离最大的模式, 采用加权欧氏距离公式.

$$d_{ij} = \sqrt{q_1 |x_{i1} - x_{j2}| + q_2 |x_{i2} - x_{j2}|} \tag{5-40}$$

式中, $p_i = (x_{i1}, x_{i2})$; $p_j = (x_{j1}, x_{j2})$; 加权因子 q_1, q_2 的值取决于各分量对聚类的影响.

4) 观察半径

蚂蚁运动初期, 以固定半径 r 为邻域观察半径, 反复执行负载或放下动作, 这增加了建堆时间, 并且对所遇到的不同对象都当作堆来对待, 造成过多的小堆. 不利于大堆的形成. 为此, 初始时将邻域观察区域的窗口大小设置为 5×5, 随着循环次数的增加, 堆数量上的减小, 再将邻域观察区域设置为 3×3. 这样避免了初始阶段过多的小堆, 加快了大堆的形成.

2. 蚁群聚类算法的描述

蚂蚁的数据结构设计如下:

```
Struct Ant_struct
{ int CurrentX; //蚂蚁当前所处的水平方向的 X 位置
  int CurrentY; //蚂蚁当前所外的垂直方向的 Y 位置
  char State; //蚂蚁当前的状态
  Data_Object Load; //蚂蚁负载的对象
```

```
}
Struct Data_Object
 { int StartX; //对象初始 X 坐标
   int StartY; //对象初始 Y 坐标
   int EndX; //对象聚堆后的 X 坐标
   int EndY; //对象聚堆后的 Y 坐标
   int Gray //对象的灰度特征
   int Gradient //对象的梯度特征
 }
Struct stack
{   int Totalgray; //堆的总体灰度特征
    int TotalGradient;//堆的总体梯度特征
}
```

为了说明算法的性能, 实验采用国际标准测试 lenna 图像, 如图 5-8(a) 所示. 原始图像为 256 色图, 大小为 256×256. 蚁群聚类算法的具体步骤如下:

Step1. 参数初始化, 设置循环次数 n, 蚂蚁个数 ant_number, 观察域半径 r, u, p'_p, p'_d, k^+, k^-, q_1, q_2.

Step2. 将图像中的每个像素看作一个待聚类对象 (模式). 每个待聚类对象都有一个确定的坐标 (x, y).

Step3. 将一组虚拟的蚂蚁随机性地放置在图像中, 蚂蚁的初始状态值为无负载.

Step4. 以图像的灰度直方图和梯度图为基础, 构建虚拟堆 $F_i(i = 1, 2, \cdots, m)$, m 为灰度直方图中的峰值点数.

Step5. for $i = 1, 2, \cdots, n$

for $j = 1, 2, \cdots$, ant_number

Step5.1. 以当前蚂蚁初始位置为中心, r 为观察半径, 利用式 (5-31) 计算此对象在观察范围内的群体相似度.

Step5.2. 若本只蚂蚁无负载, 则用式 (5-32) 计算拾起概率 p_{pack}, 若 $p_{\text{pack}} < p'_p$ 则蚂蚁不拾起此对象, 蚂蚁按式 (5-40) 确定下一个模式位置. 否则蚂蚁拾起此对象, 蚂蚁状态改为有负载, 随机给蚂蚁赋予一个新坐标.

Step5.3. 若本只蚂蚁有负载, 则用式 (5-33) 计算放下概率; 若 $p_{\text{drop}} > p'_d$, 则蚂蚁放下此对象, 蚂蚁状态改为无负载, 按式 (5-40) 确定下一模式位置, 否则蚂蚁继续携带此对象, 蚂蚁状态仍为有负载, 再次给蚂蚁赋予一个新坐标.

end

Step5.4. 对本次循环内的小堆进行合并: 如果小堆的总体特征 f 与虚拟堆 $F_i(i = 1, 2, \cdots, m)$ 接近, 则直接与虚拟堆合并; 否则, 按小堆的总体特征构建一个虚拟堆.

Step5.5. if i (循环次数) $>$ nc (预定的循环次数), 则重设 r.

end

Step6. 对每一个对象判断是否归类.

Step7. 计算每个类中的偏离误差 ε_j 和总误差 ε, 并更新聚类中心.

Step8. 若误差 $\varepsilon_j \leqslant \varepsilon$, 程序结束, 否则转向 Step5.

3. 实验结果及分析

实验所设置的环境为: Intel Pentium 4, 2.26GHz, Windows XP, Matlab 7.0. 图 5-8(b)与图 5-8(c)中的检测结果表明: 高斯–拉普拉斯 (LOG) 算子边缘检测的结果能够较好地检测出图像中许多纹理细节, 在图像中形成有意义的边缘点连接. Canny 算子检测的效果也较好, 对图像中纹理细节及灰度值较低区域都能较好地检测出来, 与处理前图像对比, 形状很接近. 从图 5-8(d) 中, 可以看出: 本节介绍的基于蚁群聚类算法的图像边缘检测方法是有效的, 图像检测中采用的参数设置

(a) 原始(lenna)图像

(b) 高斯-拉普拉斯算子

(c) Canny 算子

(d) 蚁群聚类算法

图 5-8 不同算法的边缘检测效果

为 $n = 10$, ant_number$=1000$, $r = 2$, $u = 0.5$, $p_p' = 0.7$, $p_d' = 0.7$, $k^+ = 0.6$, $k^- = 0.6$, $q_1 = 0.7$, $q_2 = 0.3$, nc $= 5$. 由于循环次数较大, 本方法的计算量较大, 算法的处理时间较长, 但检测后的人物图像中许多的纹理细节以及灰度较低部分都能够很好地分割出来, 检测的效果比较显著. 实验结果表明: 基于蚁群聚类算法的图像边缘检测方法是一种比较有效的检测方法.

参 考 文 献

[1] Colorni A, Dorigo M, Maniezzo V. Distributed optimization by ant colonies[A].In Proc.of the First European Conf. on Artificial Life[C].Paris,France:Elsevier, 1991,134–142.

[2] Colorni A, Dorigo M, Maniezzo V.An investigation of some properties of an ant algorithm[C].Proc.of the Parallel Problem Solving from Nature Conference(PPSN'92). Brussels,Belgium:Elsevier Publishing, 1992, 509–520.

[3] Dorigo M, Maniezzo V,Colorni A.Ant system:optimization by a colony of cooperating agents[J].IEEE Trans.on Systems,Man,and Cybernetics,1996,26(1):29–41.

[4] 吴启迪, 汪镭. 智能蚁群算法及应用[M]. 上海：上海科技教育出版社, 2004.

[5] Gutjahr W J. A graph-based ant system and its convergence[J].Future Generation Computer Systems, 2000,16(8):873–888.

[6] Stutzle T, Dorigo M. A short convergence proof for a class of ant colony optimization algorithms[J]. IEEE Transaction on Evolutionary Computation, 2002, 6(4):358–365.

[7] Gutjahr W J. ACO algorithms with guaranteed convergence to the optimal solution[J]. Information Processing Letters, 2002, 82(3):145–153.

[8] 汪定伟, 王俊伟, 王洪峰, 等. 智能优化方法[M]. 北京: 高等教育出版社, 2007.

[9] Badr A, Fahmy A. A proof of convergence for ant algorithms[J]. Information Sciences, 160(1-4):267–279.

[10] 孙焘, 王秀坤, 刘业欣, 等. 一种简单蚂蚁算法及其收敛性分析[J]. 2003, 24(8):1524–1527.

[11] 段海滨, 王道波, 于秀芬. 基本蚁群算法 A.S. 收敛性研究[J]. 应用基础与工程科学学报, 2006, 14(2): 297–301.

[12] 朱庆保. 蚁群优化算法的收敛性分析[J]. 控制与决策,2006, 21(7): 763–766.

[13] 苏兆品, 蒋建国, 梁昌勇, 等. 蚁群算法的几乎处处强收敛性分析[J]. 电子学报, 2009, 37(8): 1646–1650.

[14] 刘锴, 游晓明, 刘升. 蚁群算法的鞅过程及收敛性分析[J]. 华中科技大学学报: 自然科学版, 2013, 41(1): 89–91.

[15] 王崇宝, 庞朝阳. 蚁群算法熵收敛性分析与应用[D]. 成都: 四川师范大学, 2009.

[16] Pang C Y. Vector Quantization and Image Compression[D]. Chengdu: University of Electronic Science and Technology of China, 2002.

[17] 庞朝阳. 向量量化与图像压缩 —— 理伦分析、算法设计. 应用、实现 [D]. 成都: 电子科技大学, 2002.

[18] Stutzle T,Hoos H.1997.Max-Min ant system and local search for the traveling salesman problem[J]. Proc. of 1997 IEEE International Conference on Evolutionary Computation: 309–314.

[19] 吴斌, 史忠植. 一种基于蚁群算法的 TSP 问题分段求解法[J]. 计算机学报, 2001, 24(12): 1328–1333.

[20] 萧蕴诗, 李炳宇. 小窗口蚁群算法[J]. 计算机工程, 2003,29(20):143–145.

[21] 曹浪财, 罗键, 李天成. 智能蚂蚁算法—蚁群算法的改进[J]. 计算机应用研究, 2003,20(10): 62–64.

[22] 张纪会, 高齐圣, 徐心和. 自适应蚁群算法[J]. 控制理论与应用, 2000,17(1):1–8.

[23] 汤可宗, 江新姿, 张磊, 等. 一种求解旅行商问题的改进蚁群算法[J]. 东华理工学院学报: 自然版,2007,30(4):387–389.

[24] 汤可宗. 蚁群聚类算法在图像分割中的应用研究[D]. 镇江: 江苏科技大学, 2008.

[25] 杨欣斌, 孙京浩, 黄道. 基于蚁群聚类算法的离群挖掘方法[J]. 计算机工程应用, 2003, 39(9): 12–14.

[26] Deneubourg J L, Goss S, Franks N, et al. The Dynamics of Collective Sorting: Robet-Like ants and Ant-like Robots[C]//From Animals to Animotes: Proccedings of the First International Conference on Simulation of Adaptive Behavior, MIT Press, 1991: 356–363.

[27] 张惟皎, 刘春煌, 尹晓峰. 蚁群算法在数据挖掘中的应用研究[J]. 计算机工程与应用, 2004, 40(28): 193–197.

[28] 汤可宗, 江新姿, 高尚. 蚁群模糊聚类的图像分割[J]. 计算机工程与设计, 2008, 29(7): 1770–1773.

[29] Maniezzo V, Carbonaro A. An Ants heuristic for the frequency assignment problem[J]. Future Generation Computer Systems, 2000,16(8):927–935.

[30] 陈峻, 沈洁, 秦玲, 陈宏建, 基于分布均匀度的自适应蚁群算法[J]. 软件学报, 2002, 14(8): 1379–1387.

[31] 李勇, 段正澄, 动态蚁群算法求解 TSP 问题[J]. 计算工程与应用, 2003, 39(17): 103–106.

第6章　人工免疫算法

人工免疫算法 (artificial immune algorithm, AIA) 是近几年提出的一种模拟生物免疫系统 (immune systems, IS) 的随机优化方法, 通过模拟生物免疫系统的学习、记忆等功能在动态变化的环境处理中表现出自适应学习、记忆和识别的功能.

随着人们对生物免疫系统认识的不断深入, AIA 已经成为继模糊系统、神经网络和进化算法等之后, 又一个对智能信息处理系统的研究热点, 其成果已经广泛涉及自动控制、模式识别、机器学习、优化设计和网络安全等诸多领域. 本章将对免疫算法的基本原理、分类、算法的组成、执行方式、以及算法的改进实例等进行详细的介绍.

6.1　导　　言

免疫系统是生物 (尤其是脊椎动物和人类) 所必需的抵御外界病毒和细菌入侵的防御机制, 是维持肌体健康的重要生物系统. 人工免疫系统是借鉴和利用生物免疫系统 (以人类免疫系统为主) 的各种原理和机制而发展起来的各类信息处理技术、计算技术及其在工程和科学应用中而产生的各种智能系统的总称. 人工免疫算法的思想来源于生物免疫系统和基因进化机理, 是一种模拟生物免疫系统学习、记忆等功能来进行模式识别和寻优搜索的启发式算法, AIA 作为免疫计算的一种非常重要的形式, 是人工免疫系统研究的主要内容之一.

人工免疫算法是基于免疫系统机理提出的高效的学习和优化算法, 人工免疫算法将抗原和抗体分别对应于优化问题的目标函数和可行解. 把抗体和抗原的亲和力视为可行解与目标函数的匹配程度; 用抗体之间的亲和力保证可行解的多样性, 通过计算抗体期望生存力来促进较优抗体的遗传和变异, 用记忆细胞单元保存择优后的可行解来抑制相似可行解的继续产生并加速搜索到全局最优解. 同时, 当相似问题再次出现时, 能较快产生适应该问题的较优解甚至最优解.

人工免疫算法具有以下特点:

(1) 候选个体的多样性. 产生多样性的候选个体解, 对于优化等问题有希望得到一个全局解.

(2) 学习记忆. 学习记忆以较高速度得到一个全局解, 因为处理以前出现过的抗原的抗体产生更快.

(3) 高效率并行搜索. 免疫算法是一个并行算法, 有高效的求解过程.

最早与免疫算法相关的思想起源可追溯到1958年澳大利亚学者Burnet提出的基于生物抗体的克隆选择学说, 其基本思想[1]: 生物机体内存在多种可识别不同抗原的免疫细胞系, 当抗原入侵生物机体后, 免疫细胞系中的每个免疫细胞通过自身表面的受体识别抗原, 同时免疫细胞进行活化、繁殖、分化、最后形成抗体和免疫记忆细胞. Jerne基于Burnet的克隆选择学说[2], 提出了免疫系统模型, 开创了独特型网络理论. 该理论基于给定的免疫系统的数学分析, 采用微分方程思想来仿真淋巴细胞的动态变化. 独特型网络理论认为, 生物体内的淋巴细胞不是孤立存在的, 不同类的淋巴细胞之间、抗体和抗体之间, 以及抗体和抗原之间都是相互通信的, 它们之间的相互作用在生物机体内形成了一个动态的平衡网络. Farner和Jerner在独特型网络理论基础上提出了免疫系统的动态模型, 其思想是随机产生一组微分方程构建人工免疫系统, 使用适应度阈值过滤的方法删除不满足条件的微分方程, 然后通过交叉、变异、逆转等遗传操作用于微分方程, 从而产生新的微分方程, 重复类似的操作直至找到最合适的一组微分方程. 这种方法应用于机器人路径规划中获得了极大的成功. 此后, 越来越多的学者致力于基于免疫算法的研究. 目前, 基于免疫系统机制开发的各种模型和算法已被广泛应用在科学研究和工程实践领域, 如非线性最优化、自动控制、网络安全、故障诊断、模式识别和图像处理等. 同时, 相关国际学术会议IEEE Systems,Man and Cybernetics和Congress on Evolutionary Computation还分别从1997年、2001年每年举办一届人工免疫系统和免疫算法的专题讨论会议, 从而掀起了继神经网络、进化计算等计算智能领域研究之后的又一个研究热点.

6.2　基　本　原　理

6.2.1　生物免疫系统的基本概念

生物免疫系统[3]是生物为了抵御从体外入侵的细菌、病毒、其他致病因子以及体内因基因突变产生的癌细胞的基本防御系统, 是一个由许多执行免疫功能的器官、组织和分子等组成的实现免疫防卫功能的复杂系统.

在生物的免疫系统中有一些常用术语[3,4].

(1) 免疫 (immune). 是机体识别"自我"和"非我"抗原, 对自身形成天然免疫耐受, 对"非我"抗原产生排异作用的一种生理功能; 在人工免疫算法中抗原主要指待解决问题的目标函数或约束条件.

(2) 免疫应答. 外部有害病原入侵机体并激活免疫细胞, 诱导其发生反应的过程;

(3) 抗原 (antigen). 一种入侵生物免疫系统, 能够被抗体识别的病毒分子;

(4) 抗原的表位 (epitope). 是病毒抗原的决定物质, 吸附在抗原表面能够被淋巴抗体识别.

(5) 抗体 (antibody). 免疫细胞被病毒抗原激活后, 由分化成熟的 B 细胞 ——浆细胞合成分泌的一类能与相应抗原特异性结合的具有免疫功能的球蛋白; 在人工免疫算法中抗体一般指待求解问题的可行解. 由抗体组成的集合就被称为种群.

例如, TSP 问题中有 n 个节点, 编号依次为 $v_1, v_2, \cdots, v_n$. 目标函数为

$$L = \min(\text{len}) \tag{6-1}$$

式中, len 为各个抗体的路径总长度; L 为抗原.

$$\text{len} = \sum_{i=1}^{n-1} d(v_i, v_{i+1}) \tag{6-2}$$

对 n 个节点的任意一组排列, 各个节点的编号组成的字符串即抗体. 如 $n = 10$, 抗体可以为 1378946520, 还可以是 3219870465 等其他随机排列.

(6) 抗体的受体 (paratope). 是抗体决定物质, 吸附在抗体表面能够与抗原的表位结合产生识别作用.

(7) B 细胞 (B-cell). 一种主要的骨髓依赖性淋巴免疫细胞, 在被抗原激活后产生抗体, 可消灭抗原.

(8) T 细胞 (T-cell). 对 B 细胞进行调节, 并对抗原进行攻击.

(9) 抗体的独特性 (idiotope). 在抗体可变区内的胺酸类物质, 可与抗体相结合.

(10) 亲和力 (affinity). 抗原的表位与抗体的受体之间的结合力, 亲和力越大, 表明抗体越适应抗原, 越能很好地消灭抗原, 反映了抗体与抗原之间的匹配程度, 是得到最优解的评价标准. 在人工免疫系统中, 这种匹配程度对应的是目标函数值或候选问题的适应度.

针对待求解的问题应当合理的设计亲和力计算公式, 合理的设计有助于算法的快速收敛和解的准确程度. 在 TSP 问题中, 亲和力计算公式可以设计为

$$f(\pi_i) = \frac{76.5 L \sqrt{N}}{D_{\pi_i}} \tag{6-3}$$

式中, L 为包含所有城市的最小正方形的边长; N 为城市数目; D_{π_i} 为在排列 π_i 下的路径总长.

(11) 匹配 (match). 抗原的表位与抗体的受体之间的结合, 结合得越紧密, 表明亲和力越大.

(12) 人工免疫算子. 典型的人工免疫算子包含交叉算子、变异算子、逆转算

子、克隆算子等. 这些算子通过作用在抗体上, 使在被选择的抗体中得到更多抗体, 保持抗体的多样性, 防止局部最优化.

(13) 抗体种群. 由得到的抗体组成的群体. 在人工免疫算法中, 由初始抗体组成的种群称为初始种群, 在对抗体进行了人工免疫算子操作后会更新种群, 将亲和力高的抗体加入种群中, 它可以保持种群的多样性, 以及求解过程中的最优解.

6.2.2 免疫系统的功能原理

免疫系统 (immune system) 是由免疫器官、免疫细胞、免疫分子共同构成的[5,6]. 如图 6-1 所示. 其中, 免疫器官是免疫细胞发育成熟和发挥免疫功能的场所, 而免疫细胞和免疫分子则是识别、抵御、消灭抗原的主要物质, 同时, 这 3 个部分相互作用, 共同完成免疫系统识别体内细胞, 将其归类为 "自我" 和 "非我", 并引发适当的防卫机制祛除 "非我" 的免疫应答功能. "自我" 对应于机体自身的组织; "非我" 对应于外来有害病原或者体内病变组织. 免疫应答主要由分布在生物全身的免疫细胞来实现, 免疫细胞泛指所有参与免疫应答过程的相关细胞, 包括巨噬细胞、自然杀伤细胞、淋巴细胞等. 淋巴细胞又分为 B 细胞和 T 细胞, B 细胞的主要功能是产生抗体, 而每个 B 细胞只产生一种抗体, 免疫系统主要依靠抗体来对入侵抗原进行攻击以保护有机体, 而 T 细胞的主要功能则是调节 B 细胞的活动或直接对抗原实施攻击. 成熟的 B 细胞产生于骨髓中, 成熟的 T 细胞产生于胸腺中. B 细胞和 T 细胞成熟之后进行克隆增殖, 分化并表达功能. 这两种淋巴细胞共同作用并相互影响和控制, 共同形成了机体内部高度严密的免疫网络.

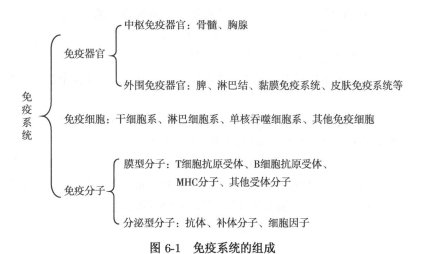

图 6-1　免疫系统的组成

　　根据形成和作用特点的不同, 免疫应答可分为先天性免疫和获得性免疫两大类. 先天性免疫又称为非特异性免疫, 是机体在长期物种发育和进化过程中逐渐形成的一种天然防御功能, 经遗传获得且天生具有, 如皮肤、黏膜和分泌物等, 以防御多种病菌的能力, 没有特殊针对性, 是机体抗感染免疫的 "前锋", 是生物体抵御外来抗原性物质侵袭的每一道防线, 其表现形式是直接将抗原性异物吞噬清除, 不需要借助其他辅助措施. 获得性免疫又称为特异性免疫, 它是个体在生命过程中受抗原物质刺激后主动产生或接受免疫效应后分子被动获得的, 通过免疫系统的免疫应答来防御病菌, 具有针对性, 即每一种抗体只能对付一种抗原. 此类免疫的任务主要是由淋巴细胞完成的. 获得性免疫应答又可分为体液免疫应答和细胞免疫应答, 分别由 B 细胞和 T 细胞介导. 获得性免疫应答根据对抗原作出反应的时间又可分为初次免疫应答和二次免疫应答. 当生物体首次遇到某种抗原时作出的反应就是初次免疫应答, 初次应答对抗原的学习识别需经历较长的时间, 应答速度慢. 首次应答结束后, 生物机体内会存在着一定数量的抗体, 当生物体再次出现相同的抗原异物时, 体内的免疫系统会被激活, 将此类抗原异物清除. 这就是所谓的二次免疫应答. 初次免疫应答是二次免疫应答的基础, 二次免疫应答由于不需要学习, 因此反应速度较快.

6.2.3　人工免疫算法基本流程

　　人工免疫算法以求解 TSP 问题为例, 其基本步骤[5] 描述如下:

　　Step1. 输入抗原并确定抗体的编码形式. 抗原一般为待求解问题的目标函数和约束条件, 抗体的编码形式是由程序员根据实际情况设定的, 通常为一串字符串.

　　Step2. 产生初始种群. 初始种群是由按照一定规则产生的第一批抗体组成的, 例如, 按照字符串的随机排列生成若干初始抗体.

　　Step3. 计算抗体亲和力. 分别按照亲和力计算公式, 计算各个抗体与抗原的亲和力.

　　Step4. 抗体选择. 按照 "优胜劣汰" 的原则, 在新产生的若干个抗体中, 选出与抗原匹配好的抗体 (即亲和力高的抗体) 更新种群.

　　Step5. 产生新抗体并计算新抗体的亲和力. 构造适当的人工免疫算子, 使抗体通过人工免疫算子的作用产生新的抗体, 并计算新抗体的亲和力. 如果新抗体中有满足结束条件的最优解时输出最优解, 若没有则继续执行 Step3.

　　人工免疫算法流程如图 6-2 所示.

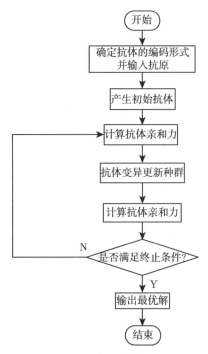

图 6-2　人工免疫算法流程图

6.3　免疫算法的分类

从广义的角度而言, 凡是具有生物免疫系统独有的学习、记忆、识别和动态平衡等功能的算法都可以称为免疫算法. 随着人们对免疫学的深入研究, 以及其他的优秀生物机理不断融入免疫算法中, 免疫算法的功能和种类也随之不断增强和扩大. 目前, 对免疫算法的分类可从依据的原理划分为基于信息熵的免疫算法、基于免疫特性的否定选择算法、基于克隆选择学说的克隆选择算法、基于免疫网络理论的免疫算法和基于疫苗的免疫规划算法, 下面对这些算法进行详细介绍.

6.3.1　基于信息熵的免疫算法

熵作为不确定性方法的一种重要概念, 描述系统内部的混乱程度. 在基于信息熵的免疫算法中, 抗体之间的亲和程度用信息熵表示, 抗原对应着待求解问题的目标函数或目标函数的某种变形, 抗体对应着搜索区域中的每个可行解. 假定初始种群有 N 个抗体, 每个抗体由 M 个基因位组成, 每位基因的取值来自于 S 个字符 $(k_1, k_2, \cdots, k_S)$ 的某一位, 则 x 个抗体的信息熵表示为

$$H(x) = \frac{1}{M} \sum_{j=1}^{M} H_j(x), \ x \in [2, N] \tag{6-4}$$

式中, $H_j(x) = \sum\limits_{i=1}^{S} (-P_{ij} \log P_{ij})$, 代表抗体中第 j 位的信息熵; P_{ij} 表示第 j 位是 k_i 的概率, 即

$$P_{ij} = \frac{\text{第} j \text{个基因位上出现符号} k_i \text{的总个数}}{x} \qquad (6\text{-}5)$$

因此, 如果参与比较的 x 个抗体在基因位 j 上的字符都相同, 则 $H_j(x) = 0$.

如果 $x = 2$, 则任意两个抗体 v 与 w 之间的亲和度可表示为

$$A_{v,w} = \frac{1}{1 + H(2)} \qquad (v, w \in N) \qquad (6\text{-}6)$$

$A_{v,w}$ 的取值范围为 $(0,1]$, 其值越大表示两个抗体基因相似度越高. $A_{v,w} = 1$ 表示两个抗体的编码基因完全相同.

抗体与抗原之间的亲和度是指两者间的匹配程度, 即算法产生的解代入目标函数后的值. 抗体与抗原之间的匹配程度越高, 则抗体对应着解越接近最优解. 例如, 在车间调度作业中, 常常用产品的加工时间 (makespan) 作为衡量调度的优劣标准, 加工时间越短, 调度计划越优秀, 反之, 加工时间越长, 则调度计划越差. 在此, 抗体和抗原间的亲和度表示为

$$A_v = \frac{1}{1 + \text{makespan}} \qquad (v \in N) \qquad (6\text{-}7)$$

在对种群进行评价时, 常用抗体的浓度和期望繁殖率作为评价标准, 一个抗体在种群中的浓度越大意味着这个抗体的数量越多, 在种群中所占的比例也就越大. 此时, 抗体的浓度过大会造成种群的多样性损失过快, 使得算法易于陷入局部最优解. 为平衡种群中的抗体浓度, 可以引入一个阈值, 当浓度超过这个值时, 需要抑制这类抗体的生成, 这一过程的公式化形式如下

$$R_v = \frac{1}{N} \sum_{w=1}^{N} K_{vw}, \ v, w \in N \qquad (6\text{-}8)$$

式中, $K_{vw} = \begin{cases} 1 & (ay_{vw} \geqslant T) \\ 0 & (ay_{vw} < T) \end{cases}$, T 为阈值; 抗体 v 的期望繁殖率为

$$E_v = \frac{A_v}{R} \bigg| \ (v \in N) \qquad (6\text{-}9)$$

基于信息熵的免疫算法的步骤[6] 描述如下:

Step1. 生成初始抗体种群. 随机生成初始抗体种群. 检查记忆细胞库, 如果不为空, 则和随机生成的初始抗体种群一起组成新的初始抗体种群.

Step2. 计算抗体种群中的亲和度. 根据式 (6-6) 和式 (6-7) 分别计算抗体和抗体之间的相似度, 以及抗体和抗原之间的亲和度, 然后计算每个抗体的期望繁殖率.

Step3. 更新记忆单元细胞. 将抗体和记忆细胞中的抗体比较, 亲和度大的抗体取代记忆细胞中较差的个体.

Step4. 抗体种群多样性的调节. 按照式 (6-9) 计算每个抗体的期望繁殖率, 将抗体种群中每个抗体按照对应的期望繁殖率排序. 个体期望繁殖率低的将受到抑制, 反之, 亲和度大的抗体以及浓度较低的抗体生存概率较大.

Step5. 种群更新. 对抗体种群进行选择、交叉、变异等操作产生新的抗体种群, 该新种群和记忆细胞库中的记忆抗体共同构成新的抗体种群.

Step6. 检查算法是否满足指定的终止条件. 若满足, 则输出结果, 算法执行结束; 否则跳转到 Step2.

图 6-3 为基于信息熵的免疫算法流程图.

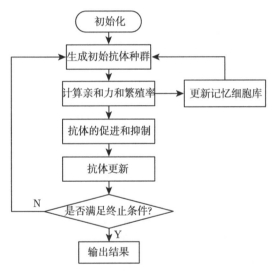

图 6-3　基于信息熵的免疫算法流程图

6.3.2　基于免疫特性的否定选择算法

计算机的安全问题与生物免疫系统所遇到的问题具有高度的相似性, 两者都需要在不断变化的环境中维持系统的稳定性. 由于免疫系统对待求解问题具有分布式、灵活性、自适应性和鲁棒性的解决方式, 而这种解决方式也正是计算机安全领域所期望的. Forrest 等根据免疫系统识别自己和非己的免疫耐受过程, 研究了一种用于检测数据变化的否定选择算法. 以骨髓中生成的 T 细胞为例, 它在胸腺中成熟, 但由于它的产生是通过随机重组来实现的, 那么新产生的 T 细胞就有可能会与自身细胞发生反应, 对机体造成伤害. 为了避免这种现象的发生, T 细胞在被释放之前会经历一个阴性选择的过程, 与自身成分发生反应的 T 细胞死亡, 而只有不与自身成分发生反应的 T 细胞才存活下来发挥免疫细胞的功能. 否定选择算法 (negative selection algorithm, NSA) 正是对这种免疫机制的模拟. 该算法的实施按以下两个阶段进行.

　　首先是学习阶段. 如图 6-4(a) 所示, 随机生成一个字符串 X, 依次与受保护的字符串集合 $S = \{S_i | i = 1, 2, n\}$ 中的字符串比较, 若 X 与某个 S_i 相匹配, 则 X 不具有保护性, 此时丢弃 X, 并重新生成字符串 X. 如果 X 与 S 的所有字符串都不相匹配, 则说明 X 具有保护性, 将 X 纳入监测器集合 R. 如果 R 中的数量达到指定要求, 则停止学习, 否则重复上述操作, 重新生成字符串 X, 测试 X 是否能被纳入监测器.

　　其次是识别保护阶段. 如图 6-4(b) 所示, 从受保护的字符串 S 中随机取出一个字符串 S_i, 如果 S_i 与当前的监测器 R 中的任一字符串都不匹配, 则当前的字符串 S_i 是属于 "自己" 状态, 意味着 S_i 未发生变化; 否则, S_i 是 "非己" 状态, 意味着 S_i 已经发生变化. S_i 的变化表明被保护的数据 S 已经发生了变动, 可以采取报警处理方式.

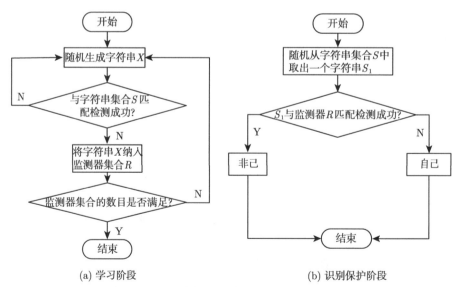

图 6-4　否定选择算法

6.3.3　基于克隆选择学说的克隆选择算法

　　1959 年著名的免疫学家 Burnet 提出克隆选择学说, 指出人体内存在 $10^5 \sim 10^7$ 个具有免疫活性的细胞克隆, 每一克隆细胞都具有特异的功能与其相应抗原决定簇起反应的受体. 克隆选择学说认为, 当淋巴细胞实现对抗原的识别 (即抗体和抗原的亲和度超过一定阈值) 时, B 细胞被激活并增殖复制产生 B 细胞克隆, 随后克隆细胞经历变异过程, 产生对抗原具有特异性的抗体. 克隆选择理论描述了获得性免疫的基本特性, 并且声明只有成功识别抗原的免疫细胞才可以增殖. 经历变异后的免疫细胞分化为效应细胞 (抗体) 和记忆细胞两种. Castro 在免疫系统的克隆选择学说的基础上, 提出了一种模拟免疫系统的学习过程的进化算法——克隆选择算法 (clone selection algorithms, CSA). 克隆选择算法中待求解的问题被映射为抗原, 问题的解被映射为抗体, 克隆选择算法主要涉及免疫机制有选择和变异两种, 算法的主要流程如图 6-5 所示, 它分为 6 个过程. 首先, 随机生成初始解集 P, P 是保留群体 P_r 和记忆细胞集合 M 的组成. 其次, 计算每个抗体和抗原之间的亲和力值, 按照亲和力从大到小排序择优选出 n 个最优抗体. 紧接着, 克隆复制这 n 个最优抗体, 克隆的规模与每个抗体的亲和力呈正比关系, 即每个抗体克隆复制的比例随着亲和力的增大而增大. 对克隆后产生的抗体群进行变异, 每个抗体的变异概率与它的亲和力呈反比关系. 在经历选择、克隆、变异等操作后形成了新一代抗体种群 C^*, 若 C^* 满足算法执行结束条件, 则算法执行终止, 否则根据抗体的浓度从 C^* 选择 N_d 个新抗体替换集合 P_r 中的部分抗体.

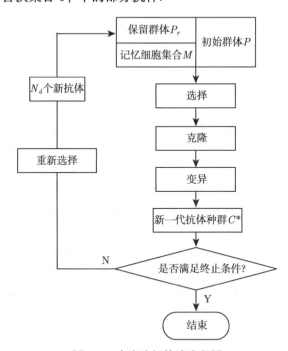

图 6-5　克隆选择算法流程图

克隆选择的主要特征是免疫细胞在抗原刺激下产生克隆增殖, 随后通过遗传变异分化为多样性抗体细胞和记忆细胞. 克隆选择对应着一个亲和力成熟的过程, 即对抗原亲和力较低的个体在克隆选择机制的作用下, 经历增殖复制和变异操作后, 其亲和力逐步提高而 "成熟" 的过程. 因此亲和力成熟本质上是一个达尔文式的选择和变异的过程. 因此, 克隆选择原理是通过采用交叉、变异等遗传算子和相应的群体控制机制实现.

6.3.4　基于免疫网络理论的免疫算法

Timmis 和 Neal 首先提出网络理论模型, 建立了人工免疫网络. 人工免疫网络是一种受免疫网络理论概念和思想启发的计算模型, 主要探索了 B 细胞之间的相互作用、克隆和变异过程. 围绕免疫网络理论开发的模型比较有影响的主要有 2 个[7]: 资源受限人工免疫系统 (resource limited artificial immune system, RLAIS) 和进化人工免疫网络 (AiNet).

RLAIS 基于对 B 细胞的功能模拟, 构造了功能类似的人工识别球 (artificial recognition ball, ARB). 这些 ARB 受环境有限资源的限制. 抗原空间的相邻或者相似 ARB 间用有权边连接, 形成一系列独立的网络结构. 一般来讲, ARB 之间和 ARB 与抗原之间的亲和度 (相似度) 用欧氏距离度量. 参数 a_n 定义了抗原间的平均距离, 如果两个 ARB 之间的亲和度低于阈值 a_n, 则用边连接. 当人工免疫网络搭建好后, 考虑网络上各节点之间的关系. 类比自然免疫系统, 认为 ARB 受到的刺激包括: 抗原的主要刺激 gs、邻近抗体的刺激 ds 以及邻近抗体的抑制 nr. 根据刺激和抑制的平衡关系, 可以利用下式来确定抗体的克隆数目 Ns:

$$Ns = gs + ds - nr = \sum_{x=0}^{a} (1 - bs_x) + \sum_{x=0}^{n} (1 - dis_x) - \sum_{x=0}^{n} (dis_x)$$

式中, bs_x 是 ARB 和第 x 个抗原在数据空间中的距离; dis_x 是第 x 个邻近者与 ARB 的距离. 资源数量是根据 ARB 的激活程度来分配的. 如果 ARB 的激活程度大于给定的阈值, 则会被克隆变异, 但如果其激活程度较低, 则有可能因分配不到资源而被移除.

进化人工免疫网络 (AiNet) 是 de Castro 受独特型免疫调节网络的启发而构造的. 该算法模拟免疫网络应对抗原刺激的过程, 把抗体对抗原的识别、免疫克隆增殖、亲和力成熟以及网络抑制等各方面的因素都考虑在内. 免疫网络采用非全连接的赋权无向图表示. 该网络模型认为, 针对每一个存在的抗原模式, 克隆免疫响应存在克隆压缩和网络压缩两个压缩步骤. 克隆压缩用于除去自识细胞, 而网络压缩则用于去除高相似度的细胞, 其网络结构为变化率 = 流入的新细胞 − 死去的无刺激细胞 + 复制的刺激细胞. 细胞数目的新增是由网络固有单元决定的, 减去不受刺激死去的细胞再加上复制细胞为补充, 压缩了自识细胞. AiNet 采用连接强度矩阵度量网络单元的亲和力, 可以利用进化策略控制免疫网络的动态性和可塑性.

6.3.5 基于疫苗的免疫规划算法

王磊[8] 为了充分利用问题自身所特有的先验知识, 提出了一种基于免疫系统的免疫规划算法. 在此种免疫算法中, 主要是通过利用待求解问题中的一些特征信息或知识来抑制算法在优化过程中出现的退化现象. 这些和问题相关的特征信息, 称为免疫疫苗. 并且, 这里的抗原是指所有可能错误的基因, 即非最佳个体的基因. 抗体是指根据疫苗修正某个个体的基因所得到的新个体. 其中, 根据疫苗修正个体基因的过程即接种疫苗 (vaccinarion). 整个算法通过前期提取疫苗, 后期注射疫苗来完成问题的求解.

免疫规划算法的执行步骤为:

Step1. 随机产生初始父代种群 A_l;

Step2. 根据先验知识抽取疫苗;

Step3. 若当前群体中包含最佳个体, 则算法停止运行并输出结果; 否则, 转向 Step4;

Step4. 对于目前的第 k 代父体种群 A_k 进行交叉操作, 得到种群 B_k;

Step5. 对 B_k 进行变异操作, 得到种群 C_k;

Step6. 对 C_k 进行接种疫苗操作, 得到种群 D_k;

Step7. 对 D_k 进行免疫选择操作, 得到新一代父本 A_{k+1}, 转向 Step3.

免疫规划算法的流程如图 6-6 所示.

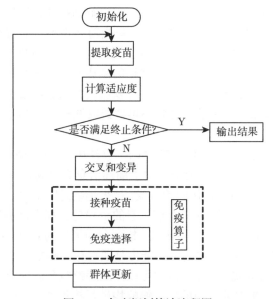

图 6-6 免疫规划算法流程图

图 6-6 中, 免疫算子是由接种疫苗和免疫选择 2 部分操作组成的. 设有一个

体 x, 给 x 接种疫苗是指按照先验知识来修改个体某些基因位上的基因或其分量, 使所得个体以较大的概率具有更高的适应度. 设有种群 $X = (x_1, x_2, \cdots, x_n)$, 对 X 接种疫苗是指在 X 中按比例 a 随机抽取 $\eta = aX$ 个个体进行的接种操作. 而免疫选择则一般分为 2 步完成: 第一步是免疫检测, 即对接种了疫苗的个体进行检测, 若其适应度仍不如父代, 说明在交叉、变异的过程中出现了严重的退化现象. 这时, 该个体将被父代中所对应的个体取代; 第二步是退火选择, 即在目前的子代群

体 $X = (x_1, x_2, \cdots, x_n)$ 中以某一概率 $P(x_i) = \dfrac{\mathrm{e}^{\frac{f(x_i)}{T_k}}}{\sum\limits_{i=1}^{n} \mathrm{e}^{\frac{f(x_i)}{T_k}}}$ 选择个体 x_i 进入新的父

代个体. 其中, $f(x_i)$ 为个体 x_i 的适应度, $\{T_k\}$ 是趋近于 0 的温度控制序列. 在免疫策略中, 免疫选择仅指免疫检测而没有退化选择.

6.4　实 例 分 析

6.4.1　免疫算法与蚁群算法的混合

1. 基本思想

将免疫算法中疫苗的思想与蚁群算法相结合, 通过给蚂蚁接种疫苗, 使蚂蚁具有 "免疫" 的能力. 首先分析待求解问题, 得到和问题相关的先验知识, 把这些知识当作疫苗提取出来. 当蚂蚁在一次循环中完成解路径的构造后, 将提取出来的疫苗 "注射" 进入蚂蚁体内, 来修正解路径中与先验知识不符的解特征, 从而提高蚂蚁得到解的质量. 被疫苗修正过的解, 再应用信息素更新规则, 反作用于环境, 影响蚂蚁以后的搜索过程. 由于经过疫苗修正的解质量高于未修正的解, 这些高质量的解可以营造一种优良的搜索环境, 从而可以加快算法的收敛速度. 由于接种了疫苗, 那些不满足先验知识特征的路径将不再被蚂蚁选择, 这样也有效地避免了蚂蚁陷入局部最小.

下面将免疫的思想引入蚁群系统 (ACS) 算法中, 介绍一种蚁群算法与免疫算法混合的算法[3]. 在 ACS 中, 由于增加了局部信息素更新规则, 使得曾经被蚂蚁访问过的路径在下一次被蚂蚁访问的时候, 越来越缺乏吸引力, 间接地使蚂蚁更倾向于搜索还未访问过的路径. 而只有信息素的全局更新规则提供信息素增量, 并且全局信息素更新规则只应用于精英蚂蚁 (找到全局最优的蚂蚁), 这也就是说, 只有精英蚂蚁提供信息素增量, 种群的寻优能力是通过精英蚂蚁的引导而得的. 如果在算法中增加了接种疫苗这一操作, 虽然可以提高蚂蚁找到解的质量, 但势必会使算法增加运行时间. 如果对蚁群中的所有蚂蚁均进行接种疫苗, 不仅会消耗大量的时间, 而且很有可能会造成算法的时间效率降低. 既然蚁群系统中精英蚂蚁对蚁群的搜索方向起决定性作用, 而参与全局最优解竞争的只有每一代中的最优解, 于是可

以考虑采取仅对当代的最优蚂蚁接种疫苗的策略, 这与对所有蚂蚁均接种疫苗相比, 不仅可以大大缩短算法的运行时间, 而且可以达到与全体接种疫苗相同的寻优效果.

2. 混合算法流程

下面给出仅对当代的最优蚂蚁进行疫苗接种的新算法主要步骤:

Step1. 初始化信息素分布等参数;

Step2. 根据问题的先验知识提取疫苗;

Step3. 将蚂蚁随机地置于任一节点上;

Step4. 每只蚂蚁通过重复地应用状态转移规则 (伪随机概率转移规则) 建立一个路径, 并且在建立路径的过程中, 蚂蚁每走一步, 都应用局部信息素更新规则对刚走过的路径进行信息素量的修改, 直至所有蚂蚁均完成解路径的构造;

Step5. 记录本次迭代产生的最优解;

Step6. 对当代的最优解路径接种疫苗;

Step7. 应用全局信息素更新规则;

Step8. 判断是否满足算法的终止条件, 如满足则算法停止; 否则, 转向 Step3.

混合算法流程图如图 6-7 所示.

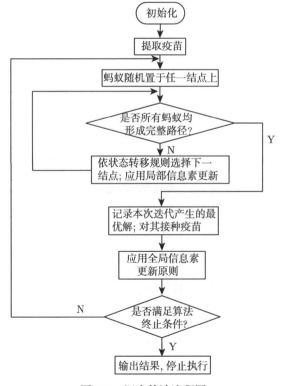

图 6-7　混合算法流程图

3. 仿真实验与分析

下面将蚁群和免疫的混合算法应用于TSP问题进行仿真实验, 来检验新算法的性能.

1) 免疫疫苗的提取和接种

文献[3]提出并证明了 TSP 问题的一个特性, 即 TSP 问题的最优解是一个不含交叉路线的闭合回路. 这一特性是 TSP 问题的特有特征, 可以将其看作疫苗提取出来. 当蚂蚁构造完解后, 通过接种疫苗来修正非优解, 从而提高解的质量.

接种疫苗分为两步, 即判定交叉存在、消除交叉路线.

(1) 判定交叉.

对于蚂蚁搜索形成的解, 首先应判断交叉路线是否存在.

判定交叉的规则[3]: 在一般情况下, 若两条线段不交叉, 即两条线段没有公共点, 则其中一条线段的两个顶点必然处在另一条线段的同一侧, 即可以在两条线段之间划一条直线, 使两条线段分别位于直线的两边, 其中任意一条线段与直线没有任何交点, 如图 6-8 所示.

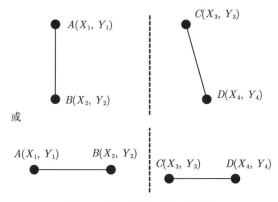

图 6-8　两线段不相交示意图

设交叉路径的 4 个顶点的坐标为 (X_1, Y_1)、(X_2, Y_2)、(X_3, Y_3)、(X_4, Y_4), 则两线段的直线方程分别为

线段 AB:
$$\begin{cases} X = X_1 + (X_2 - X_1) \times k_1 \\ Y = Y_1 + (Y_2 - Y_1) \times k_1 \end{cases} , 0 \leqslant k_1 \leqslant 1 \tag{6-10}$$

线段 CD:
$$\begin{cases} X = X_3 + (X_4 - X_3) \times k_2 \\ Y = Y_3 + (Y_4 - Y_3) \times k_2 \end{cases} , 0 \leqslant k_2 \leqslant 1 \tag{6-11}$$

设 $D = \begin{vmatrix} X_2 - X_1 & X_3 - X_4 \\ Y_2 - Y_1 & Y_3 - Y_4 \end{vmatrix}$

当 $D = 0$ 时两线段 AB、CD 平行或重合, 则视为无交点.

当 $D \neq 0$ 时

$$k_1 = \frac{1}{D} \begin{vmatrix} X_3 - X_1 & X_3 - X_4 \\ Y_3 - Y_1 & Y_3 - Y_4 \end{vmatrix} \tag{6-12}$$

$$k_2 = \frac{1}{D} \begin{vmatrix} X_2 - X_1 & X_3 - X_1 \\ Y_2 - Y_1 & Y_3 - Y_1 \end{vmatrix} \tag{6-13}$$

当 $0 \leqslant k_1 \leqslant 1$ 且 $0 \leqslant k_2 \leqslant 1$ 时, 线段 AB、CD 才有交点. 反之, 则视线段 AB、CD 无交点.

(2) 消除交叉

假设蚂蚁构造的路径中存在如图 6-9 所示的路径片断 $ABCD$. 线段 AB、CD 形成交叉路线.

图 6-9　蚂蚁所走路径片断示意图

消除线段 AB、CD 交叉线段的主要步骤如下:

Step1. 从路径的起点开始, 依次遍历每个节点, 直至遇到 A 点;

Step2. 连接 A 点到 C 点, 将 BC 之间的路径的方向反向;

Step3. 将 B 点连接到 D 点;

Step4. 将 D 点往后的路径序列顺序保持不变.

经过这种消除交叉的方法, 图 6-9 中路径变成图 6-10 所示.

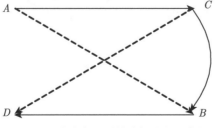

图 6-10　消除交叉后的路径片断示意图

这种消除交叉的方法, 保留了产生交叉路径片断的起点 A 和终点 D, 只改变了存在交叉两线段四个顶点的连接顺序, 并且对于这四个顶点之外的节点连接顺序采取倒置, 很好地保留其他路径的连接信息, 最大程度地保留了原有解的有效信息.

将上述消除交叉的方法作为疫苗注射给蚂蚁个体, 使蚂蚁具有自主修正路径中存在的交叉线段的能力, 帮助提高蚂蚁寻找最优解的能力, 从而提高算法的寻优效率.

具有消除交叉这一免疫能力的蚂蚁算法, 求解 TSP 问题的流程: 初始化参数, 将蚂蚁随机地置于任一城市节点上; 每只蚂蚁通过重复地应用状态转移规则建立一个路径, 并应用局部信息素更新规则, 直至所有蚂蚁均完成解路径的构造; 找出当代的最优解, 对其接种消除交叉路径的疫苗, 即利用上述消除交叉的方法, 消除最优解中存在的交叉片段. 然后应用全局信息素更新规则; 判断是否满足算法的终止条件, 如满足则算法停止; 否则, 整个蚁群开始新一轮的迭代.

2) 混合算法的测试结果

为了检验算法的有效性, 本书选用 Oliver30 作为实验例子来研究. 混合算法参数: $\alpha = 1.5$, $m = 30$, $\beta = 2$, $\rho = 0.9$, 迭代次数为 50 次, 混合算法测试 20 次, 结果如表 6-1 所示. 图 6-11 是混合算法最好的解, 总路程为 424.6354. 图 6-12 是蚁群算法与具有免疫能力的蚁群算法在 50 次迭代中路程值的比较. 从图表中可以明显看出, 混合算法的解要优于单一的蚁群算法的解.

表 6-1　算法测试结果

算法	Oliver30		
	平均值	最好解	最差解
基本蚁群算法	444.1285	429.4288	464.2592
混合算法	433.2404	424.6354	446.5536

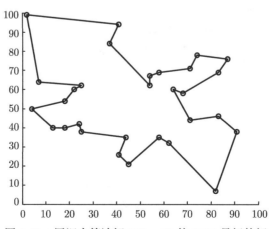

图 6-11　用混合算法解 Oliver30 的 TSP 最好的解

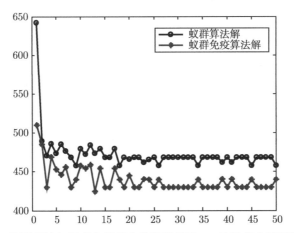

图 6-12 蚁群算法与具有免疫能力的蚁群算法 50 次迭代中路程值的比较

6.4.2 基于免疫算法的图像分割方法

图像分割依靠图像数据的特征阈值将图像划分为目标和背景区域, 是一种数据驱动分割方法, 其难点在于如何选择阈值. 在此, 将待分割的图像视为入侵抗原集合 $X = \{X_1, X_2, \cdots, X_n\}$, 其中, X 表示整幅图像, $X_i (1 \leqslant i \leqslant n)$ 表示待分割的图像区域. 免疫算法使用克隆选择算法, 由克隆选择算法对图像 X 分割得到的最优阈值被视为针对入侵抗原 X_i 产生的对应抗体. 而抗体被看作遗传操作中的染色体, 采用符号集 $\{0,1\}$ 的 8 位二进制编码方案.

1. 记忆细胞库

对于每一个抗原, 使用 0 和 1 分别对应的图像区域的无需分割和需要分割. 抗原的特征参数包括灰度直方图、最大和最小灰度、平均灰度值. 本书中设定记忆细胞集合 M 中的抗体数量为 10, 保留群体 P_r 中的抗体数量为 10, 在每一代抗体群体更新时, 按适应度高低排序, 适应度值较高的前 N_d 个抗体依次进入记忆细胞库, 若记忆细胞库中的抗体数量满额, 则替换适应度最差的抗体. 为维持记忆细胞库的多样性, 应尽量避免相同的记忆抗体. 记忆细胞库的结构如图 6-13 所示.

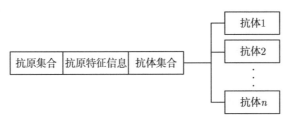

图 6-13 记忆细胞库的结构

2. 产生初始种群

实验中设定种群的规模为 $N = 20$. 当有抗原入侵时, 首先判定抗原的类别特征, 然后根据特征信息与记忆细胞库中的抗原做匹配检测. 如果是非已知抗原, 则初始抗体群体全部随机产生; 如果是已知抗原, 种群中的 10 个抗体全部来自记忆细胞库中的抗体, 为维持种群的多样性, 其余的 10 个抗体由随机方式产生.

3. 抗体种群的进化过程

克隆选择算法中的选择进制最初采用适应度排序, 由高到低排序择优选取出抗体进行克隆操作, 这样虽有利于加快局部最优抗体的产生, 但同时抗体多样性的损失过快不利于全局最优抗体的产生. 为此, 选择操作使用基于浓度的轮盘赌选择机制, 抗体 Ab_i 的浓度根据使用下述计算方式确定

$$C_i = \frac{\#\{Ab_j \mid |f(Ab_j) - f(Ab_i)| < \lambda\}}{\lambda}$$

抗体的优劣评价选用 Otsu 法的评价准则. Otsu 法是基于阈值 t 将图像划分为目标和背景两类, 最大类间方差对应的阈值为最优阈值 t^*.

$$\begin{cases} \sigma_b^2(t^*) = \max\limits_{t \in (0, l-1)} \sigma_b^2(t) \\ \sigma_b^2(t) = w_0(t) w_1(t) (m_1(t) - m_0(t))^2 \end{cases}$$

式中, $\sigma_b^2(t)$ 为类间方差; $w_0(t)$ 和 $w_1(t)$ 分别为目标和背景的概率和; m_0 和 m_1 分别为目标和背景的平均灰度均值.

变异方式使用二进制翻转变异方法, 从染色体中任选一位基因反转位值. 变异是一种很小的扰动, 变异概率设定为 0.05. 抗体的变异不仅有利于快速搜索, 更有利于避免搜索陷入局部最优区域. 为了使变异后的抗体表现出较高的亲和力, 可以将变异的抗体分为两类, 设定一个阈值 φ, 亲和度值小于 φ 的抗体, 变异为发生低 4 位中的任一位. 反之, 在高 4 位进行变异. 如图 6-14 所示.

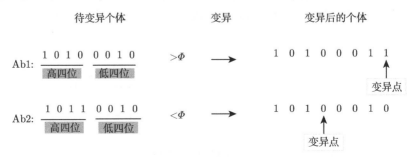

图 6-14　抗体变异过程

4. 仿真实验及分析

实验采用国际标准测试图像 Cameraman 对比不同方法间的分割效果. 图 6-15(a) 是标准测试图像, 图 6-15(b) 是其对应的直方图. 从图 6-15(c) 和图 6-15(d) 分割效果对比可知, 基于免疫算法的图像分割方法与 Otsu 法所得到的图像分割效果有着较显著的差别. 对于这两种方法, 虽然图像中的许多边缘细节部分都能够被较好地识别出来, 但基于免疫算法的图像分割方法表现出来的分割效果能够对人物及背景中的建筑物体形成较明显的边缘检测. 对于 Otsu 法, 图像的分割效果在草坪的分割显得相对较弱些, 但也能够较好地从图像中分离出人物及部分建筑物体, 形成较清晰的物体边缘轮廓连线.

(a) 标准测试图像

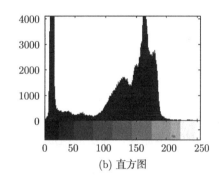
(b) 直方图

(c) Otsu法

(d) 基于免疫算法的图像分割方法

图 6-15　Cameraman 的分割效果

参 考 文 献

[1] 蒋小兵. 基于免疫算法的 PCB 布线系统优化[D]. 南宁: 广西大学, 2013.

[2] Jerne N K. The immune system[J]. Scientific American, 1973, 229(1):51–60.

[3] 江新姿. 蚁群算法与其他算法的混合[D]. 镇江: 江苏科技大学, 2008.

[4] 陈蒂. 基于人工免疫-蚁群混合算法的 WSN 路径优化研究[D]. 武汉: 武汉工程大学, 2013.

[5] 李茂军, 舒宜, 童调生. 旅行商问题的人工免疫算法[J]. 计算机科学, 2003,30(3): 80–89.

[6] 吴进波. 免疫算法和模拟退火算法求解 TSP 问题的研究[D]. 武汉: 武汉理工大学, 2007.

[7] 吕岗. 免疫算法及其应用研究[D]. 北京: 中国矿业大学,2003.

[8] 王磊. 免疫进化计算理论及应用[D]. 西安: 西安电子科技大学, 2001.

第7章 文 化 算 法

文化算法 (cultural algorithm, CA) 是 Reynolds 受文化对人类进化的影响于 1994 年提出的一种双层进化机制. CA 作为一种新的进化计算方法, 除了传统进化计算方法拥有的群体空间之外, 还增加了信念空间、融入了知识的概念、从而加速了整个群体的进化过程.

从结构上看, 文化算法由群体空间和信念空间两部分组成. 群体空间和信念空间是两个相对独立的进化空间, 它们之间通过通信协议来完成彼此之间的交流. 从进化层面上看, 文化算法是一种双重遗传进化算法, 分别从微观和宏观两个层面来完成整个群体的进化过程, 且两个层面的进化是相互影响、相互促进的. 目前, 越来越多的学者开始关注文化算法, 并且针对文化算法的结构做了大量的研究, 在实际优化问题 (如故障诊断、神经网络、数据挖掘) 的应用中取得了良好的效果. 本章对文化算法的基本原理、算法的组成、执行方式、以及算法的改进等进行详细的介绍.

7.1 导   言

随着科学技术的发展和对人类社会进化过程的不断研究, 社会研究者发现, 在人类社会中, 个体的进化速度远远超出了自然选择的结果. 个体除了拥有父辈靠基因遗传下来的知识外, 还有另外的部分, 即文化. 文化被认为是存放个体数年来所积累经验的知识库. 当个体获得这个知识库时, 不用亲身经历就可以学到别人所积累下来的经验知识. 文化能使种群以超越单纯依靠基因遗传生物进化速度来进化和适应环境. 人类在进化过程中, 个体文化的积累和人类社会内部文化的交流在另一个层面促进了人类的进化, 这种积累和交流的能力可以加快和指导人类获取信息的速度和方向. 从宏观层次上说, 人类进化是以文化进化为主要特征的, 该特征是人类区别于其他动物的一个十分重要的进化特征. 而从微观层次上说, 以生物遗传学说为代表的进化观点体现了生物细胞在进化过程中表现出的多样性特点, 这种多样性特征引导着生物向适应其生存环境的方向进化. 但从人类 (特别是当代人类) 进化过程中来说, 人类这个特殊群体向着更具高智慧方向发展的过程中, 只有文化进化才能集中反映人类进化过程中的众多因果事件.

对文化进化最早的研究可以追溯到英国人类学家泰勒发表的《原始文化》, 至今为此, 与文化进化有关的理念已有一百多年的研究历史, 不少学派纷纷从不同角度提出对文化进化论的认识和概述, 比较有代表性的, 如受达尔文的生物进化论影响的古典文化进化论, 其主要思想是所有的社会和文化形态都要按同样次序进化, 普遍性特征存在于每个阶段. 由于这种思想主张文化的单线式进化方式, 对许多现象并不能做出合理的解释, 受到了众多学者的质疑. 与古典文化进化论相对应的是文化相对论, 以美国人类学家梅尔赫斯科维茨发表的《人类及其创造》为标志. 基于文化相对论形成的学派认为: 文化发展存在多元化的形式, 绝对的、普遍的、单一形式的价值文化标准是不存在的, 不同的文化模式之间不存在优劣关系, 不同的文化模式是相互影响、相互促进、相互渗透的. 与此同时, 对文化相对论的评判也逐步形成, 这就是新文化进化.

为了更好地理解文化进化的理念, 不同学者对文化也给出了相关的定义. Durham[1] 把文化定义为 "一个通过符号编码表示众多概念的系统, 而这些概念是在群体内部及不同群体之间被广泛和历史般长久传播的". 学者 Renfrew[2] 指出随着时间的迁移人类在进化过程中逐渐掌握了提取、编码和传播信息知识的能力, 这种能力是区别于其他物种人类所特有的能力. 正是这种能力使人类能够形成、积累和传递经验, 可以加快和指导发展的速度与方向. 人类发展到现在, 很大程度上得益于文化.

根据对文化进化理解, 许多研究者建议文化可以作为另一种遗传机制, 在群体之间进行编码和传递, 群体在进化过程中, 除了每个个体知识的积累外, 群体内部知识的交流在另一个层面可以促进群体的进化. 受该思想的启发, Reynolds[3] 于 1994 年提出了文化进化计算模型, 其遗传过程是通过微观进化层面和宏观进化层面的操作来完成的, 该计算模型已经在很多领域内证明了自己的优化性能, 有较强的可扩充性和发现较好解的能力. 但相比遗传算法等进化算法, 理论基础和对计算模型的分析方法还比较欠缺, 更多的是偏重于应用方面. 因此, 加强该计算模型对不同问题模型的研究, 从理论上证明其对研究问题所具有的普遍性将显得尤其重要.

7.2 基 本 原 理

文化算法作为一种新的进化计算方法, 从微观和宏观两种不同的层次上进行进化. 微观上主要是指种群间和种群内部的进化; 而宏观上是指具有一个信念空间, 其进化是指信念空间的进化, 也就是说, 文化算法是采用双层进化机制, 在传统的个体构建的群体空间基础上, 组建由进化过程获取的经验和知识构成的信念空间. 两者之间通过通信渠道相互作用, 相互指导达到共同进化的目的, 基本结构如图 7-1 所示[4].

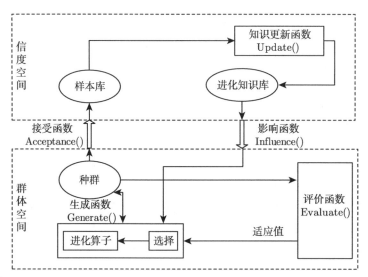

图 7-1　文化算法的基本结构

文化算法的框架主要由群体空间 (population space) 和信念空间 (belief space) 2 部分组成. 群体空间提供了个体居住和相互作用的基础, 有一组问题的可能解组成. 群体空间中的个体必须具有一定的行为规则, 个体的经验可以被描述、归纳、编码 (形式化) 和传递. 个体经验经处理后形成群体经验, 群体经验可以限制和修改个体的行为规则的特点. 而信念空间是一个用来存储个体经验的信息库.

群体空间和信念空间的通信方式规定了两种群间交换信息类型的规则, 这种通信方式是由接口函数 (接受函数和影响函数) 为上层知识模型和下层进化过程提供信息交换的渠道. 群体空间中的评价函数用来评价群体空间中的个体适应度值, 以个体适应度值为参照, 根据设定的选择策略和执行的进化算子组建新一代的种群. 种群中的个体通过接受函数将挑选出来的个体送入信念空间中的样本库, 更新样本库中的个体. 并在知识更新函数的作用下, 提取样本个体所携带的隐含信息, 以知识的形式加以概括、描述和储存. 最终各类知识通过影响函数作用于群体空间, 从而实现对进化操作的引导, 加速进化收敛, 提高算法随环境变化的适应性. 如此循环, 直到达到满足结束的条件. 整个进化过程实现了文化算法的主要思想.

文化算法的伪代码描述[5] 如下:

```
Begin
    Initialize population space Pop(0);
    Initialize belief space Blf(0);
    Iter_num=0;
    Repeat
```

```
    Update(Blf(Iter_num), Accept(Pop(t));
    Generate(pop(t),influence(Blf(t)));
    Iter_num=Iter_num+1;
    Select Pop(t) from Pop(t-1);
Until(termination condition is met)
End
```

文化算法框架提供了一种多进化过程的计算模型, 因此从计算模型的角度来看, 任何一种符合文化算法要求的进化算法都可以嵌入文化算法框架中作为种群空间的一个进化过程. 所以根据不同的进化算法, 就会有不同的文化算法. 在不同的文化算法之间的共同特征表现在以下方面.

(1) 双重遗传性. 文化算法是一种双重遗传进化算法. 群体空间实现了其群体个体的遗传进化过程, 信念空间完成了文化 (信念) 的遗传进化过程. 两个遗传进化过程相互影响、相互促进、加快了整体的进化速率.

(2) 层面性. 从某种意义上讲, 文化算法还是一个多层面的进化算法. 分别从微观和宏观不同层面模拟了生物层面的进化和文化层面的进化, 根据问题的复杂性还可以将原算法的微观层面、宏观层面再细分成多个层面, 各个层面之间相互影响, 以提高算法的效率.

(3) 领域知识与个体分离. 文化算法是将领域知识添加到进化计算方法中的技术. 通过对进化过程中产生个体的评价, 抽取领域知识. 抽取过程和抽取领域知识的应用有效降低了解决全局优化、无约束、约束和动态优化问题的计算费用.

(4) 不同空间的不同进化速率. 不同空间的进化可以按不同的速度进行. 通常, 文化空间的进化速率是种群空间的 10 倍.

(5) 支持两个空间的自适应进化.

(6) 支持不同算法的混合问题求解方法.

7.3 文化算法的设计

随着文化算法在实际应用领域所取得的显著效果, 结合算法结构, 群体空间算法形式、信度空间知识描述、接口函数的研究已逐步成为文化算法设计的核心问题. 本节将对这些问题作详细阐述.

7.3.1 群体空间

文化算法的群体空间与其他进化模型的群体空间是类似的, 任何基于群体的进化算法都适用于文化算法的群体空间, 如遗传算法、进化规划、遗传规划、粒子群优化以及微分进化等都可以引入群体空间, 同时利用信度空间中的知识来指导个体的变异和交叉. 种群内的每个个体可以表达为 $X = (x_1, x_2, \cdots, x_n)$, 其中 n 表示分量的个数. 如果种群大小设定为 m, 则种群空间可以表示为

$$\text{Pop} = \left\{ \begin{array}{l} x_{11}, x_{12}, \cdots, x_{1n} \\ \qquad\qquad \vdots \\ x_{m1}, x_{m2}, \cdots, x_{mn} \end{array} \right. \tag{7-1}$$

7.3.2　信度空间

信度空间储存了个体在进化过程中的信息与经验, 其核心问题在于如何表述知识及更新知识. 随着应用领域的不同及群体空间使用不同的进化算法, 信度空间包含有多种不同的知识源. 具体而言, 信度空间中的知识源可分为五类, 每一类均描述了相关领域的知识.

1. 状态知识

状态知识用于记录进化过程中的较优个体, 由 Chung[6] 在解决实数函数优化问题时提出的. 其结构形式为

$$< E_1, E_2, \cdots, E_S > \tag{7-2}$$

式中, S 为状态知识的容量; $E_i = \{x_i | f(x_i)\}$ 为第 i 个较优个体, $f(x_i)$ 为 x_i 的适应度值. 状态知识中记录的较优个体按照个体适应值以降序方式排列, 即 $f(x_{i-1}) > f(x_i)$, 即 $i \leqslant S$.

群体空间在每代进化结束后, 由接受函数择优选出个体传递给信度空间的样本库, 由知识更新函数根据设定的选拔策略从中挑选出最优个体, 用于更新状态知识, 其更新过程描述为

$$< E_1(t+1), E_2(t+1), \cdots, E_l(t+1) >=$$
$$\left\{ \begin{array}{l} < E_1(t), E_2(t), \cdots, E_{i-1}(t), x_b(t), E_i(t), \cdots, E_l(t) >, \\ \quad f(x_{i-1}) > f(x_b(t)) > f(x_i)和(l < s) \\ < E_1(t), E_2(t), \cdots, E_{i-1}(t), x_b(t), E_i(t), \cdots, E_{l-1}(t) >, \\ \quad f(x_{i-1}) > f(x_b(t)) > f(x_i)和(l = s) \\ < E_1(t), E_2(t), \cdots, E_l(t) >,其他 \end{array} \right. \tag{7-3}$$

式中, $x_b(t)$ 是种群空间中的第 t 代最优个体; $E_i(t+1)$ 是第 $(t+1)$ 代的最优个体.

上述更新方程表明在信度空间容量未满时, 可将新个体 $x_b(t)$ 直接放入信度空间的合适位置; 在信度空间已满量时, $x_b(t)$ 和样本库中的个体进行比较, 插入合适位置并删除适应度最差的个体 $E_l(t)$. 否则, 维持当前状态知识.

由此可见, 状态知识是进化过程中具有优势引导作用的个体轨线的反映.

2. 规范知识

规范知识由 Chung[6] 提出, 描述当前种群的可行解空间, 即有效搜索空间. 对于具有 n 维变量 $x_i(1 \leqslant i \leqslant n)$ 的优化问题, 其规范知识结构描述为

$$< V_1, V_2, \cdots, V_n > \tag{7-4}$$

式中, $V_i = [l_i, u_i] = \{x_i | l_i \leqslant x_i \leqslant u_i\}$.

在此, l_i 和 u_i 分别为第 i 维变量 x_i 的下限和上限. 规范知识的结构如图 7-2 所示.

l_1	u_1	...	l_i	u_i	...	l_n	u_n
V_1		...	V_i		...	V_n	

图 7-2 规范知识的数据结构

规范知识更新体现为可行搜索空间的变化. 随着进化深入, 搜索的区域将会越来越集中在优势区域. 然而, 在实际进化过程中, 个体陷入局部优势区域搜索或是个体超出指定的搜索范围时, 均需要对规范知识进行更新. Xidong 和 Reynolds 提出一种新的规范知识更新策略[7]. 该策略在进化程度达到一个给定阈值时, 更新规范知识调整搜索范围. 就一般性而言, 规范知识的应用约束了进化过程的可行性搜索范围, 对子代个体的可行性进行了判断, 对算法在较优区域进行的整体搜索提供了先验知识的指导.

3. 地势知识

地势知识是基于规范知识的一种拓扑知识, 这种知识将可行搜索空间均分成许多小区域[7,8], 称为单元 (cell). 每个单元根据其内部个体平均适应度值分别表现为高 (H), 中 (M), 低 (L) 3 种等级状态, 用 "#" 标记当前种群没有覆盖的搜索区域. 这 4 种表征搜索区域的等级状态的优劣关系为: H > M > # > L. 以二维优化问题为例, 若各维变量的可行搜索空间区域为 $[-100, 100]^2$, 每维均划分成 4 等份, 则其搜索空间拓扑结构如图 7-3 所示.

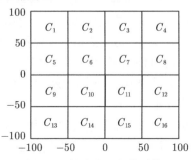

图 7-3 搜索空间拓扑结构

　　从上述拓扑结构可看出, 由于不同搜索空间中个体分布状况是不一样的, 所以每个单元也处于不同的等级状态, 规范知识为拓扑知识的描述提供了依据. 若规范知识进行更新, 则需要重新划分拓扑知识; 反之, 若规范知识保持不变, 则拓扑知识的更新取决于单元中个体数目和单元的平均适应值, 分以下 2 种情况进行更新:

　　(1) 若单元中个体数目未达到指定数目, 仅更新单元的等级状态;

　　(2) 若单元中个体数目达到指定数目, 则进一步划分该单元, 以图 7-3 为参考依据, 假定单元 C_1 中的个体数目达到指定数目, 则对单元 C_1 作进一步划分, 如图 7-4 所示.

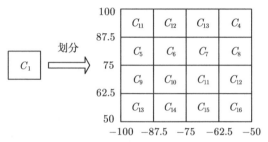

图 7-4　拓扑知识更新

4. 领域知识

　　领域知识针对给定问题的特征及参数信息来构建相应的知识. 例如, 在一个由多边形构成的函数图像中, 多边形具体的形状和相关参数 (如周长、面积) 的知识对于进化过程来说是非常有帮助的. 因此, 领域知识可以引导种群沿着最初预测的搜索方向进行. 尤其这类知识在动态优化问题中可以用于环境动态变化信息的捕捉, 加快进化的效率.

5. 历史知识

　　历史知识表现为搜索过程中的很多重要事件, 如更新的次数、知识保持静态的次数和更新后的搜索范围等. 这些重要事件可以是搜索空间中的一些重要移动, 也可以是地势的改变. 个体在选择前进方向时可以参考这些事件. 历史知识中所记录事件的多少取决于滑动窗口的大小, 历史知识中包含各个变量的平均移动距离和平均移动方向, 还有一个进化的事件列表. 历史知识相当于进化的时序表, 当搜索过程陷入局部最优或未知环境发生变化无法进行搜索时, 它将引导搜索返回到以前记录的最近可行解空间, 重新开始搜索过程.

　　总的来说, 上述五类知识本质上都是进化过程中隐含信息的显性描述, 但在某些需要人为参与的实际优化问题中, 如交互式进化算法, 反映人类经验的常识知识也对进化过程具有重要引导作用. 文献[9]根据底层种群进化层提供的信息来源及其特征, 将知识划分为常识知识、进化知识和评价知识 3 部分, 分别用来存储以对象形式描述的显性常识知识、以特征向量形式描述的进化过程隐含知识、以代理模型形式描述的用户评价隐含知识, 从而拓展了知识描述形式, 丰富了知识内容. 因此, 各类知识对种群进化具有不同引导作用. 在实际应用中, 可以根据优化问题的不同, 选取不同的知识类型.

7.3.3 接受函数

接受函数用来从种群中选择出较好的个体, 用这些个体对信度空间进行更新. 接受函数设计的关键在于如何选择较优个体数目. 常见的接受函数的类型有3种[4]: 静态接受函数、动态接受函数、模糊接受函数.

1. 静态接受函数

这种类型的接受函数在整个进化过程中, 始终以一个固定的比例 p 选出种群空间中的较优个体. 假定种群规模为 pop_size, 接受函数执行的间隔代数为一固定值 λ, 则每隔 λ 代, 选择种群中的前 $p \times$ pop_size 个较优个体进入信度空间.

通常, 群体空间的进化前期呈现多样性较好、搜索区域较广等特点. 此时, 不宜选择过多的个体进入信度空间. 随着进化的深入, 种群中的较优个体逐渐增多, 隐含的有价值的信息增加, 进入信度空间的较优个体应随之增多. 在进化的后期阶段, 算法逐渐收敛, 种群中的个体趋于相似特征, 种群多样性降低, 为避免过多类似个体对内存的消耗, 应减少个体数目的接受. 因此, 整个进化过程中, 较优个体的选择应随着进化过程做动态调节.

2. 动态接受函数

动态接受函数可将进化代数 t 作为动态因子, 调节个体接受的比例, 调节的方案可根据研究的问题而定, 如

$$\text{Acceptance}() = p - \frac{\text{iter\_num}}{t} \times p \tag{7-5}$$

式中, p 为一个预先设定好的固定比例; iter_num 为当前迭代次数; t 为总的迭代次数.

随着进化代数 iter_num 不断增加, 接受函数反馈的个体接受比例逐渐减少, 其变化范围为 $[p, 0]$. 为保证接受函数不为 0, 可在式 (7-5) 右侧加入一固定值 η, 此时变化范围为 $[\eta + p, \eta]$. 这种类型的动态接受函数计算简单, 接受率随进化代数线性逐渐减少, 但缺陷在于接受率随进化代数在整个进化过程做单一线性递减变化, 进化过程的动态变化并没有完全表现出来.

3. 模糊接受函数

为更加全面地反映进化过程所表现出来的动态特性, Chung 将模糊逻辑引入

接受函数, 该类函数引入个体成功率, 结合进化代数设置接受比率. 在此, 个体成功率 β 指子代个体优于父代个体的比例,

$$\beta = \alpha/\text{pop\_size} \tag{7-6}$$

式中, α 为子代个体优于父代个体的数目.

模糊接受函数使用模糊推理规则, 以 β 和进化代数作为输入, 输出为较优个体接受比例. 模糊规则如表 7-1 所示.

表 7-1　模糊接受函数规则表

进化代数	个体成功率 β		
	低	中	高
I	接受比例适中	接受比例适中	接受比例较高
M	接受比例较小	接受比例适中	接受比例适中
F	接受比例较小	接受比例较小	接受比例适中

表 7-1 中, I、M、F 分别表示进化代数的 3 个不同阶段. 当个体成功率 β 在低、中、高 3 种不同情况下, 根据模糊规划得到 3 种较优个体接受的不同比例: 接受比例较小, 适中和较高. 接受函数能够根据当前的进化状态, 获得较合理的个体接受比例, 但计算较为复杂, 同时模糊推理中的隶属度函数凭经验确定, 对进化算法的搜索性能易于造成较大的影响.

上述三类函数的使用, 应根据具体的实际应用问题设定接受函数, 可以单一使用某类接受函数, 也可以在进化过程中混合使用某几类函数.

7.3.4　影响函数

影响函数的主要作用是将信度空间中的各类知识传递到群体空间, 对种群的进化过程进行指导. 不同类知识在进化的不同阶段所起的作用也是不相同的, 知识类型不同也会产生不同的种群引导效果. 因此, 在整个进化过程中, 何时作用于种群以及引导的种群比例是影响函数的关键设计问题. 就一般性而言, 根据知识源的类型, 可将影响函数划分为两类.

1) 单一知识型的影响函数

此时, 在信度空间中的知识只有一种类型, 影响函数使用单一的知识来影响群体空间中的进化算子.

2) 多类知识型影响函数

信度空间存在多类知识, 各类知识根据设定的时机和对种群的影响比例来引导整个种群进化, 其影响方法可分为以下 2 种.

(1) 随机式

随机式影响函数的原理: 每次从多类知识中选取一类满足随机条件的知识来

引导整个种群的进化. 这种方式的缺点在于未有效发挥多类知识的综合效果, 知识的引导作用受限于随机抽取的单一方式.

(2) 轮盘赌式

这种方式是一种综合使用各类知识的影响函数. 轮盘赌式影响函数借鉴了遗传算法中的轮盘选择机制, 确定何类知识可引导种群及其种群受影响的比例.

假定第 i 类知识在赌轮上的区域所占大小为

$$\beta_i = \frac{w_i}{\sum\limits_{i=1}^{m} w_i} \tag{7-7}$$

式中, w_i 是第 i 类知识在赌轮上所占区域的大小. 初始阶段, 各类知识对种群具有相同的影响程度 $w_i = 1/m$, 随着进化的不断深入, 各类知识对种群的影响程度将作动态变化, 可描述为

$$w_i = \frac{\sum\limits_{j=1}^{k} f(x_j)}{k} \tag{7-8}$$

式中, k 是第 i 类知识影响的个体数目. w_i 越大, 对应的知识对种群影响的程度也就越大, 在随后进化中所影响种群比例也就越大.

相比于单一式影响函数, 轮盘赌式影响函数综合运用多类知识用于种群, 且能根据各类知识对种群的单独影响能力动态修正受影响的个体数目.

7.4 实例分析

7.4.1 进化规划文化算法解决约束优化问题

由于遗传算法和相关的进化计算方法在很少或没有区域知识的环境中表现出很好的无偏性, 已经被广泛用于解决优化问题. 但是, 当进化过程中获得的解决问题的知识用于未来各问题求解过程时, 基于知识的机制将大大提高进化算法的性能. 搜索过程中确定的样品知识用于引导候选解的产生, 增加群体中合意候选解的实例, 减少不合意候选者的数量, 以此用来推动优化过程.

但是, 传统的进化计算方法是用局限的隐式机制来表达和存储个体一代一代传递下来的全局知识, 而进化规划 (evolutionary programming) 文化算法则模拟了进化计算系统中文化部分的进化, 它提供了一种清晰的机制来获得、存储和整合个体和群体问题解的经验和行为.

在人类社会中, "文化" 被视为一种存储信息的工具, 这些信息可以被所有的社会成员所理解, 并有效地指导他们解决问题的活动. 因此, 模拟进化计算系统中文化部分进化的文化算法为基于知识的进化计算提供了一个清晰的机制.

再者, 实际生活中, 优化问题往往受到各种条件的限制, 约束优化问题成为优化问题中最重要的一个方面, 如线性优化问题、非线性优化问题等. 特别是非线性约束优化问题, 当问题受到严重约束时, 优化过程变得非常复杂.

本节介绍一种文化算法用于解决约束优化问题[10], 信念空间用区域方案来表示, 它是对 Chung 提出的区间图表示法的扩展, 并用其来指导文化算法群体部分的进化. 这些区域图被称为信念元 (belief-cells) 图. 进化规划群体的探索用来修改 "信念元" 图, 修改后的 "信念元" 图反过来指导群体部分新个体的产生.

1. 进化群体模型

群体部分的基本伪代码如下:

Step1. 当代数 $t = 0$ 时, 在给定的区域内任意选择一个具有 nc 个候选解的初始群体, $P[\text{nc}, \text{np}]^t$.

Step2. 用给定的目标函数 obj() 来评价每个候选解的适应值.

Step3. 通过 generate():$P[2*\text{nc}, \text{np}]^t$=generate($P[\text{nc}, \text{np}]^t$) 从 $P[\text{nc}, \text{np}]^t$ 中产生 nc 个新的后代解. 标记现在的群体大小为 $2 \times \text{nc}$.

Step4. 用给定的目标函数 obj() 来评价每个后代解的适应值.

Step5. 对于每一个候选解, 从 $2 \times \text{nc}$ 大的种群中任意选择 c 个竞争者. 每个候选解和它的竞争者进行一对一的竞争.

Step6. 选择 np 个适应值最大的个体来作为下一代个体的父辈.

Step7. $t = t + 1$, 转到 Step3, 直到终止条件满足.

2. 进化规划文化算法

Chung 将进化群体模型嵌入文化算法的框架中, 即进化规划文化算法 (CAEP) 来研究全局知识对实值优化问题解的影响. CAEP 保留了信念空间的情境知识和标准化知识. 情境知识用一组样品实例来表示, 可能会控制突变的方向. Chung 用 Eshelman 和 Schaffer 提出的区间图清楚地存储标准化知识, 它是关于每个参数可接受值的范围.

CAEP 成功用于不同的无约束优化问题. 但是为了解决约束优化问题, 需要一种清楚的机制来获得和处理约束知识.

这里扩展了 CAEP, 通过清晰地存储和处理信念空间中一种新的知识 (基于区域图的约束知识, 也称为信念元) 来解决非线性约束优化问题.

3. 信念空间

1) 约束知识和信念元

在用文化算法来解决约束优化问题时, 一个关键的问题是如何表达和保存信念空间中问题的约束知识.

通过观察可以看到, 问题的约束条件将区域空间分割成更小的区域空间, 这些区域空间可以是可行的, 也可以是不可行的, 不同的区域空间有不同的特征. 可行区域, 满足所有的约束条件, 如不能满足所有的约束条件则为不可行区域. 因此, 可以将区域空间分成更小规则的子空间, 称为信念元 (belief-cell). 它就好像是一个生物体是由很多规则的细胞组成的一样. "细胞"可能会有不同的特征: 一些细胞是可行的, 因为它们全部都在可行域内, 另外一些是半可行的, 因为它们横跨可行的区域和不可行的区域. 因此, 细胞可以作为一种表示和存储区域空间的约束知识类别的工具.

"信念元"机制是在信念空间中保留一张区域单元结构图, 可以用于表达、存储和整合约束知识. 此外, 我们可以用"信念元"中的约束知识来指导种群的进化.

(1) 在区域空间中, 信念元可以指出有希望的区域所在位置. 在约束优化问题中, 解不能在不可行区域, 所以信念元可以把可行或半可行区域作为有希望的区域, 而忽视那些当前标记为不可行的区域.

(2) 很多约束优化问题的最优解往往在可行和不可行区域的边界上, 即半可行域. 因此, 边界知识可以用来提高最优化搜索的速度.

图 7-5 是一个二维的将区域空间划分为信念元的例子. 在图 7-5(a) 中, 非线性约束条件将区域空间切成不同的类型. 图 7-5(b) 中, 可以通过信念元清楚地识别关于可行区域或不可行区域的知识.

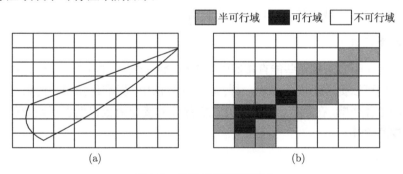

图 7-5　信念元区域图实例

这些信念元可以看成图, 它可以确定每一个问题参数的范围值, 但是不能指定需要的是这个范围内的哪个确定值. 通过确定一定的信念元作为解集, 有利于系统问题的分解和处理.

简单地说, 信念元就像导航图一样, 通过剪除不可行区域和增强可行区域, 来引导最优化搜索.

2) 信念空间的结构

信念空间中信念结构的标准语法定义为 $< N[n], C[m] >$, 其中, N 是标准化知识的组成, 是由关于每个参数 n 区间的信息组成; C 是一组信念元信息, 组成了约束知识; m 是信念元的数量, 可以在进化过程中根据系统被修改或者保持不变.

对于参数 j, $N[j]$ 可以表示成 $< I_j, L_j, U_j >$. I 表示参数 j 的闭合区间: $I_j = [l_j, u_j] = \{x | l_j \leqslant x \leqslant u_j, x \in R\}$. 其中 l (下限) 和 u (上限) 被初始化为给定的区域值, 并且随后可以改变. L_j 表示参数 j 的下限的适应值, U_j 表示参数 j 的上限的适应值.

对于信念元 i, $C[i]$ 表示为 $< \text{Class}_i, \text{Cnt1}_i, \text{Cnt2}_i, W_i, \text{Pos}_i, \text{Csize}_i >$. Class_i 表示第 i 个细胞的特征: 可行的 (feasible)、不可行的 (unfeasible)、半可行的 (semi-feasible) 或未知的 (unknown). Cnt1 和 Cnt2 是在每一个信念元中的两个计数器. Cnt1 计算区域内可行个体的个数, Cnt2 计算区域中不可行个体的个数. 这两个计数器可以提供可靠的分类信息. 它们初始值都为0. W_i 是第 i 个细胞的质量——越好的 (更有前途的) 细胞就会越重. Pos_i 表示细胞 i 的最左边的角位置的向量; Csize_i 向量表示所有最优化参数的细胞的大小.

直观地说, 信念空间可以被模拟为"信念空间中一个带导航图的滑动窗口". 但是, 通常情况下有许多这样的活动窗口可以利用. N 部分定义了 n 维滑动窗口的位置和大小, m 个信念元嵌入滑动窗口里面作为导航图. 一般而言, 在滑动窗口中可行域和半可行域比其他区域更具有吸引力.

4. 接受函数

Accept() 函数选择那些能直接影响当前信念空间信息的个体. 就像是在社会中不同的人们可以提供不同的知识一样, 在文化算法中, 标准化知识和约束知识可以被不同的个体影响. 在所提出的算法中, N 部分的接受函数根据表现函数值来选择20%的最高个体.

5. 影响函数

Influence() 函数尽管存在更成熟的策略, 但我们用最简单的形式, 即将产生的个体从没有希望的信念元移动到有希望的信念元, 基本思想如下.

(1) 如果父辈是在当前滑动窗口的外面, 用标准化知识将它移动到滑动窗口内. 这些是由式 (7-1) 来完成的.

$$x_{nc+i,j} = \begin{cases} x_{nc,j} + |(u_j - l_j) \times N_{nc,j}(0,1)|, & x_{nc,j} < l_j \forall i \in \{1, 2, \cdots, nc\} \\ x_{nc,j} - |(u_j - l_j) \times N_{nc,j}(0,1)|, & x_{nc,j} > u_j \forall j \in \{1, 2, \cdots, nc\} \end{cases} \quad (7\text{-}9)$$

式中, l_j 和 u_j 分别表示当前信念空间中参数 j 的下限和上限.

(2) 如果父辈在当前的滑动窗口里面, 当它在一个可行的 / 半可行的 / 未知的信元里, 干扰就小; 否则, 父辈以更高的概率移动到可行的、半可行的或未知的信元中. 这个过程是通过式 (7-10) 来完成的.

$$x_{\text{nc}+i,j} = \begin{cases} \text{moveTo}(\text{choose}(\text{Cell}[m])), & x_{\text{nc},j} \in \{\text{unfeasible cells}\} \\ x_{\text{nc},j} + (u_j - l_j) \times N_{\text{nc},j}(0,1)/m_j, & \text{其他} \end{cases}$$
$$\forall i \in \{1,2,\cdots,\text{nc}\} \text{和} \forall j \in \{1,2,\cdots,\text{nc}\}$$

(7-10)

式中, m 是关于参数 j 的信念元的数量; moveTo() 是一个移动函数, 将一个父辈移动到一个被选择的信元中; Choose(Cell[m]) 用来在一个更加有希望的区域内选择目标信元.

这里用循环选择的方法[11] 来完成. Cell[k] 的质量由式 (7-10) 来计算.

$$W_k = \begin{cases} w_1, & \text{Cell}[k] \in \{\text{unknown cells}\} \\ w_2, & \text{Cell}[k] \in \{\text{feasible cells}\} \\ w_3, & \text{Cell}[k] \in \{\text{semi-feasible cells}\} \\ w_4, & \text{Cell}[k] \in \{\text{unfeasible cells}\} \end{cases}$$

(7-11)

式中, $w_1 = w_2 = 2$; $w_3 = 3$; $w_4 = 1$.

如果父辈 i 应该移动到 Cell[k], moveTo(Cell[k]) 定义为

$$x_{\text{nc}+i,j} = \text{Pos}_{k,j} + \text{Uniform}_{\text{nc},j}(0,1) \times \text{Csize}_{k,j}$$

(7-12)

式中, $\text{Pos}_{k,j}$ 是关于优化参数 j 的 Cell[k] 的位置; $\text{Csize}_{k,j}$ 是关于参数 j 的 Cell[k] 的大小; Uniform(0,1) 产生一个由 [0, 1] 均匀分布得到的一个数.

6. 更新信念空间

N 部分和 C 部分会被 update() 函数做如下的更新.

1) 更新 N 部分

现在假设, 第 i 个个体影响了参数 j 下限. j 的下限和其对应的适应度值分别用式 (7-13) 和式 (7-14) 来计算

$$l_j^{t+1} = \begin{cases} x_{i,j}^t, & x_{i,j}^t \leqslant l_j^t \text{或} \text{obj}(x_i^t) < L_j^t \\ l_j^t, & \text{其他} \end{cases}$$

(7-13)

$$L_j^{t+1} = \begin{cases} \text{obj}(x_i), & x_{i,j} \leqslant l_j^t \text{或} \text{obj}(x_i) < L_j^t \\ L_j^t, & \text{其他} \end{cases}$$

(7-14)

式中, l_j^t 表示第 t 代时参数 j 的下限; L_j^t 表示其适应值.

现在假设, 第 k 个个体影响了参数 j 的上限. 那么 j 的上限和其对应的适应度值分别用式 (7-15) 和式 (7-16) 来计算

$$u_j^{t+1} = \begin{cases} x_{k,j}, & x_{k,j} \geqslant u_j^t \text{或} \mathrm{obj}(x_k) < U_j^t \\ u_j^t, & \text{其他} \end{cases} \tag{7-15}$$

$$U_j^{t+1} = \begin{cases} \mathrm{obj}(x_k), & x_{k,j} \geqslant u_j^t \text{或} \mathrm{obj}(x_k) < U_j^t \\ U_j^t, & \text{其他} \end{cases} \tag{7-16}$$

式中, u_j^t 表示第 t 代时参数 j 的上限; U_j^t 表示其适应值.

2) 更新 C 部分

由于受到问题约束条件的限制, 每一个跟踪的个体可能是有效的, 也可能是无效的. 因此, 每一个个体可以提供它们所在信元的约束信息. 对于给定的信念元 i, $\mathrm{Cnt1}_i$ 计算 "信念元" 中有效个体的个数, $\mathrm{Cnt2}_i$ 计算 "信念元" 中无效个体的个数. 式 (7-17) 得到的 Class_i 提供了信念元 i 的分类信息.

$$\mathrm{Class}_i = \begin{cases} \text{unknown}, & \mathrm{Cnt1}_i = 0 \text{和} \mathrm{Cnt2}_i = 0 \\ \text{feasible}, & \mathrm{Cnt1}_i > 0 \text{和} \mathrm{Cnt2}_i = 0 \\ \text{unfeasible}, & \mathrm{Cnt1}_i = 0 \text{和} \mathrm{Cnt2}_i > 0 \\ \text{semi-feasible}, & \text{其他} \end{cases} \tag{7-17}$$

w_i 可以根据存储在 Class_i 中的值直接更新. Csize_i 表示信念元的大小, 可以用直接或者间接方法对其进行调整. 直接方法中, 间隔尺寸可以依据相应的规则直接改变, 然而在间接方法中, 间隔尺寸则依据其他信念空间的参数进行间接的更新. 例如, 如果保持滑动窗口中信念元的数目不变, 信念元的间隔尺寸将依据滑动窗口的大小进行间接的改变. 这就是本书中用到的方法.

可以用不同的频率更新 N 和 C, 例如, 可以每一代都更新一次 C, 但是每 $k(k \geqslant 1)$ 代更新一次 N. 在这里使用的模型中, C 部分是嵌入 N 部分中的. 因此, 一旦滑动窗口的位置或大小更新, 用于新滑动窗口的导航图需要重绘. 因此, N 部分的更新比 C 部分的更新更加复杂. 一个可供选择的方法: 在每一代更新两个部分以后, 用额外的一些个体作为跟踪者嵌入新滑动窗口中, 帮助获得关于新滑动窗口的位置的约束知识.

7. 算法的几种不同设置

基于区域的文化算法的伪代码如下:

在{}中的操作是可选的.

Step1. $t=0$;

Step2. 初始化群体 $P[\mathrm{nc}, \mathrm{np}]^t$, 它是由带有 np 个参数的 nc 个候选解组成的.

Step3. 初始化信念空间 $B^t =< N^t, C^t >$;

Step4. 估计 $P[\text{nc, np}]^t$ 的适应值.

Step5. 更新信念空间.

Step5.1. {在特定的条件下}, 更新由 N^t 决定的滑动窗口的位置和大小.

{在更新的滑动的窗口中, 任意创建 ne 个额外的候选者}

Step5.2. 更新 C^t 部分的约束知识.

Step6. 产生新的后代候选者.

Step6.1. 对父辈所在的位置赋值: 在滑动窗口的外面, 或在滑动窗口的里面, 但是在一个不可行的信念元里面.

Step6.2. 基于 B^t 中的区域知识通过影响函数来产生下一代.

Step7. $t = t + 1$;

Step8. 选择新的 $P[\text{nc, np}]^t$;

Step9. 回到 Step4, 直到终止条件满足.

为了证明这些方法, 我们对该算法进行了稍微的修改, 建立了 4 种不同的版本: 版本 1、版本 2、版本 3 在 Step5.1 处有不同. 版本 4 修改了版本 3 的 Step6.

1) 版本 1

在这个版本中, 任何条件下 N^t 都不会被更新. 滑动窗口的位置和大小以及信念元包含的数量都是提前设定的. 也就是说, 它是一个固定窗口, 而不是一个滑动窗口. 在信念空间中, 这个版本中只有 C 被更新.

2) 版本 2

这个版本包含一个滑动窗口, 每一代 N^t 部分都被更新. 但是, 在更新滑动窗口时没有创建额外的候选解 (或跟踪者) 来帮助获得下一代的约束知识.

3) 版本 3

在这个版本中, 当滑动窗口的位置和大小更新时, 在新窗口中随机地创建 ne 个额外的候选解 (即跟踪者) 来提前帮助收集新域的约束知识. 这种设计有利于创建新约束图, 因为当滑动窗口的位置和大小改变时, 旧的滑动窗口就会消失. 但是在这个版本中, 跟踪者只用于约束知识的更新, 而不产生后代.

4) 版本 4

在这个版本中, 搜索父辈产生后代. 在 Step6 中, 有 (nc+ne) 个父辈, 而不是 nc 个; 在 Step8 中, nc 个候选解产生的下一代应该 2×(nc+ne), 而不是 2×nc.

8. 仿真测试及分析

现在用下面所给的非线性约束优化问题[12] 来比较这四种不同配置的文化算法

的性能:

$$\text{Min } f(x) = -12x - 7y + y^2$$

Domain constraints: $0 \leqslant x \leqslant 2$, $0 \leqslant y \leqslant 3$

Problem constraints: $y \leqslant -2x^4 + 2$

Global best point: $x^* = 0.71751$,

$y^* = 1.470$

Global best value: -16.73889

Optimization goal: < -16.70

每一个版本运行 100 次, 统计的结果如表 7-2 所示.

表 7-2　统计结果值 (运行 100 次)

版本	平均值	标准偏离
版本 1	> 100 代	—
版本 2	18.25 代	10.87
版本 3	14.9 代	8.09
版本 4	5.4 代	1.58

分析表 7-2 中结果可知: 版本 1 不是非常有效, 因为静态的窗口特性和信念元固定的间隔尺度不能精确地表示 C 部分提供的约束知识, 在所有的情形下都需要上百代. 版本 2 明显优于版本 1, 滑动窗口的增加显著改善了系统的性能, 但仍有改进的空间, 因为当滑动窗口的位置或大小改变时, 可能只有少量的个体在新滑动窗口中, 并且有助于约束知识 C 部分的更新. 当跟踪用于提供立即的窗口更新时, 版本 3 平均用少于 3 代解决问题, 因此, 更新 N 和更新 C 都会对问题的解决产生不小的贡献, 但更新 N 比更新 C 对问题的解决贡献更大.

最后, 跟踪新窗口知识的更新和通过产生新的后代来搜索那些窗口的使用大大提高了滑动窗口和非再生搜索的性能. 采用相对小的标准偏差减少了代数, 并且各代所采用的数量非常稳定.

7.4.2　改进进化规划文化算法

7.4.1 节介绍了 Jin 和 Reynolds 所提出的进化规划文化算法解决约束优化问题的方法, 这里对上面的方法做进一步的扩展, 使其在解决约束优化问题时能以更低的计算费用获得较好的结果. 下面将描述传统进化方法和本节改进方法的不同.

1. 信念空间的初始化

每一个变量有希望的区域的上、下限 (分别为 u 和 l) 以及它们的区间适应极值 (分别为 U 和 L) 存储在信念空间的标准化 (normative) 部分. 标准化部分的初始值是变量的边界值, 它们是给定问题的输入数据. 所有问题的初始值均为 $+\infty$.

关于问题的约束, 标准化部分给定的区间被划分为 s 个子区间, 这样搜索空间的一部分被分割成一个个超立方体. 每一个超立方体的信息被存储: 可行性个体的数目 (在信念元内), 不可行性个体的数目 (不在信念元内) 和区域的类型. 区域的类型依赖于区域里面个体的可行性. 4 种区域的类型定义如下:

(1) 如果 feasible individuals=0 并且 infeasible individuals=0, 那么信念元类型为 unknown;

(2) 如果 feasible individuals > 0 并且 infeasible individuals=0, 那么信念元类型为 feasible;

(3) 如果 feasible individuals=0 并且 infeasible individuals > 0, 那么信念元类型为 infeasible;

(4) 如果 feasible individuals > 0 并且 infeasible individuals > 0, 那么信念元类型为 semi-feasible.

在初始化这一部分时, 所有的计数器设置为 0, 所有的信念元类型初始化为 unknown.

2. 更新信念空间

信念空间的约束部分每一代更新一次, 然而标准化部分每 k 代更新一次. 约束部分的更新仅是把落在每一个区域的新个体添加到可行性个体的计数器. 标准化部分的更新比较复杂 (那是因为它并不是每代都要进行更新的). 当每一个变量区间更新时, 约束部分的信元 (或立方体) 都会改变并且可行性个体和不可行性个体的数目要重新初始化. 此外, 这部分的更新仅是群体的一部分. 这一部分用 Select() 函数来选择, 以作为整个群体大小的比例参数使用.

在本节介绍的方法中, 减小区间的条件比较严格: 区间减小当且仅当接受的个体有更好的适应度值并且是可行的. 为了使用这种机制, 必须修改 Accept() 函数使可行个体优先选择, 并且适应度值作为第二标准. 如果没有以上处理, 那么减小区间的条件很多时间都不满足, 因为可接受个体很多是不可行的.

3. 信念空间对突变操作的影响

在信念空间的影响下, 突变操作发生在每一个个体的每一个变量, 并且遵循以下的规则:

(1) 如果父辈的变量 j 在给定的标准化约束部分的外面, 那么试图通过使用随机变量将其移动到区间的内部.

(2) 如果变量是可行的、半可行的或者未知的超立方体, 那么尽量将他们放到同样的或者接近的超立方体中.

(3) 最后, 如果变量是半可行的, 首先试着将它移动到最近的半可行域. 然而,如果没有, 则将它移动到最近的可行域或者未知域中; 如果还没有, 则将在标准化部分定义的区间内随机找一个位置.

4. 联赛竞争选择

更新信念空间的规则可能促成知识的低效率. 为了提高算法的执行效率, 使用联赛竞争选择机制 ($\mu+\lambda$ 选择).

联赛竞争是每个个体和从整个群体中随机选择的 c 个对手进行 c 次面对面的竞争. 竞争结束, 选择具有最大值的 p 个胜利者作为下一代.

进行突变操作后, 有一个大小 $2p$ 的群体 (p 个父辈, p 个子代), 联赛竞争涉及整个的群体.

这种方法中的联赛竞争规则类似于 Deb 基于可行性的处罚方法[13]. 然而, 和 Deb 方法不一样的是, 我们的方法从来不添加障碍约束 (像处罚方法中那样使用的).

所采用的新的联赛竞争规则如下:

如果两个个体都是可行的, 或者两个个体都是不可行的, 那么具有较好适应值的获胜. 否则, 可行个体一直获胜.

5. 仿真测试及分析

为测试改进后算法的性能, 采用文献 [14] 中提出的著名的标准. 所利用的具体测试函数如下.

1) g04

$$\min f(x) = 5.3578547x_3^2 + 0.8356891x_1x_5 + 37.293239x_1 - 40792.141$$

Subject to:

$$g_1(x) = 85.334407 + 0.0056858x_2x_5 + 0.0006262x_1x_4 - 0.0022053x_3x_5 - 92 \leqslant 0$$

$$g_2(x) = -85.334407 - 0.0056858x_2x_5 + 0.0006262x_1x_4 + 0.0022053x_3x_5 \leqslant 0$$

$$g_3(x) = 80.51249 + 0.0071317x_2x_5 + 0.0029955x_1x_2 + 0.0021813x_3^2 - 110 \leqslant 0$$

$$g_4(x) = -80.51249 - 0.0071317x_2x_5 - 0.0029955x_1x_2 - 0.0021813x_3^2 + 90 \leqslant 0$$

$$g_5(x) = 9.300961 + 0.0047026x_3x_5 + 0.0012547x_1x_3 + 0.0019085x_3x_4 - 25 \leqslant 0$$

$$g_6(x) = -9.300961 - 0.0047026x_3x_5 - 0.0012547x_1x_3 - 0.0019085x_3x_4 + 20 \leqslant 0$$

Where: $78 \leqslant x_1 \leqslant 102, 33 \leqslant x_2 \leqslant 45, 27 \leqslant x_i \leqslant 45(i = 3, 4, 5)$

2) g08

$$\min f(x) = \frac{\sin^3(2\pi x_1) \sin(2\pi x_2)}{x_1^2(x_1 + x_2)}$$

Subject to: $g_1(x) = x_1^2 - x_2 + 1 \leqslant 0, g_2(x) = 1 - x_1 + (x_2 - 4)^2 \leqslant 0$

Where: $0 \leqslant x_1 \leqslant 10, 0 \leqslant x_2 \leqslant 10$

3) g11

$$\min f(x) = x_1^2 + (x_2 - 1)^2$$

Subject to: $h(x) = x_2 - x_1^2 = 0$

Where: $-1 \leqslant x_1 \leqslant 1, -1 \leqslant x_2 \leqslant 1$

4) g12

$$\max f(x) = (100 - (x_1 - 5)^2 - (x - 5)^2 - (x_3 - 5)^2)/100$$

Subject to: $g(x) = (x_1 - p)^2 + (x_2 - q)^2 + (x_3 - r)^2 - 0.0625 \leqslant 0$

Where: $0 \leqslant x_i \leqslant 10 (i = 1, 2, 3)$ 并且 $p, q, r = 1, 2, \cdots, 9$

搜索空间的可行域包括 9^3 个不连续的范围, 如果上述不等式中只存在 p, q, r, 那么点 (x_1, x_2, x_3) 是可行的. 改进后的算法中, 各参数设计如下:

Population size=20, max generation=2500, $k = 20$ (信念空间每 20 代更新一次), $c = 10$ (联赛竞争选择中每个个体有 10 个竞争者)

表 7-3 显示了改进后的算法与 Koziel 和 Michalewicz[15] 同态图相比较的结果. Koziel 和 Michalewicz 结果是在 1400000 个适应函数值后得到的, 而本书的方法是在 94570 个适应函数值得到的.

表 7-3   与文献[15]中测试函数的对比结果

测试函数	函数最优解	最优值		平均值		最差值	
		CAEP	KM	CAEP	KM	CAEP	KM
g04	-30665.539	-30664.8	-30664.5	-30611.1	-30655.3	-30466.8	-30645.9
g08	-0.095825	-0.095825	-0.095825	-0.09525552	-0.0891568	-0.0901302	-0.0291438
g11	0.750	0.7402695	0.75	0.79299844	0.75	0.8380483	0.75
g12	1.000	1.000	0.999999857	0.99725459	0.999134613	0.9863316	0.991950498

表 7-3 改进后的算法与 Koziel 和 Michalewicz 结果相比, 以少的计算费用取得了较好的计算结果. 这主要是因为信念空间有效地指导进化算法的搜索, 避免移向不合理的搜索空间.

本节介绍的两个实例通过对进化规划文化算法的改进, 使其以相对低的计算费用获得了较好的结果. 这说明合理利用领域知识可以改善进化计算的性能, 同时也说明领域知识可以在进化的过程抽取而来. 虽然本节介绍的这种方法实施起来相对比较简单, 仍需要进一步完善. 在后面的工作中, 我们将使用一种更精确的空间数据结构来存储信念元, 这样可以降低它的存储空间.

参 考 文 献

[1] Durham W. Co-Evolution: Genes, Culture and Human Diversity[M]. Standford, CA: Standford University Press, 1994.

[2]   Renfrew A C. Dynamic Modeling in Archaeology: What, When, and Where? Dynamical Modeling and Study of Chang in Archaeology[M]. Edlinburgh Scotland: Edlinburgh University Press, 1994.

[3]   Reynolds R G, Sverdlik W. Problem solving using cultural algorithms[C]// Proc. First IEEE Conference on Evolutionary Computation, July 1994, 2: 645–650.

[4]   郭一楠, 王浑. 文化算法研究综述[J]. 计算机工程与应用, 2009, 45(9): 41–46.

[5]   张涤. 基于文化算法的聚类分析研究[D]. 成都: 西南交通大学, 2008.

[6]   Chung C J.Knowledge -based approaches to self -adaptation in cultural algorithms[D]. USA: Wayne State University, 1997.

[7]   Xidong J, Reynolds R G.Using knowledge-based evolutionary computation to solve nonlinear constraint optimization problems: a cultural algorithm approach[C]//IEEE Congress on Evolutionary Computation, 1999: 1672–1678.

[8]   Xidong J, Reynolds R G.Using knowledge-based system with hierarchical architecture to guide the search of Evolutionary computation[C]//The 11th IEEE International Conference on Tools with Artificial Intelligence, 1999: 29–36.

[9]   郭一楠, 巩敦卫. 双层进化交互式遗传算法的知识提取与利用[J]. 控制与决策, 2007, (12): 1329–1335.

[10] 张春鲜. 改进文化算法在约束优化问题中的应用研究[D]. 镇江, 江苏科技大学, 2009.

[11] Goldberg D E. Genetic Algorithms in Search, Optimization, and Machine Learning[M]. New Jersy: Addison Wesley, 1989:67–380.

[12] Floudas C A, Pardalos P M. A Collection of Test Problems for Constrained Global Optimization Algorithms[M]. Berlin: Springer Verlag, 1990:1–168.

[13] Deb K. An efficient constraint handling method for genetic algorithms[J]. Computer Methods in Applied Mechanics and Engineering, 2000,186(2/4):311–338.

[14] Michalewicz Z, Schoenauer M. Evolutionary algorithms for constrained parameter optimization problems[J]. Evolutionary Computation, 1996, 4(1):1–32.

[15] Koziel S, Michalewicz Z. Evolutionary algorithms, homomorphous mappings, and constrained parameter optimization[J]. Evolutionary Computation, 1999, 7(1):19–44.

第8章 微 分 进 化

微分进化 (differential evolution, DE) 是继遗传算法之后出现的一种新的简单有效的进化算法, 最早由 Rainer Storn 和 Kenneth Price 于 1995 年提出. DE 算法直接采用实数运算, 不需进行编码和解码等操作, 收敛速度快且稳定性好, 对各种非线性函数适应性强, 在诸多优化问题的求解过程中, 其性能不逊于遗传算法、粒子群优化等. 迄今为止, DE 算法已经成功应用于系统工程、控制工程、统计学求解等领域的众多优化问题, 近年来又出现了许多 DE 算法的改进与扩展. 本章对 DE 算法的基本思想、关键环节、算法实现流程以及基本改进与应用进行详细介绍.

8.1 导　　言

在科学研究及工程实践中会遇到许多难以解决的优化问题, 这些优化问题可以用函数形式描述, 函数优化的本质就是从所有可能的方案中选择出最为合理、最为有效的目标方案. 为此, 人们尝试着许多不同的解决方案, 从早期的传统方法, 如牛顿法、单纯形法、共轭方向法、最速下降法和惩罚函数法等, 到目前的以遗传算法为代表的智能优化算法. 这些优化算法依据优化问题的特征而表现出不同的性能. 传统的优化方法由于自身的一些限制, 如对目标函数有可导, 甚至高阶可微等要求. 此外, 对一个待优化的复杂问题, 要求用户掌握一定的数学知识和工程经验去选择一种优化方法, 这对传统优化方法的推广带来了极大的障碍.

智能优化算法是一类来自于自然界, 而又服务于自然界不同形态现象的优化机制, 如遗传算法、蚁群算法、粒子群优化、微分进化等. 这类优化方法的特征表现为不依赖于待优化函数问题本身的形态, 如可微、线性或非线性、单峰或多峰、离散或连续等. 此外, 待优化的目标函数也不必给出明确的解析式. 在众多智能优化算法中, 微分进化算法作为智能优化家族中的一枝独秀, 在 1996 年 IEEE 首届进化大赛的算法演示中被证明是求解优化问题最快的智能算法. 此后, 该算法在各领域的应用得到广泛深入研究, 出现了不少改进的 DE 算法, 如 Abbass 的 PDE[1]、Madavan 的 Pareto 微分进化方法 [2]、Xue 的 MODE[3]、Robio 的 DEMO[4] 以及张利彪的基于极大极小距离密度的多目标微分进化算法 [5]. Rainer Storn 和 Kenneth Price 在其研究论文中指出, 微分进化的收敛速度和稳定性均要超越其他的几种典型算法, 如退火单纯形算法 (ANM)、自适应模拟退火算法 (ASA)、进化策略 (ES) 和随机微分方程法 (SDE).

由于微分进化本质上仍是一类以效仿生物界中的"物竞天择, 适者生存"的演化法进行的概率搜索算法. 所以微分进化应当划归为进化算法. 微分算法的经典之作是 Kenneth Price、Rainer Storn 和 Jouni Lampinen 共同编写出版的专著 *Differential Evolution: A Practical Approach to Global Optimization*, 书中指出了微分进化的主要特征是: 自组织性、自适应性、自学习和并行性. 随着微分进化在众多领域的成功应用, 事实证明: DE 不仅能更快、更稳定地收敛到问题的全局最优解, 而以其具有易理解、易执行、鲁棒性强等特点, 表明它比其他算法更加有效. DE 算法已逐渐成为智能优化界中的一类充满朝气蓬勃发展的优化方法.

8.2　基本原理

8.2.1　基本思想

作为一种基于种群的随机优化算法, 微分进化与其他进化算法有相似之处, 具有选择、交叉、变异等基本进化算子. DE 算法的基本思想可概括为: 随机生成一组初始个体, 每个个体代表一个初始解, 新个体的产生借助指定的变异、交叉等方式生成. 每个新个体与原父个体进行比较, 如果优于原父个体, 则选择新个体作为子代, 反之, 则原父个体作为子代. 这种替换的优势在于子代个体总是优于父代个体, 种群通过不断地进化直至收敛到全局最优个体或是满足指定结束条件.

8.2.2　组成要素

1. 编码和初始化

基本微分进化最初的设计主要用于解决实数优化问题, 个体编码使用实数类型. 现实生活中许多问题是离散型的, 需要用离散型变量来描述和处理, 如旅行商问题、二次规划问题等. 假设 DE 的种群规模为 Pop_size, 每个个体由 n 维变量组成, 那么算法第 G 次迭代时, 个体 i 可表示为 $X_{i,G}=(x_{1i,G}, x_{2i,G}, \cdots, x_{ni,G})$, $i = 1, 2, \cdots,$ Pop_size.

种群初始化在没有先验知识的情况下, 应尽可能让个体均匀分布在搜索空间, 同时尽量覆盖整个搜索空间. 图 8-1 描述了一个二维变量个体的种群初始化示意图.

图 8-1 中个体数目为 5, 每一个体分布在不同的椭圆形中, 这种分布方式有利于 DE 的广域搜索. 此外, 如果事先知道待优化问题的某些特征, 如最优个体所在的大致区域、待求解问题的函数形态, 种群的群初始化还可以让个体分布在指定区域.

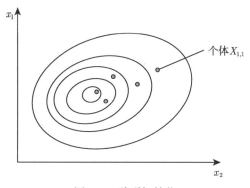

图 8-1 种群初始化

2. 变异操作

变异操作是 DE 算法区别于其他进化算法的主要方式. 遗传算法中变异的基本操作是反转位值产生新的个体, 通过变异生成新的个体, 达到增强种群多样性的目的. DE 算法变异操作是进化算子的核心操作. 主要目的是通过变异机制生成一个中间个体, 其变异方程为

$$V_{i,G+1} = X_{r1,G} + F \cdot (X_{r2,G} - X_{r3,G}) \tag{8-1}$$

式中, 第 G 代中的第 i 个个体变异产生的中间个体为 $V_{i,G+1} = (v_{1i,G+1}, v_{2i,G+1}, \cdots, v_{ni,G+1})$, $r1$、$r2$ 和 $r3$ 是取自$[1, \text{Pop\_size}]$的随机数. F 是介于 0 和 1 间的常数, 称为变异因子或收缩因子.

图 8-2 所示个体是二维变量的情况, 坐标轴 x_1 和 x_2 分别对应着个体的第一维和第二维变量. $X_{r1,G}$ 称为基点向量, $(X_{r2,G} - X_{r3,G})$ 是差分向量, 基点向量的选取方式, 变异中差分向量的个数, 以及随后介绍的交叉方式决定着 DE 算法选用的优

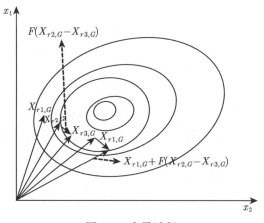

图 8-2 变异过程

化策略. 通常将不同版本的基本 DE 算法表示为 DE/x/y/z. 其中, x 表示基点向量是随机选取还是择优选取上一代中的最优个体, 其两种方式分别使用 rand 和 best 表示; y 表示差分向量的个数; z 表示交叉方式, 有指数交叉和二项式交叉两种, 这两者的区别是二项式交叉能保证中间个体至少有一维进入候选个体, 如式 (8-2) 所示, 而指数交叉则不能保证这一点.

3. 交叉操作

交叉操作是让变异操作得到的中间个体 $V_{i,G+1}$ 和种群中当前进化个体 $X_{i,G}$ 进行交叉, 产生候选个体 $U_{i,G+1} = (u_{1i}, u_{2i}, \cdots, u_{ni})$. 为了保证个体的进化, 首先通过随机选择使 $U_{i,G+1}$ 至少有一维是来自 $V_{i,G+1}$, 其余维由交叉概率因子 CR 来决定具体来自 $X_{i,G}$ 或 $V_{i,G+1}$. 交叉操作是为了更好地增强种群的多样性, 交叉机制如下:

$$u_{ji,G+1} = \begin{cases} v_{ji,G+1}, & \text{rand}(j) \leqslant \text{CR 或} j = \text{rnbr}(i) \\ x_{ji,G}, & \text{其他} \end{cases} \tag{8-2}$$

式中, $i = 1, 2, \cdots, \text{Pop\_size}$; $j = 1, 2, \cdots, n$; CR 是介于 0 和 1 之间的交叉概率因子, 它决定了变异个体分量值代替当前个体分值的概率; rand(j) 是一个位于 [0,1] 内均匀分布的随机数; rnbr(i) 是属于 $\{1, 2, \cdots, n\}$ 的随机整数, 以保证候选个体至少从变异向量中取到一个分量值.

图 8-3 为优化问题的个体分量为 8 维的交叉操作过程.

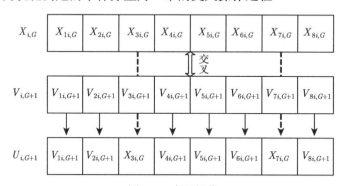

图 8-3　交叉操作

可以看出, 新生成的个体 $U_{i,G+1}$ 有两个分量值, 分别是 $X_{3i,G}$ 和 $X_{7i,G}$, 它们是来自于个体 $X_{i,G}$ 中的第 3 和第 7 维分量值, 其余分量值全部来自于 $V_{i,G+1}$. 因此, 这种交叉操作保证了基因值取向的多样性, 避免了个体基因值完全来自于一个个体, 有利于提高解空间的探索能力.

4. 选择操作

选择操作使用的是贪婪策略, 经变异和交叉操作后生成的候选个体 $U_{i,G+1}$ 与

当前个体 $X_{i,G}$ 根据适应度值进行竞争：

$$X_{i,G+1} = \begin{cases} U_{i,G+1}, & f(V_{i,G}) \\ X_{i,G}, & \text{其他} \end{cases} \tag{8-3}$$

式中, $f(V_{i,G})$ 是适应度函数, 假定适应度函数值越小, 个体越好. 适应度函数的选取是 DE 操作中非常重要的部分, DE 算法以适应度函数指导搜索策略, 适应度函数的选取直接影响着 DE 算法的整个搜索过程. 而个体优劣的评价更是要通过适应度函数来评价. 通常, 适应度函数的选取依赖于问题本身的性质, 有的适应度函数评价值越大表示个体越优秀, 而有些问题则以适应值越小表示个体越优秀.

上述介绍的 DE 组成要素中, 影响 DE 算法的主要参数有: 种群规模(Pop_size), 变异因子 (F) 和交叉因子 (CR). 通常, 种群规模 Pop_size 可取变量维数的 2~20 倍. 在某种意义上, Pop_size 越大, 则 DE 进化过程中的多样性表现越好, 更有可能获得最优解, 但计算量也会相应增加. 变异因子 F 越大, 虽然变异后得到的中间个体的步长越大, 搜索范围更广, 但局部搜索能力不强. 因此, 在实际解决优化问题时, 根据问题本身的特征合理选择参数. 在一般的设置条件下, F 可以动态或以固定值方式取值 0.5~0.7, 交叉因子 CR 也可以动态或以固定方式取值 0~1, 其值越大, 个体被选择的概率也就越大, 种群多样性也就越好, 但搜索速度会受一定的影响.

8.2.3　DE 算法的流程

DE 算法流程图如图 8-4 所示.

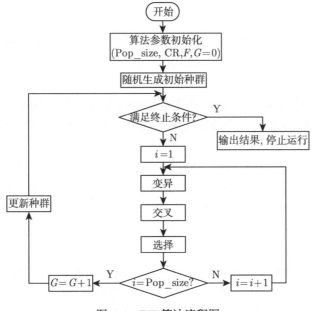

图 8-4　DE 算法流程图

DE 算法描述如下:

Step1. 首先对算法参数进行初始化, 并设置迭代次数 $G=0$.

Step2. 随机生成初始化种群, 并对初始化种群的每个个体的适应度进行计算, 判断种群个体的适应度是否满足结束条件, 若满足结束条件, 则输出结果并停止运行; 否则, 算法继续执行.

Step3. 对种群中的每个个体执行变异、交叉和选择操作, 得到新一代个体. 若新一代个体能满足要求, 则停止搜索; 否则, 重复执行 Step3.

Step4. 当达到最大迭代次数或者终止条件满足时, 则停止搜索, 算法运行结束.

8.3 改进的微分进化算法

8.3.1 MADE 算法

在 MADE 算法[6] 中, 主要使用了一个能够实现角度调制功能的生成函数 (generating function), 这个函数由 sin() 和 cos() 函数组成, 形式描述如下:

$$g(x) = \sin(2\pi(x - a) \times b \times \cos(A)) + d \tag{8-4}$$

$$A = 2\pi \times c(x - a) \tag{8-5}$$

考虑到问题的要求, 首先设定所需要的位数, 然后按照均匀间隔生成相同数量的一组值, 变量 x 的值可以从这组值选择. 例如, 为了产生一个 10 位的值, 在 0~10 均匀选择 10 个点.

式 (8-4) 的系数 a、b、c 和 d 决定着生成函数的形状. a 影响生成函数在水平方向上的移动, b 影响 sin() 函数的周期; c 影响 cos() 函数的周期; d 影响生成函数在垂直方向上的移动.

生成函数与优化算法结合后, 优化算法只需要进化四维的参数对 (a,b,c,d) 就可以了. 优化算法在每一代进化之后, 将新的参数对 (a,b,c,d) 代入式 (8-4), 按照上述的均匀间隔方法选取 x 的值, 每个 x 值对应一个函数值. 如果函数值为正数, 则这个 x 所对应的位赋值为 1; 如果函数值为负数, 则这个 x 所对应的位赋值为 0. 这样, 就可以产生一个二进制串.

MADE 不需要更改基本 DE 的算子形式, 就能很容易地将 DE 从连续空间扩展到二进制空间. 而且, 无论求解问题是多少维的变量, MADE 只需进化四维的参数对即可, 这样就降低了求解问题的复杂性.

8.3.2 BinDE 算法

在 BinDE 算法[7] 中, 设 $X_i(t)$ 是 DE 的一个个体, 它的每一个分量 $x_{ij}(t)(j = 1, \cdots, n_x$, 而 n_x 是二进制问题的位数) 都是一个浮点数. $X_i(t)$ 对应的二进制串 $Y_i(t)$ 为

$$y_{ij}(t) = \begin{cases} 0, & U(0,1) < f(x_{ij}(t) \\ 1, & \text{其他} \end{cases} \tag{8-6}$$

式中, $y_{ij}(t)$ 是 $Y_i(t)$ 的分量; $f(\cdot)$ 是 sigmoid 函数,

$$f(x) = \frac{1}{1 + \mathrm{e}^{-x}} \tag{8-7}$$

DE 算法每进行一代进化, 都会产生新的 $X_i(t)$, 通过式 (8-2) 将 $X_i(t)$ 的每个分量转化成对应的概率值, 然后通过式 (8-6) 生成对应的二进制串 $Y_i(t)$. 这个过程实现了从连续空间到二进制空间的转化.

8.3.3 normDE 算法

在 normDE 算法[8] 中, 设 $X_i(t)$ 是 DE 的一个个体, 它的每一个分量 $x_{ij}(t)(j = 1, \cdots, n_x$, 而 n_x 是二进制问题的位数) 都是一个浮点数. 在 normDE 算法中, DE 对 $X_i(t)$ 进行进化操作, 然后使用式 (8-8) 将 $X_i(t)$ 的每个分量线性地归一化到 0~1.

$$x'_{ij}(t) = \frac{x_{ij}(t) + x_i^{\min}}{\left|x_i^{\min}(t)\right| + x_i^{\max}(t)} \tag{8-8}$$

式中, $x_i^{\min}$ 和 $x_i^{\max}$ 分别是第 i 个个体中最小和最大分量.

而二进制串 $Y_i(t)$ 的每个分量通过下式产生:

$$y(t) = \begin{cases} 0, & x'_{ij}(t) < 0.5 \\ 1, & \text{其他} \end{cases} \tag{8-9}$$

通过上面的操作, normDE 也实现了从连续空间到二进制空间的转化.

8.3.4 基于极大–极小距离密度的多目标微分进化算法

在该算法[5] 中, 多目标优化问题表示如下:

$$\max y = f(x) = (f_1(x), f_2(x), \cdots, f_n(x)), \tag{8-10}$$

$$\text{s.t. } g_i(x) \leqslant 0,$$

式中, 决策向量 $x \in R^m$; 目标向量 $y \in R^n$; $f_i(x)(i = 1, 2, \cdots, n)$ 是目标函数; $g_i(x) \leqslant 0(i = 1, 2, \cdots, h)$ 是约束条件.

对 MOP 的非劣最优解有下述定义:

定义 8-1(非劣最优解) 若 x^* 是搜索空间中一点, 则 x^* 为非劣最优解, 当且仅当不存在 i, 使得 $f_i(x) > f_i(x^*)$ 成立.

定义 8-2(Pareto 支配) 设 $u, v \in R^m$, 则向量 u 支配向量 v, 记为 $u \succ v$, 当且仅当

(1) $f_i(u) \geqslant f_i(v), \forall i \in \{1, 2, \cdots, n\}$;

(2) $f_j(u) > f_j(v), \exists j \in \{1, 2, \cdots, n\}$;

如果两个解向量设 $u, v \in R^m$ 间是相互不被 Pareto 支配的, 则称它们是 Pareto 无关的, 表示为 $u \sim v$.

定义 8-3(极大–极小距离) 设 S 为一些个体的集合, 集合的规模为 n, 则 S 中任一个体 i 相对于其他个体在目标函数空间中的欧氏距离可表示为 $d_j^i(j = 1, 2, \cdots, n, j \neq i)$, 其中 d_j^i 的最小值为个体 i 的最小欧氏距离 $d_{\min}^i$, 那么对该集合中的所有个体而言存在一个最小距离集合 $d_{\min} = (d_{\min}^1, d_{\min}^2, \cdots, d_{\min}^m)$, $d_{\min}$ 中的最大值用 $d_{\max-\min}$ 表示, 则称 $d_{\max-\min}$ 为集合 S 的极大–极小距离.

定义 8-4(极大–极小距离密度) 对集合规模为 n 的个体集合 S, 如果它们的极大–极小距离为 $d_{\max-\min}$, 那么在 S 中除 i 以外的所有相对于 i 在目标函数空间中的欧氏距离小于 $d_{\max-\min}$ 的个体的个数 $D(i) = \sum_{j=1, j \neq i}^{n} (\mathrm{sgn}(d_{\max-\min} - d_j^i))$

(其中 $\mathrm{sgn}(x) = \begin{cases} 1, & x \geqslant 0 \\ 0, & x < 0 \end{cases}$ 为一符号函数, 称为个体在集合 S 中的极大–极小距离密度 (max-min distance density, MMDD).

1. Pareto 候选解集的维护

基于 MMDD 的 Pareto 候选解集的构建和维护策略描述如下:

(1) 如果 Pareto 候选解集的规模没有达到规定的大小, 那么将所获得的非劣解直接加入 Pareto 候选解集中;

(2) 如果新的非劣解支配了 Pareto 候选解集中的个体, 那么将被支配的个体从 Pareto 候选解集中删除, 并将新个体加入 Pareto 候选解集中, 否则, 将新的非劣解加入 Pareto 候选解集中, 并计算 Pareto 候选解集中每个体的 MMDD, 并删除 Pareto 候选解集中 MMDD 最大的个体.

2. 选择操作

选择操作将所有目标个体和由其产生的全部新个体一起构建一个新群体 T ,

显然群体 T 的规模 2 倍于原群体, 然后在群体 T 中, 根据支配关系和 MMDD, 采用二元锦标赛方式选出进入下一代的个体, 具体步骤描述如下:

(1) 将目标个体和由变异及交叉操作生成的新个体一起加入新的群体 T 中;

(2) 对 T 中个体首先比较个体间的支配关系, 支配关系占优的个体进入下一代; 对于个体间不具有支配关系的个体如果一方已在 Pareto 候选解集中, 则已在 Pareto候选解集中的个体进入下一代, 否则, 具有较小的MMDD的个体进入下一代.

3. 基于极大–极小距离密度的多目标微分进化算法

Step1. 设置算法初始参数, x 的维数 D, 群体规模 NP, 收缩因子 F, 交叉常量 CR;

Step2. 在决策空间随机生成初始群体 P;

Step3. 将群体 P 中的非劣解加入 Pareto 候选解集中;

Step4. 用 DE 的变异和交叉操作, 对群体 P 和 Pareto 候选解集中的每一目标个体 x 都生成一个新个体 x', 所有目标个体和新个体一起构成群体 T;

Step5. 按选择操作部分使用二元锦标赛方式从 T 中选出新一代群体;

Step6. 根据 Pareto 候选解集的维护中的方法, 将新一代群体中的非劣解加入 Pareto 候选解集中;

Step7. 如满足终止条件, 停止迭代, 否则返回 Step4.

新算法的时间复杂性主要体现在算法 Step5 和 Step6, Step5 的时间复杂度为 $O(n\log_2 n)$. Step6 在最坏的情况下, 时间复杂度也不会超过 $O(n^2)$. 因此, 算法总的时间复杂度不会超过 $O(n^2)$.

8.4 微分进化的几种优化策略

8.3 节指出, 为了区分 DE 算法的几种优化策略, 通常将 DE 算法表示为DE/x/y/z, 其中, x 表示变异机制中的基向量是随机选取还是取上一代中的最优个体; y 表示差分向量的个数; z 表示交叉方式, 有指数交叉和二项式交叉, 两者区别是二项式交叉能保证中间个体至少有一维分量进入候选个体, 如式 (8-2), 而指数交叉则不保证这一点, 如式 (8-11) 所示.

$$u_{ji,G+1} = \begin{cases} v_{ji,G+1}, & \text{randb}(j) \leqslant \text{CR} \\ x_{ji,G}, & \text{其他} \end{cases} \tag{8-11}$$

DE 算法最核心的部分是变异, 而标准 DE 算法提供的变异策略有 8 种之多, 每种都有各自的特点和优势, 合理地选择变异策略是 DE 算法更快更好地搜索成功的关键.

为验证 DE 受不同组合 DE/x/y/z 的影响, 使用 Schaffer 函数对 DE 的各个优化策略分别进行测试. Schaffer 函数为较复杂的多局点函数, 它的最小值点在原点处. 实验设置为算法针对 Schaffer 函数运行 100 次, 记录搜索成功率 (ps)、平均迭代次数 (avggen) 和平均搜索时间 (CPU). Schaffer 函数为二维, F 取 0.5, CR 取 0.5, NP 取 60, 最大迭代次数为 5000 次.

DE 基本算法采用 Matlab7.0 语言进行编写, 开发环境为 Windows 7, 所用计算机配置为主频 2.27GHz, 内存 2.00GB, 处理器为 Intel Core i5.

表 8-1 给出了 DE 算法各优化策略对 Schaffer 函数的仿真结果.

表 8-1　DE 各优化策略对 Schaffer 函数的仿真结果

优化策略	记录搜索成功率/%	迭代次数	CPU/s
best/1/exp	81	97	0.029
rand/1/exp	100	400	0.125
best/2/exp	98	501	0.151
rand/2/exp	100	1432	0.401
best/1/bin	80	101	0.031
rand/1/bin	100	400	0.125
best/2/bin	99	480	0.148
rand/2/bin	100	1428	0.501

由表 8-1 可看出:

(1) x 是选择 best 还是选择 rand, 即基向量是随机选择还是选择上一代中最优个体, 对算法性能的影响非常大. 这是因为, 如果基向量是选择上代种群中的最优个体, 那么种群每次迭代都在最优个体附近, 极易陷入局部最优点, 因此, 此种方法的成功率都不高, 但是这种方法的速度很快.

(2) 交叉方法是采用二项式交叉还是指数交叉对算法性能的影响不大.

(3) 如果变异操作选择了 2 组差分向量, 则成功率要比只选择一组差分向量的策略高, 但是搜索时间会增加. 这是因为, 如果变异操作采用了 2 组差分向量, 则每个生成的中间个体与种群中其他的个体的联系会增强, 种群多样性得到更好地维护, 这样使得搜索成功率变高, 但同样, 这种方式的进化降低了种群中优秀个体与较差个体的差异, 使得搜索成功的速度变慢, 时间变长.

8.5　实 例 分 析

8.5.1　微分进化文化算法

微分进化文化算法[9]用微分进化模拟文化算法群体空间的进化过程, 实现文化算法在微观方面的进化, 图 8-5 给出其流程图.

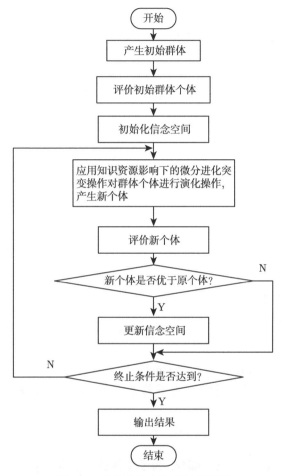

图 8-5 微分进化文化算法流程图

在算法的初始化阶段, 创建一个大小为 P 的群体空间和一个大小为 P 的信念空间. 对后代来说, 微分进化文化算法的突变操作受信念空间的影响. 要解决约束优化问题, 自适应函数不能提供足够的信息引导适当的搜索. 为了检测后代是否优于父辈, 是否可以替代父辈, 来用如下的规则:

(1) 可行个体总是优于不可行个体;

(2) 如果两个个体均为可行的, 有最好目标函数值的个体更优;

(3) 如果两个个体都为不可行的, 测量它们的标准化约束条件, 拥有少量约束条件的个体更优.

微分进化文化算法的伪代码如下:

```
Generate initial population;
Evaluate initial population;
Initialize the belief space;
Do
    For each individual in the population
        Apply the variation operator influenced by a randomly
        chosen knowledge
        source;
        Evaluate the child generated;
        Replace the individual with the child, if the child is
        better;
    End for
    Update the belief space with the accepted individuals;
Until the termination condition is achieved
```

1. 信念空间的设置

信念空间影响并指导群体个体的进化, 根据微分进化的特点和需要, 将信念空间的知识资源分为以下 4 种基本类型.

(1) 情境知识 (situational knowledge)

情境知识由进化过程中找到的最优样本 E 组成. 在此影响下的微分进化的变异操作公式为

$$x'_{x,j} = E_i + F \times (x_{i,r1} - x_{i,r2}) \tag{8-12}$$

式中, E_i 是最优样本 E 的第 i 部分. 为了个体的再结合, 用 E 代替随机选择的个体, 使其子代更接近已找到的最优点. 如果在当前群体中找到的最优个体 x_{best} 优于 E, 用 x_{best} 代替 E 完成情境知识的更新.

(2) 标准化知识 (normative knowledge)

标准化知识包含已找到的最优解向量所在的区间. 其结构如图 8-6 所示.

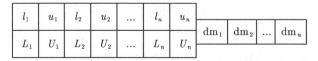

l_1	u_1	l_2	u_2	...	l_n	u_n				
L_1	U_1	L_2	U_2	...	L_n	U_n	dm_1	dm_2	...	dm_n

图 8-6　标准化知识结构

图中, l_i 和 u_i 分别是解向量的第 i 个分量的上下界; L_i 和 U_i 为与边界相关的自适应函数值. 标准化知识包含一个影响微分进化突变操作的比例因数 dm_i. 在此影响

下设计微分进化的突变操作公式为

$$
x'_{i,j} = \begin{cases}
x_{i,r3} + F \times |x_{i,r1} - x_{i,r2}|, & x_{i,r3} < l_i \\
x_{i,r3} - F \times |x_{i,r1} - x_{i,r2}|, & x_{i,r3} > u_i \\
x_{i,r3} + \dfrac{u_i - l_i}{\mathrm{dm}_i} \times F \times (x_{i,r1} - x_{i,r2}), & \text{其他}
\end{cases}
\tag{8-13}
$$

标准化知识的更新能够缩小或扩大其存储区间. 当可接受个体不在当前区间时扩大当前区间; 当所有可接受个体都在当前区间内, 并且它们的极值有一个更好的自适应函数值时, 缩小当前区间. 用在上一代变异操作中发现的最优差分 $|x_{i,r1} - x_{i,r2}|$ 更新 dm_i 的值.

(3) 地形知识 (topographical knowledge)

地形知识的作用是创建一张进化过程中问题的适应值景观图. 它由一组单元组成, 每个单元包含一个最优个体. 根据每个单元最优个体的适应值, 形成一个最优单元序列表. 为了更好地存储管理, 在高维情况下, 用空间数据结构 k_d 树或 k 维二叉树[10]. 在 k_d 树中, 每个节点仅有两个孩子 (假如它是叶子节点, 没有孩子节点), 表示任何一个 k 维的中间分割 (图 8-7).

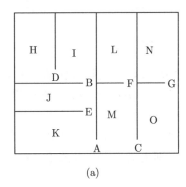
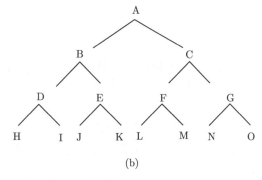

(a)   (b)

图 8-7 k_d 树的二维空间分割图

Influence() 函数努力把 "孩子" 节点移到最优单元序列表中, 微分进化突变操作相应的更改

$$
x'_{i,j} = \begin{cases}
x_{i,r3} + F \times |x_{i,r1} - x_{i,r2}|, & x_{i,r3} < l_{i,c} \\
x_{i,r3} - F \times |x_{i,r1} - x_{i,r2}|, & x_{i,r3} > u_{i,c} \\
x_{i,r3} + F \times (x_{i,r1} - x_{i,r2}), & \text{其他}
\end{cases}
\tag{8-14}
$$

式中, $l_{i,c}$ 和 $u_{i,c}$ 是单元 c 的上、下限; 单元 c 是从最优单元序列表 b 中随机选取的. 如果在单元中找到了更好的解并且树还没有达到其最大深度, Update() 函数分裂一个节点. 被分割的维数是存储解和新解偏差较大的那个.

(4) 历史知识 (history knowledge)

历史知识起初是为动态目标函数提出的, 用于环境变化时找到样品. 历史知识有一个列表, 记录了环境变化前最优个体的位置. 该列表最大长度为 ω. 图 8-8 为历史知识的结构, e_i 为第 i 个环境变化前找到的最优个体, ds_i 是参数 i 的平均变化距离, dr_i 是在参数 i 有变化时的一般变化方向. 如果在连续的 p 代中, 最优解保持不变, 那么不是探索环境的变化而是存储这个解. 如果出现了这种情况, 则假设陷入了局部最优.

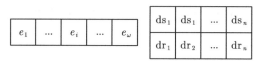

图 8-8　历史知识结构

在历史知识影响下, Influence() 函数的表达式为

$$x'_{i,j} = \begin{cases} x_{i,e_\omega} + \mathrm{dr}_i \times F \times |x_{i,\mathrm{r}_1} - x_{i,\mathrm{r}_2}|, & \mathrm{rand}(0,1) < \alpha \\ x_{i,e_\omega} - \dfrac{1.5 \times \mathrm{ds}_i}{\mathrm{dm}_i} \times (x_{i,\mathrm{r}_1} - x_{i,\mathrm{r}_2}), & \mathrm{rand}(0,1) < \beta \\ \mathrm{rand}(\mathrm{lb}_i, \mathrm{ub}_i), & \text{其他} \end{cases} \tag{8-15}$$

式中, x_{i,e_ω} 是历史知识列表中最优个体 e_ω 的第 i 个分量; dm_i 是标准化知识中第 i 个分量的最大偏差; lb_i 和 ub_i 是输入问题变量 x_i 的上下界; $\mathrm{rand}(a,b)$ 是 a 和 b 之间的一个随机数.

为更新历史知识, 在进化过程中添加一个局部优化列表. 如果该列表达到它的最大长度 ω, 则放弃最早的元素. 变化的距离和方向分别由式 (8-16) 和式 (8-17) 来计算

$$\mathrm{ds}_i = \frac{\displaystyle\sum_{k=1}^{\omega-1} |x_{i,e_{k+1}} - x_{i,e_k}|}{\omega - 1} \tag{8-16}$$

$$\mathrm{dr}_i = \mathrm{sgn}\left(\sum_{k=1}^{\omega-1} \mathrm{sgn}(x_{i,e_{k+1}} - x_{i,e_k})\right) \tag{8-17}$$

式中, 函数 $\mathrm{sgn}(a)$ 返回标记 a.

2. 接受函数

Saleem 根据动态接受函数 Accept() 的设计来计算更新信念空间需要接受的个体数目, 可接受个体的数目随着代数的增加不断减少. Saleem 提出环境变化时要重

新设置可接受个体的数目. 如果最优解在最后 p 代中没有改变, 将重新设置可接收个体的数目. 可接受个体的数目 n_{accepted} 用式 (8-18) 得到

$$n_{\text{accepted}} = \left\lfloor \%p \times P + \frac{(1 - \%p) \times P}{g} \right\rfloor \tag{8-18}$$

式中, $\%p$ 是介于 0 和 1 之间的参数, Saleem 建议用 0.2; g 是代计数器, 当最优解在最后 p 代中没有发生改变时将其重设为 1.

3. 影响函数

Influence() 函数用来选择用于微分进化变异操作的知识资源. 开始, 所有的知识资源被使用的概率是相同的, $\%p_{ks}=1/4$; 但在进化过程中, 知识资源 ks 被使用的概率由式 (8-19) 计算

$$\%p_{ks} = 0.1 + 0.6v_{ks}/v \tag{8-19}$$

式中, v_{ks} 表示知识资源 ks 产生的个体在当前代中优于父辈的次数; v 表示任何知识资源产生的个体在当前代中优于父辈的次数. 为保证任何知识资源总有被使用的可能性, $\%p$ 的下界为 0.1. 如果在其中一代中 $v=0$, 那么 $\%p_{ks}$ 以 1/4 开始. Influence() 函数是对该算法以前版本最重要的修改.

4. 仿真测试及分析

采用文献 [11] 中著名的验证约束处理技术的实例进行测试并将结果与迄今为止处理约束优化最好的进化算法结果和该算法以前的版本测试结果相比较. 测试中运用的参数如下: popsize = 100, 最大迭代次数 1000, 微分进化元素 $F = 0.5$, CR = 1, k-d 树的最大深度为 12, 最优单元列表 b 的长度为 10, 历史知识中列表的大小 $\omega = 5$, $a = b = 0.45$, $\%p = 0.2$. 表 8-2 ~ 表 8-4 中的值是对每个问题独立的运行 30 次得到的.

表 8-2 给出了本节所介绍方法的试验结果. 表 8-3 给出了本书提出的方法与该算法的以前版本的比较. 表 8-4 给出了用随机队方法 (至今为进化算法提出的最好的约束处理技术) 得到的结果. Runarsson 和 Yao 结果是适应度值函数的 350000 次赋值得到的. 本节介绍的方法仅需要 100100 次赋值就可以得到.

从表 8-2 和表 8-3 可以看出, 除 g05 的变化比较高之外, 本节介绍的方法比以前版本在相同情况下都显示出较好的性能. 当前版本既在第 11 代达到最优化, 还可以在第 4 代达到最优化. 与随机队方法相比, 微分进化文化算法显现出很大的竞争力. 微分进化文化算法在 g08 问题中达到全局优化, 随机队在 g09 问题得到全局最优化. 但是, 除 g02 和 g13 外 (这里随机队显示出优势), 微分进化文化算法在所有其他问题中得到的结果都很接近全局最优. 此外, 微分进化文化算法在很多情况下表现出低标准偏差, 在一些情况下改善了随机队偏差大的缺陷. 值得注意的是随

机队不能在 g10 达到全局最优, 并表现出很大的结果偏离. 另外, 随机队在 g06 与本节方法相比也表现出很大的偏离. 不过, 随机队在 g01、g03、g05、g11 比微分进化文化算法显得稳定.

表 8-2　改进微分进化文化算法

测试函数	函数最优解	算法最佳解	算法平均解	算法最差解	标准偏差
g01	−15	−14.999863	−14.999251	−14.998283	0.000333
g02	0.803619	0.793829	0.735590	0.620843	0.049941
g03	1	1.000000	0.896800	0.69272	0.080994
g04	−30665.539	−30665.538672	−30665.538672	−30665.538672	0.000000
g05	5126.4981	5126.558552	5198.202774	5323.865946	59.633275
g06	−6961.8138	−6961.813876	−6961.813876	−6961.813876	0.000000
g07	24.3062091	24.575518	24.575520	24.575526	0.000002
g08	0.095825	0.095825	0.095825	0.095825	0.000000
g09	680.6300573	680.630057	680.630057	680.630057	0.000000
g10	7049.25	7049.248134	7049.248489	7049.249942	0.000362
g11	0.75	0.750000	0.777469	0.898055	0.044560
g12	1	1.000000	1.000000	1.000000	0.000000
g13	0.0539498	0.056180	0.288621	0.39210	0.161230

表 8-3　文化算法

测试函数	函数最优解	算法最佳解	算法平均解	算法最差解	标准偏差
g01	−15	14.996953	13.214513	5.999896	2.985388
g02	0.803619	0.616900	0.517901	0.419959	0.066237
g03	1	1.000000	0.821397	0.600900	0.144609
g04	−30665.539	−30665.539177	−30665.538824	−30665.538672	0.000244
g05	5126.4981	5126.563220	5136.862081	5184.827897	19.569988
g06	−6961.8138	−6961.813876	−6961.813876	−6961.813876	0.000000
g07	24.3062091	24.575671	24.585679	24.650253	0.023298
g08	0.095828	0.095825	0.095825	0.095825	0.000000
g09	680.6300573	680.630057	680.630057	680.630057	0.000000
g10	7049.25	7049.251189	7049.284777	7049.372205	0.040707
g11	0.75	0.757500	0.779440	0.854357	0.039593
g12	1	1.000000	1.000000	1.000000	0.000000
g13	0.0539498	0.054903	0.314341	0.426815	0.181099

表 8-4 随机队方法

测试函数	函数最优解	算法最佳解	算法平均解	算法最差解	标准偏差
g01	−15	−15.000	−15.000	−15.000	0.0
g02	0.803619	0.803515	0.781975	0.726288	0.020
g03	1	1.000	1.000	1.000	0.00019
g04	−30665.539	−30665.539	−30665.539	−30665.539	0.00002
g05	5126.4981	5126.497	5128.881	5142.472	3.5
g06	−6961.8138	−6961.814	−6875.940	−6350.262	160
g07	24.3062091	24.307	24.374	24.642	0.066
g08	0.095828	0.095825	0.095825	0.095825	0.000000
g09	680.6300573	680.630	680.656	680.763	0.034
g10	7049.25	7054.316	7559.192	8835.655	530
g11	0.75	0.750	0.750	0.750	0.00008
g12	1	1.000000	1.000000	1.000000	0.0
g13	0.0539498	0.053957	0.057006	0.216915	0.031

8.5.2 基于 Pareto 的双群体多目标微分进化算法

1. 问题描述

多目标优化题是由多个需同时优化并附带有若干等式和不等式的约束条件组成的, MOP 的数学形式描述为

$$\min_{x \in X} f_i(x),\ i = 1, 2, \cdots, m, \tag{8-20}$$

$$\text{s.t.} \begin{cases} x = \{x_1, x_2, x_3, \cdots, x_d\} \in R^d \\ g_i(x) \leqslant 0,\ i = 1, 2, \cdots, n-1 \\ h_k(x) = 0,\ k = n, \cdots, n+m \end{cases}$$

式中, $f_i(x)$ 是目标函数; x 是一个 d 维决策变量; $g_i(x)$ 是不等式约束函数; $h_k(x)$ 是等式约束函数.

假定 x_a 和 x_b 是两个决策变量, 评价 MOP 解的优劣性常使用以下偏序关系:

(1) Pareto 约束. $x_a \prec x_b$, 当且仅当满足以下关系

$$\begin{cases} f_i(x_a) \leqslant f_i(x_b), \forall i \in \{1, 2, \cdots, m\} \\ f_j(x_a) < f_j(x_b), \exists j \in \{1, 2, \cdots, m\} \end{cases} \tag{8-21}$$

(2) Pareto 最优解或 Pareto 非劣解. 决策变量 x_a 称为 Pareto 最优解或 Pareto 非劣解, 当且仅当满足以下关系

$$\nexists x_b \in R^d : x_b \prec x_a \tag{8-22}$$

基于上述偏序关系, 若 x_a 和 x_b 不满足式 (8-21) 关系, 则称 x_a 和 x_a 无支配关系.

在求解 MOP 过程中, 由于传统的线性或非线性规划方法不能有效地得到令人满意的解, 人们从仿生学的角度借鉴生物进化和遗传等规律, 将进化算法 (evolutionary algorithm, EA) 应用于工程、金融、科学等 MOP 领域[2-6]. 微分进化[5](differential evolutionary, DE) 是由 Storn 提出的一种基于种群的优化算法, 最初应用于解决无约束的单目标优化问题, 与传统的求解 MOP 等方法相比, DE 不需要梯度等求导信息, 且进化过程中陷入局部最优的机会较小. DE 求解优化问题的过程可划分为初始化、变异、交叉和选择等 4 个过程. 而变异、交叉和选择是 DE 中用于生成下一代新种群的最重要的 3 个步骤, 变异方式通常按以下方式进行[3]:

$$\text{DE/rand/1}: v_i = x_{r1} + F \cdot (x_{r2} - x_{r3}) \tag{8-23}$$

式中, $r1$、$r2$、$r3$ 分别是随机性生成的介于 [1, NP(population size)] 3 个不同的整型常数, 且与当前的目标向量 x_i 是不同的; $F \in [0, 2]$ 是一个被用于控制差向量的标量因子; 变异向量和目标向量 x_i 被用于交叉操作以获得中间向量 $u_{i,j}$

$$u_{i,j} = \begin{cases} v_{i,j}, & \text{rand}_j \leqslant \text{CR或} j = k \\ v_{i,j}, & \text{其他} \end{cases} \tag{8-24}$$

式中, CR 是一个控制参数; rand_j 是一个介于 0 和 1 之间的随机数; 用于确保 $u_{i,j}$ 中至少有一个元素来自 v_i, 避免 u_i 中的全部元素来自 x_i.

本节介绍一种基于 Pareto 的双群体多目标微分进化算法 (DEPDP), 相比 DE, 该算法主要改进之处为: ①个体的变异操作, 类似于粒子群优化过程中的粒子速度更新过程; ②个体的选择方式, 采用 K.Deb[2] 提出的"非劣排序和等级选择过程".

2. 基于 Pareto 的双群体微分进化算法

本节提出的算法 DEPDP 涉及的相关定义描述[12] 如下:

1) 基本定义

定义 8-5　个体 p 是式 (8-20) 的不可行解, 当且仅当至少存在一个 $i \in [1, n-1]$ 或 $j \in [n, n+m]$, 使得 $g_i(p) \geqslant 0$ 或 $h_j(p) \neq 0$.

定义 8-6　个体 p 违反约束的程度, 即约束违反度函数定义:

$$F(p) = \begin{cases} \max\{0, g_i(p)\}, & i \in [1, n-1] \\ |h_j(p)|, & j \in [n, n+m] \end{cases} \tag{8-25}$$

定义 8-7　个体 p 违反约束的数目

$$\text{sign}_i(p) = \begin{cases} 0, & g_i(p) \leqslant 0 \text{或} h_j(p) = 0 \\ 1, & g_i(p) > 0 \text{或} h_j(p) \neq 0 \end{cases} \tag{8-26}$$

定义 8-8 如果不可行解 p_x 的约束向量 $(F(p_x), N(p_x))$ 优于不可行解 p_y 的约束向量 $(F(p_y), N(p_y))$, 此时称 p_xPareto 优于 p_y.

定义 8-9 在给定的群体 $P = \{p_1, p_2, \cdots, p_n\}$ 中, 若 p_j 和 p_k 是离 p_i 最近距离的两个体, 则 p_i 的邻域密度定义为

$$D(p_i) = \frac{(\min \|p_j - p_i\| + \min \|p_k - p_i\|)}{2} \tag{8-27}$$

式中, p_j 和 p_k 是离 p_i 最近的两个个体.

2) 选择过程

DE 在进化过程中, 个体做变异和交叉等操作后, 约束函数会使得某些个体成为一些不可行解, 处理此类情况常用的策略是删除或通过某种规则修正这些不可行解[7,8]. 而在许多实际工程应用领域中, 不可行解常位于最优解的邻近区域范围内, 在某种程度上, 不可行解的适应度值或许会优于可行解, 这种情况对于 DE 搜索最优解提供了一定的可借鉴之处. 在此, 设置集合 $P_c = \{p_c^1, p_c^2, \cdots, p_c^{n_2}\}$ 存储进化过程中出现的不可行解, 对 P_c 中的每一个体通过某种策略修正为可行解[9], 对父代和子代的组合种群执行一种特殊的 "非劣排序和等级选择过程[2]", 并对组合种群的每个个体指定一个对应的非劣等级. 根据 Pareto 约束关系, 假定目标个体 $(p_f^j, j \in [1, n_1])$ 和新个体 a 的非劣等级分别为 R_j 和 R_a, 则 p_f^j 或 a 进入一下代种群 P_f 需满足下列条件之一:

(1) 若 $R_j < R_a$, a 进入下一代种群 $P_f = \{p_f^1, p_f^2, \cdots, p_f^{j-1}, a, p_f^{j+1}, \cdots, p_f^{n_1}\}$; 否则若 $R_a < R_j$, 则 p_f^j 进入下一代种群.

(2) 若 $R_j = R_a$, 若 a 比 p_f^j 有更高的多样性等级, 则 a 进入下一代种群 $P_f = \{p_f^1, p_f^2, \cdots, p_f^{j-1}, a, p_f^{j+1}, \cdots, p_f^{n_1}\}$, 反之亦然.

借鉴 PSO 算法的粒子寻优过程, P_f 中的每一个个体相当于一个粒子, 每个粒子 p_f^i 有两个记忆功能, 分别用于记忆每个粒子在搜索过程中经历的最优位置和粒子群体在可行区域内得到的全局最优位置. 在此, 两者分别记为 lbest=$\{l_1, l_2, \cdots, l_{n_1}\}$, gbest=$\{g_1, g_2, \cdots, g_{n_3}\}$, 其中, 每个 l_i 意味着个体 i 对自己搜索过程的一种个体经验总结, 而 g_i 表示粒子群体在当前搜索结束后的一种集体经验总结. 此外, P_c 中的某些不可行解个体也将融入个体的变异过程, 增强新个体的多样性.

3) 变异和交叉操作

EA 求解 MOP 过程中, 为了更好地增强种群中个体的多样性及算法的收敛性, 其关键算子是变异操作. DEPDP 中使用的变异算子描述[10] 如下.

$$p = \begin{cases} p_c^i, & r < T \\ p_f^i, & r \geqslant T \end{cases}$$

$$C = p + F_1(l_j - p_f^i) + F_2(g_t - p_f^i) \tag{8-28}$$

式中, $r \in [0,1]$ 是一个随机数; T 是一个阈值; F_1, $F_2 \in [0,1]$; $p_c^i \in P_c$ 是一位任选的不可行解个体; $p_f^i \in P_f$, $l_j \in$ lbest, $g_t \in$ gbest.

从式 (8-28) 可以看出: 变异过程中, p 来自于 P_c 或 P_f, 是为了增强两种解集间的信息交流, 种群的多样性在一定程度上取决于两类解在各自领域内反映出来的区域特征, 从而更好地促进种群中个体均匀地分布于搜索空间内, 达到增强个体多样性的目的. 交叉操作与传统 DE 使用的方法一致.

4) 多样性维护

多样性维护包含以下 2 个部分.

(1) P_c 多样性维护. 令 $|P_c|$ 表示 P_c 中不可行解个体的数目, n_2 为某正整数, p_x 为不可行解个体.

(a) 若 $|P_c| < n_2$, 则 p_x 进入 P_c;

(b) 若 $|P_c| = n_2$, 分别计算 p_x 的约束向量 $(F(p_x), N(p_x))$ 和 P_c 中每一个个体的约束向量 $(F(p_c^i), N(p_c^i))$, 根据 Pareto 偏序关系, 删除受约束的个体; 如果不存在偏序关系, 则删除 $f(p) = \max F(y)$ 值的最大个体 p.

(2) P_f 多样性维护. 令 p 为经变异和交叉操作后生成的新个体, p_f^j 为 P_f 中的任意个体.

(a) 若 $p \prec p_f^j$, 则 p 取代 p_f^j 进入下一代种群 P_f, 反之保留 p_f^j;

(b) 若 p 和 p_f^j 间无偏序关系, p 直接进入 P_f, 删除 P_f 中领域密度最大的个体.

5) 算法的基本流程

综上所述, DEPDP 算法执行步骤描述如下.

Step1. 设置算法的相关初始参数: 总的迭代次数 Np, 种群中可行解的数目 n_1, 种群中不可行解的数目 n_2, gbest 长度 n_3, 迭代代数指示器 t;

Step2. 随机生成 P_f, 并复制 P_f 分别为 lbest 和 gbest, 令 $t = 1$;

Step3. 种群 P_f 和 P_c 中的个体按照式 (8-28) 中描述的过程进行变异和交叉操作, 生成的不可行解个体按照 P_c 多样性维护进行, 并对不可行解个体按照预先指定的修正策略进行修正;

Step4. 组合子代和父代种群为一新种群, 并对新种群执行一种特殊的 "非劣排序和等级选择过程", 按照 P_f 多样性维护方法进行, 确定目标个体或子个体进入 P_f, 得到新一代的种群, 并重新设置 lbest 和 gbest;

Step5. 测试算法执行条件是否得到满足, 若不满足, 则转向 Step3; 否则算法执行结束, 输出最优解 gbest.

DEPDP 的复杂度取决于种群规模的大小, 假定进化过程中每一代种群规模的大小为 N, 则算法在最坏时间情况下复杂度为 $O(N^3)$, 相比本节待比较的 NSGA-II 算法的复杂度 $O(N^2)$ 略微要高一些, 与本节另一待比较的算法 SPEA 的复杂度 $O((N+EN)^3)$ (EN 为外部种群规模的大小) 较为接近. 虽然本节算法在获得最优解的总的进化时间上要略逊于 NSGA-II, 这也表明了获得 Pareto 非劣前沿需要的进化代数要多于 NSGA-II, 但均匀性和多样性明显要优于待比较的两种算法, 若在算法中待修正的个体解最少时, 则本节算法在最好情况下的复杂度可降为 $O(N^2)$.

3. 仿真结果与分析

数值实验环境为: Intel Pentium 4, 2.26GHz, 512M 内存, Windows XP Professional, Matlab 7.0.

测试分 Group1 和 Group2 两组进行. 第一组采用文献 [13] 描述的用来测试多目标优化算法常见的两个典型函数, 采用统一的形式给出测试函数的形式, 变换测试函数中的参数, 可以得到不同的测试函数; 第二组为文献 [14] 的测试函数 ZDT1 和 ZDT3. 初始参数的设置: 可行解集合 P_f 的长度 $n_1 = 100$, 参数 CR=0.25, F_1 和 F_2 在程序运行中进行动态设置, P_c 的长度 $n_2=50$; gbest 的长度 $n_3 = 60$; 进化代数 Np=30, 每个测试问题均在相同条件独立运行 30 次.

Group1: 第一组测试问题.

$$\begin{cases} \min F(x) = \begin{cases} \min f_1(x) = \min x \\ \min f_2(x) = \min c(\bar{x})\left[1 - \dfrac{f_1(\bar{x})}{c(\bar{x})}\right] \end{cases} \\ g(\bar{x}) = \cos\theta[f_2(\bar{x}) - e] - \sin\theta f_1(x) \geqslant a|\sin\{b\pi[\sin\theta[f_2(x) - e] + \cos\theta f_1(x)]^c\}|^d \end{cases}$$

$$c(x) = 41 + \sum_{i=2}^{5}[x_i^2 - 10\cos(2\pi x_i)], 0 \leqslant x_1 \leqslant 1, -5 \leqslant x_i \leqslant 5, i = 2, 3, 4, 5$$

式中, 控制参数 b 是用于控制 Pareto 前沿不连续的个数; 参数 d 为测试因子, 由 d 测试出每一 Pareto 前端是否仅包含一个 Pareto 可行解; 参数 a 为调节因子, 用于调节可行区域到 Pareto 前沿的距离, 问题求解的难易度由 a 控制; 参数 c 用于改变不连续 Pareto 前沿各解之间的均匀分布性. 通过设置不同的参数 (θ, a, b, c, d, e), 得到具有不同性质的测试函数; 算法运行时, 个体在搜索空间内的分布不尽相同; 随着算法执行向着真实的 Pareto 前沿逼近, 最终得到的 gbest 中包含的 Pareto 最优解的个数也不相同.

表 8-5　生成测试函数的具体参数设置

函数	θ	a	b	c	d	e
CTP1	0.1π	40	0.5	1	2	-2
CTP2	-0.2π	0.2	10	1	6	1

本节算法对 CTP1,CTP2 优化求解, 得到的 P_f, P_c, gbest(Pareto 前沿) 分布如图 8-9 和图 8-10 所示.

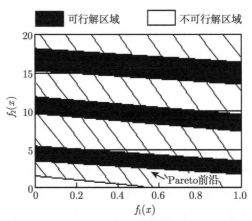

图 8-9　测试函数 CTP1 在搜索空间中的示意图

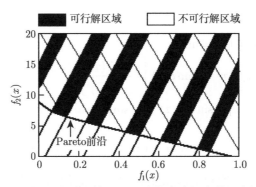

图 8-10　测试函数 CTP2 在搜索空间中的示意图

为了说明 DEPDP 算法的有效性, 将其与经典算法 NSGA-II[14] 以及文献 [13] 提出的双群体差分算法 (简称 DEDP) 进行比较, 这三种算法的性能测试标准分别是均匀性 (SP)[15] 与逼近性 (GD)[16] 的最优、最差、平均值、方差和中间值; 而且这三种算法各运行 30 次, 从中随机性选择其中一次结果, 均匀性和逼近性性能测试结果如表 8-6 和表 8-7 所示.

表 8-6　测试函数 CTP1 性能评价结果

性能测试	NSGA-II	DEDP	DEPDP
最优值	0.4285, 0.0005	0.5187, 9.82×10^{-5}	0.5032 0.0040
最差值	0.7179, 0.0021	0.6138, 5.367×10^{-4}	0.7018 0.0017
平均值	0.5749, 0.0017	0.5705, 2.0625×10^{-4}	0.5702 0.0010
中间值	0.5694, 0.0015	0.5684, 2.636×10^{-4}	0.5632 0.0007
方差	0.1842, 0.0013	0.1043, 0.0003	0.1032 0.0005

表 8-7　测试函数 CTP2 性能评价结果

性能测试	NSGA-II 算法	DEDP 算法	DEPDP 算法
最优值	0.3275,0.0008	$0.2689, 1.5472 \times 10^{-5}$	0.2721,0.0007
最差值	0.4121,0.0017	$0.3351, 1.7843 \times 10^{-4}$	0.3329,0.0013
平均值	0.3924,0.0012	$0.2965, 2.3067 \times 10^{-7}$	0.2876,0.0008
中间值	0.3732,0.0013	$0.2974, 8.0334 \times 10^{-5}$	0.2910,0.0008
方差	0.2157,0.0011	0.0813, 0.0001	0.0810,0.0006

从上述两表数据可以看出: 在解集的逼近性和均值性方面, DEPDP 算法所得到的方差小于 NSGA-II 算法, 接近 DEDP 算法, 算法的性能是较稳定的. 表中的数据在一定程度也反映出 DEPDP 算法在保留经变异、交叉后的不可行解后, 有利于提高算法的搜索功能, 使群体的多样性与解集的均匀性都能得到增强.

Group2: 第二组测试问题.

为了验证算法是否能处理二维以上的多目标优化问题, 选用的测试问题 ZDT1 和 ZDT3 来自于文献 [14], 选用的比较算法分别是 NSGA-II 和 SPEA[17], 选用文献 [14] 给出的两种评价不同算法间的性能标准: ①收敛性 γ. 算法的收敛性可以通过实际得到的非劣最优目标区域与理论上的非劣最优目标区域间的最小距离平均值来度量; ②多样性 Δ. 多样性用于描述群体中非劣解之间的散布覆盖范围. 如表8-8 所列. 有关这两种性能指标的具体度量公式在许多文献中都有提及, 在此不再阐述.

表 8-8　收敛性 γ 和多样性 Δ

算法	ZDT1(γ, Δ)	ZDT3(γ, Δ)
NSGA-II	0.000894, 0.463292	0.043411, 0.575606
	0.000000,0.041622	0.000042,0.005078
SPEA	0.001799, 0.784525	0.047517, 0.672938
	0.000001, 0.004440	0.000047, 0.003587
DEPDP	0.000896, 0.31286	0.037676,0.5625340
	0.000002, 0.001965	0.000036,0.001716

各算法的收敛性 γ 和多样性 Δ 性能由均值和方差来度量; 由表 8-8 分析发现, 在 ZDT1 上, DEPDP 算法的收敛性与 NSGA-II 算法较为接近, 优于 SPEA 算法; ZDT3 上的数据显示, DEPDP 算法明显优于其他两种算法. 而 DEPDP 算法在 ZDT3 上的多样性要明显优于其他的两种算法. 图 8-11 和图 8-12 显示了上述 2 个典型测试函数上的 Pareto 前沿, 在 ZDT1 的测试结果显示 DEPDP 算法与 NSGA-II 算法得到的 Pareto 前沿较为接近, 从前沿分布性来看, DEPDP 与 NSGA-II 所得解的分布性及散度都较好, 明显优于 SPEA 算法; 在 ZDT3 上, 这三种算法所获得 Pareto 前沿较为接近.

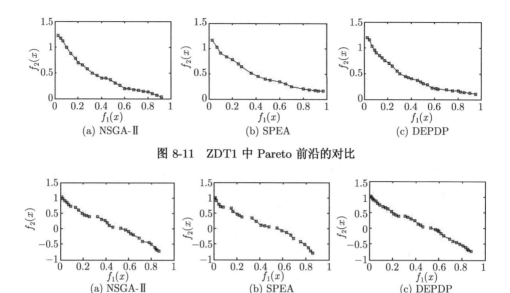

图 8-11 ZDT1 中 Pareto 前沿的对比

图 8-12 ZDT3 中 Pareto 前沿的对比

综上所述: DEPDP 算法在整个搜索最优解过程中, 由于考虑了不可行解个体可能存在的一些优良特性, 变异过程既有可行解个体, 也有不可行解个体的参与, 因此, 整个搜索过程得到的 Pareto 前沿较为均匀, 在某种程度上较好地保持了解的多样性, 从实验的效果来看, 其收敛性能也在合理范围内.

参 考 文 献

[1] Abbass H A. The self-adaptive Pareto differential evolution algorithm[C]//Proc of the Congress on Evolutionary Computation (CEC'2002). Piscataway: IEEE Service Center, 2002:831–836.

[2] Madavan N K. Multiobjective optimization using a Pareto differential evolution approach [C]//Proc of the Congress on Evolutionary Computation (CEC'2002). Piscataway: IEEE ServiceCenter, 2002:1145–1150.

[3] Xue F , Sanderson A C , Graves R J. Pareto-based multi-objective differential evolution [C]//Proc of the 2003 Congress on Evolutionary Computation (CEC'2003). Piscataway, NJ: IEEE Press, 2003: 862–869.

[4] Robio T, Filipio B. DEMO : Differential evolution for multiobjective optimization [C]. The 3rd Int'l Confon Evolutionary Multi-Criterion Optimization (EMO 2005). Guanajuato, Mexico, 2005.

[5] 张利彪, 周春光, 马铭, 等. 基于极大极小距离密度的多目标微分进化算法[J]. 计算机研究与发展, 2007, 44(1):177–184.

[6] Pampara G, Engelbrecht A P, Franken N. Binary diferential evolution[C].In Proceedings of the IEEE Congress on Evolutionary Computation, 2006：1873–1879.

[7] Engelbrecht A P, Pampara G. Binary diferential evolution strategies[C]. In Proceedings of the IEEE Congress on Evolutionary Computation, 2007: 1942–1947.

[8] 苏海军. 量子衍生和禁忌微分进化算法研究[D]. 上海: 上海交通大学, 2010.

[9] 张春鲜. 改进文化算法在约束优化问题中的应用研究[D]. 镇江: 江苏科技大学, 2009.

[10] Bentley J L, Friedman J H. Data structures for range searching[J]. ACM Computing Surveys, 1979 (11): 397–409.

[11] Runarsson T P, Yao X. Stochastic ranking for constrained evolutionary optimization[J]. IEEE Transactions on Evolutionary Computation, 2000 (4): 284–294.

[12] 汤可宗, 丰建文, 柳炳详, 等. 基于 Pareto 的双群体多目标微分进化算法[J]. 系统仿真学报, 2013, 25 (8): 1860–1864.

[13] 孟红云, 张小华, 刘三阳. 用于约束多目标优化问题的双群体差分进化算法[J]. 计算机学报, 2008, 31(2): 228–234.

[14] Deb K, Agrawal S, Pratap A, et al. A fast and elitist multiobjective genetic algorithm: NSGA-II [J]. IEEE Transactions on Evolutionary Computation, 2002, 6(2): 182–197.

[15] Schott J. Fault tolerant design using single and multicriteria genetic algorithm optimization[D]. Department of aeronauics, Massachusetts Institute of Technology, 1995.

[16] Veldhuizen V D A, Lamont G B. Multiobjective evolutionary algorithm research: ahistory and analysis[Z]. Department Elec. Comput.Eng., Graduate school of Eng., Air Force Inst. Technol., Wright-Patterson AFB, OH.Technical Report Tr-98-03, 1998.

[17] Zitzler E. Evolutionary algorithms for multiobjective optimization: methods and applications[D]. Doctoral dissertation ETH 13398, Swiss Federal Institute of Technology (ETH), Zurich, Switzerland, 1999.

第 9 章　模拟退火算法

模拟退火 (simulated annealing, SA) 算法是受热力学物理退火过程启发而产生的一种智能启发式算法. 模拟退火算法是自然计算的重要分支, 由 Metropolis 等[1]于 1953 年提出, 直到 1982 年 Kirkpatrick 等[2] 将其真正应用于工业界, 才得到快速发展. SA 引入物理系统中晶体退火过程的自然机理, 使用 Metropolis 准则接受产生的最优问题解, 核心思想是以一定的概率拒绝局部极小值问题解, 从而跳出局部极值点继续开采状态空间的其他状态解, 进而得到全局最优问题解. 与遗传算法和微粒群算法相比, 它具有优良的全局收敛特性, 隐含的数据并行处理特性, 良好的鲁棒性. 但其缺点是仿真时间过长, 计算效率偏低, 退火效果受温度等参数影响较大. 本章将对模拟退火的基本思想、算法的构造、实现技术、统计特性及实际应用进行详细介绍.

9.1　导　　言

模拟退火算法是一种通用的随机搜索算法, 是对局部搜索算法的扩展. SA 最早的思想源于对热力学中退火过程的模拟, 在某一给定初始温度下, 对温度参数缓慢下降, 使算法能够在多项式时间内给出一个近似最优解. 最初的 SA 算法是由 Metropolis 在 1953 年提出的, 但反响较小, 直到 1982 年, Kirkpatrick 等结合固定退火过程状态变化的思想, 提出现代的 SA 算法, 并成功应用于大规模组合优化问题, 才逐渐得到人们的重视. 由于现代 SA 算法是一种通用的易于实现的最优化方法, 其优化技术已经在科学及工程各个领域得到广泛应用, 如生产调度、最优化控制、机器学习、故障诊断、模式识别、神经网络等. 由于模拟退火算法是一种应用计算机模拟物理退火过程的方法, 是以统计物理学为基础, 引入物理系统中晶体退火过程的自然机理, 因此, 首先介绍热力学中的物理退火过程.

9.1.1　物理退火过程

类似于金属热处理工艺过程, 一个物理退火过程包括加温、等温、冷却 3 个过程, 这些过程相互衔接, 不可间断.

在热处理工艺过程中, 当金属物体加热到一定的温度时, 它的所有分子在状态空间呈现出不同的状态, 并以一定的速度做自由运动. 随着温度的缓慢下降, 分子运动速度降低, 运动逐渐趋于有序, 分子停留在不同的状态, 最后以一定的结构排列. 这种由高温向低温逐渐降温的热处理过程称为退火. 退火过程的初始阶段, 由于分子运动呈无序状态, 系统的熵值较大, 进入后期阶段, 分子运动状态趋于稳定, 系统熵值逐渐变小, 也就是说, 物理退火过程中, 金属物体能量将从高能无序的状态转移到低能有序的固体晶态, 物体的柔韧性增强. 一个物理退火过程由以下 3 个部分组成.

1. 加温过程

加温过程的目的是增强分子的热运动能量, 使分子在原有平衡状态位置发生扰动, 偏离平衡位置而随机在其他位置移动. 当加热固体达到期望的较高温度时, 物质形态由固体变为液体, 分子的分布从有序的结晶态变为无序的液态, 分子可以自由地移动. 而在外力和内力作用下就可以使不同的分子找到更加合适的位置, 从而消除系统原先可能存在的非均匀状态, 为随后的冷却过程提供一个平衡起点.

2. 等温过程

等温过程的目的在于保证系统在每一个温度下都达到热平衡状态, 最后达到固体的基态. 根据热平衡封闭系统的热力学定律 —— 自由能减少定律, "对于与环境换热而温度不变的封闭系统, 系统状态的自发变化总是朝自由能减少的方向进行, 当自由能达到最小时, 系统达到平衡态".

3. 冷却过程

冷却过程的目的是使分子的热运动减弱并逐渐趋于有序. 温度缓慢下降的过程中, 由于系统能量越来越小, 固体内分子的运动就会变得越来越受约束. 当温度下降至结晶温度后, 分子运动以晶体格点做微小振动, 液体凝结成固体的晶态, 所有的分子按一定的次序排列, 得到一种新的固体形状.

冷却过程关键在于控制冷却速度. 图9-1描绘了金属物体的退火与淬火过程, 对于加热到较高温度的金属, 如果冷却过程足够缓慢, 那么冷却中任一温度的系统都能达到热平衡状态, 当冷却至最低温度时, 物体内能达到最小的均匀稳定状态,

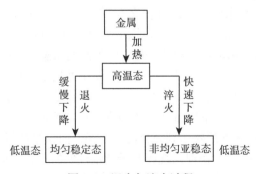

图 9-1　退火与淬火过程

大部分微观粒子出现在能量最低的基态. 若急剧降低温度, 则物体内部只能达到非均匀的亚稳态, 这便是热处理过程中的淬火效应. 淬火也是一种物理过程, 由于物体在这个过程中并没有达到热平衡状态, 所以系统能量并不会下降到最小值. 对金属进行淬火后, 虽然能够提高其强度和硬度, 但同时也会降低金属韧性.

9.1.2　退火与模拟退火

金属物体的退火过程, 首先将金属物体温度加热至一定温度后, 使其内部粒子处于无序自由运动状态, 然后再逐渐冷却使金属处于稳定状态. 对退火过程进行模拟时 (简记为"模拟退火"), 针对一个组合优化问题, 其目标是寻找一个 x^*, 使得对于 $\forall x_i \in \Omega$, 存在 $c(x^*)=\min c(x_i)$, 其中 $\Omega=\{x_1, x_2, \cdots, x_n\}$ 为所有解构成的解空间, $c(x_i)$ 为解 x_i 对应的目标函数值. 此类问题使用遗传算法求解时, 易于出现早熟现象而陷入局部最优解. 由于金属物体的退火过程实际上就是随着温度的缓慢降低, 金属由高能无序的状态转变为低能有序的固体晶态的过程, 这一过程为组合优化问题的研究提供了新的解决思路, Kirkpatrick 等在 1983 年采用 Metropolis 准则对组合优化问题进行了成功的求解分析, 表 9-1 描述了在组合优化问题的求解过程与物理退火过程之间的对应关系.

表 9-1　组合优化问题与物理退火过程的对应关系

组合优化问题	物理退火
解	状态
目标函数	能量函数
最优解	最低能量的状态
设定初始高温	加温过程
基于 Metropolis 准则的搜索	等温过程
温度参数 t 的下降	冷却过程

由表 9-1 可以看出, 对于给定的待求解优化问题的解 x_i 及其目标函数 $c(x_i)$ 可分别看作物理退火过程中的一个状态和能量函数, 而问题的最优解 x^* 就是处于最低能量的状态. 从 SA 求解问题的过程来看, 初始设定一个高温状态, 由于物理状态可以处于任何能量状态, 那么对应模拟退火算法就可以看作在解空间中进行广域搜索, 从而避免陷入局部最优解的局面; 处于低温状态时, 分子只能处于能量较小的状态, 此时模拟退火算法可以看成在解空间中做局部邻域搜索, 以便于将可行解精确化; 而当退火温度无限接近于零时, 分子只能处于最小能量状态, 那么此时模拟退火算法就得到了解空间上的全局最优解. 在物理退火过程中, 重要的是保证系统在每一个恒定温度下都要达到充分的热平衡. 而该平衡过程的大量采样往往导致大量的计算时间. 鉴于物理系统倾向于能量较低的状态, 而热运动又妨碍它准确落入最低的状态, 采样时只着重取那些有重要贡献的状态, 则可以较快地达到较

好的结果. 1953 年, Metropolis 等提出重要性采样法, 采用概率来接受新状态, 具体描述: 在温度 t 下, 粒子当前状态为 i, 其能量为 E_i, 通过某种扰动方式使粒子当前的位移产生一个细微的变化, 得到一个新的状态 j, 新状态的能量 E_j. 如果 $E_j < E_i$, 则接受新状态 j 为当前状态; 否则, 新状态 j 的接受取决于一定的概率 $p_{ij} = \exp\left[\dfrac{-(E_j - E_i)}{kt}\right]$, 其中 k 为玻尔兹曼常量. 可以看出, p_{ij} 是一个小于 1 的数. 取一个介于 0 和 1 之间的随机数 rand, 如果 $p_{ij} >$rand, 状态 j 替换掉 i 状态成为当前状态, 否则粒子状态仍以 i 为当前状态. 重复上述过程, 在粒子状态发生大量改变后, 随着温度的下降, 固体状态的概率分布趋于 $p_i = \dfrac{1}{Z} \exp\left(\dfrac{-E_i}{kT}\right)$ 的 Gibbs 正则分布.

上述接受新状态的方法称为 Metropolis 准则, 相应的算法称为 Metropolis 算法, 这种准则的引入将极大降低计算量.

9.2 模拟退火的数学描述和统计特性

9.2.1 数学描述

9.1 节指出, 金属物体的退火过程实际上就是随着温度的缓慢降低, 金属由高能无序状态转变为低能有序的固体晶态的过程. 这样一种过程是否能由数学模型加以描述, 在此, 设热力学系统 S 中共有 n 个状态, 各状态是有限且离散的, 其中状态 i 的能量 E_i. 在温度 T_k 下, 经过一段时间达到热平衡状态, 这时处于状态 i 的概率为

$$P_i(T_k) = C_k \exp\left(\frac{-E_i}{T_k}\right), \ i = 1, 2, \cdots, n \tag{9-1}$$

式中, C_k 是一个参数, 能够根据已知条件计算获得. 由于 S 中共存有 n 个有限离散状态, 温度 T_k 下的 n 种状态的概率之和为 1, 即

$$\sum_{j=1}^{n} P_j(T_k) = 1 \tag{9-2}$$

代入式 (9-1), 可得

$$\sum_{j=1}^{n} C_k \exp\left(\frac{-E_j}{T_k}\right) = 1 \Rightarrow C_k \sum_{j=1}^{n} \exp\left(\frac{-E_j}{T_k}\right) = 1$$

可得待定系数

$$C_k = \frac{1}{\displaystyle\sum_{j=1}^{n} \exp\left(\frac{-E_j}{T_k}\right)}$$

式 (9-1) 可描述为

$$P_i(T_k) = \frac{\exp\left(\dfrac{-E_i}{T_k}\right)}{\displaystyle\sum_{j=1}^{n} \exp\left(\dfrac{-E_j}{T_k}\right)} \tag{9-3}$$

根据式 (9-1), 热力学系统在温度 T_k 时, 从当前状态 i 转变为状态 j 时, 将由状态 i 和 j 对应的能量决定状态间的转换, 即

(1) 如果 $E(j) < E(i)$, 则接受该状态 j 为当前状态;

(2) 如果 $E(j) \geqslant E(i)$, 则根据式 (9-4) 计算概率 p_{ij} 决定是否接受状态 j 为当前状态;

$$P_{ij} = \frac{P_i(T_k)}{P_j(T_k)} = \frac{C_k \exp\left(\dfrac{-E_i}{T_k}\right)}{C_k \exp\left(\dfrac{-E_j}{T_k}\right)} = \exp\left(-\frac{E_j - E_i}{T_k}\right) \tag{9-4}$$

令 rand 是一介于 0 和 1 之间的随机数, 若 $P_{ij} > $ rand, 则接受状态 j 为新状态, 否则仍保持当前状态 i.

分析式 (9-4), 因 $E(j) - E(i) > 0$, 故

$$\exp\left(-\frac{E_j - E_i}{T_k}\right) < 1, \ \forall T_k > 0$$

因此

$$P_i(T_k) < P_j(T_k), \ \forall T_k > 0 \tag{9-5}$$

对于式 (9-4), 如果 p_{ij} 大于介于 0 至 1 之间的一个随机数, 则接受新状态 j 为当前状态, 否则保持当前状态 i 不变. 式 (9-5) 表明在同一温度 T_k 下, 热力学系统处于能量小的状态比处于能量状态大的概率要大. 从宏观上来说, 随着状态能量函数的缓慢减小, 系统处于状态能量较小的概率将会随之增大; 而从微观角度来说, 随着温度的下降, 分子自由运动的能量越来越低, 其运动逐渐趋于平缓, 系统内部状态呈现为均匀分布状态.

将上述描述应用于求解组合优化问题[3]: 设待优化函数为 $\min f(x)$, 其中 $x \in S = \{x_1, x_2, \cdots, x_n\}$, 每个 x 表示优化问题的一个可行解, $N(x) \subseteq S$ 表示 x 的一个邻域集合.

(1) 给定一个初始温度 T_0 和优化问题的一个初始解 $x(0)$, 并有 $x(0)$ 生成下一个解 $x' \in N(x(0))$, 是否接受 x' 作为一个新解 $x(1)$ 取决于下面的概率:

$$P(x(0) \to x') = \begin{cases} 1, & f(x') < f(x(0)) \\ \exp\left(\dfrac{f(x') - f(x(0))}{T_0}\right), & \text{其他} \end{cases} \tag{9-6}$$

(2) 如果生成的解 x' 的函数值比前一个解的函数值更小, 则接受 $x(1)=x'$ 作为一个新解. 否则以概率 $\exp\left(\dfrac{f(x')-f(x(0))}{T_0}\right)$ 接受 x' 作为一个新解. 也就是说, 对于一个温度 T_i 和该优化问题的一个解 $x(k)$, 生成一个候选解 x'. 接受 x' 作为下一个新解 $x(k+1)$ 的概率为

$$P(x(k) \to x') = \begin{cases} 1, & f(x') < f(x(k)) \\ \exp\left(\dfrac{f(x') - f(x(k))}{T_i}\right), & \text{其他} \end{cases} \tag{9-7}$$

在温度 T_i 下, 经过很多次转移之后, 降低温度 T_i, 得到 $T_{i+1} < T_i$. 对于 T_{i+1} 重复上述过程.

因此, 整个寻优过程就是不断寻找新解和缓慢降温的交替过程. 最终的解是对该问题寻优的结果.

9.2.2 统计特性

结合组合优化问题的某个实例, SA 的统计特性描述如下[4].

假设 9-1 给定组合优化问题的一个实例 (S, f) 和一个适当的邻域结构, 其中, S 为状态集合, f 为待优化问题的目标函数; 在迭代次数为 t 时产生若干不同的状态, 由式 (9-3) 可得到 SA 算法找到一个候选解 $i \in S$ 的概率是

$$P\{X = x_i\} = q_i(t) = \frac{1}{\lambda} \exp\left(-\frac{f(x_i)}{t}\right) \tag{9-8}$$

式中, X 表示模拟退火算法所得当前解的随机变量; $\lambda = \sum\limits_{x_j \in S} \exp\left(-\dfrac{f(x_j)}{t}\right)$, 表示归一化因子.

式 (9-8) 称为平稳概率分布, 等价于 Gibbs 正则分布 $P_i = \dfrac{1}{Z} \exp\left(\dfrac{-E_i}{kT}\right)$, 归一化因子 λ 等价于系统的分配函数 Z.

推论 9-1 给定组合优化问题的某个实例 (S, f) 和一个适当的邻域结构, 且平稳分布遵循式 (9-8), 令 S_{opt} 为整体最优解的集合, $\chi_{(\text{sopt})}(i)$ 是 i 的特征函数, 则

$$S \to \{0, 1\}, \chi_{(\text{sopt})}(x_i) = \begin{cases} 1, & \text{若} x \in S_{\text{opt}} \\ 0, & \text{其他} \end{cases}$$

推论 9-1 表明, 如果每个固定 t 值都达到式 (9-8) 的平稳分布, 则模拟退火算法以渐进方式收敛于整体最优集.

推论 9-2 设 $(S, f(x_i))$ 表示组合优化问题某个 $S_{\text{opt}} \neq S$ 的实例, 并设 $q_i(t)$ 为与模拟退火相关且由式 (9-8) 给定的平稳分布, 则

(1) $\forall i \in S_{\text{opt}}$, 有 $\dfrac{\partial}{\partial t} q_i(t) < 0$ \hfill (9-9)

(2) $\forall i \notin S_{\text{opt}}, f(i) \geqslant \langle f \rangle_\infty$, 有 $\dfrac{\partial}{\partial t} q_i(t) > 0$ \hfill (9-10)

(3) $\forall i \notin S_{\text{opt}}, f(i) < \langle f \rangle_\infty$, 则 $\exists \tilde{t}_i > 0$, 使

$$\begin{cases} & > 0, \quad t < \tilde{t}_i \\ \dfrac{\partial}{\partial t} q_i(t) = 0, \quad t = \tilde{t}_i \\ & < 0, \quad t < \tilde{t}_i \end{cases} \tag{9-11}$$

由推论 9-2 可知, SA 算法寻找一个整体最优解的概率随着 t 的减小而单调增大, 且对于每个非整体最优解, 都存在控制参数的一个确定值 $\tilde{t}_i$, 使得当 $t < \tilde{t}_i$, 找到该最优解的概率随 t 的减小而单调减少.

综上所述, SA 算法的总特性可归纳为:

(1) 若在每个 t 值达到式 (9-8) 的平稳分布, 则 SA 算法渐进收敛于整体最优解集;

(2) 在 SA 算法执行期间, 随着控制参数 t 值的减少, SA 算法返回某个整体最优解的概率单调增大, 返回某个非最优解的概率单调减小.

9.3 模拟退火算法的实现流程及性能分析

SA 算法的基本思想将优化问题的求解看作一个物理退火过程, 其目标函数对应于系统的能量, 其解对应退火过程中的一个状态; 由一个给定的初始高温开始, 使用具有概率突跳特性的 Metropolis 抽样策略在解空间中随机搜索, 伴随着温度的持续下降, 重复 Metropolis 抽样过程, 最终得到问题的全局最优解.

9.3.1 算法的计算步骤和流程图

一个优化问题可以描述为

$$\min f(x), \ x \in S$$

式中, S 是一个离散有限状态空间; i 代表状态. 针对这样一个优化问题, SA 算法的计算步骤描述[5] 如下.

Step1. 初始化参数, 任选初始解 $i \in S$, 给定初始温度 T_0 和终止温度 T_f, 令迭代指标 $k=0, T_k = T_0$.

Step2. 从 i 的领域 $N(i)$ 中随机产生一个新解 $j \in N(i)$, 计算函数值增量 $\Delta f = f(j) - f(i)$.

Step3. 若 $\Delta f < 0$, 则接受状态 j 为当前状态, 令 $i = j$; 否则, 计算 $p = \exp(-\Delta f / T_k)$, $r = U(0,1)$, 若 $p > r$, 则接受状态 j 为当前状态, $i = j$.

Step4. 若达到热平衡状态, 即内循环次数大于 $n(T_k)$, 转向Step5; 否则转向Step2.

Step5. 降低当前温度 T_k, $k = k+1$, 若 $T_k < T_f$, 则算法停止, 否则转向 Step2.

根据上述步骤, SA 算法的流程图如图 9-2 所示.

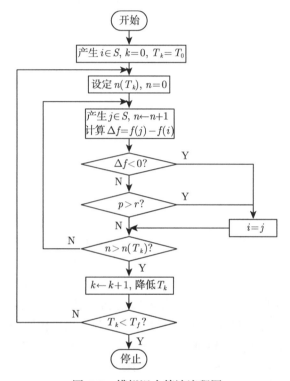

图 9-2 模拟退火算法流程图

从 SA 算法流程图可知, 状态产生函数、状态接受函数、降温函数、热平衡稳定准则和退温结束准则是影响算法性能的主要因素. 此外, 初始温度的选择也影响 SA 算法的性能. 以下将从使用的角度讨论影响算法实现的一些主要因素.

9.3.2 算法的组成要素

1. 状态产生函数

设计状态产生函数的出发点是应尽可能保证产生的候选解遍布整个解空间. 通常, 状态产生函数由两部分组成, 即产生候选解的方式和候选解产生的概率分布. 前者决定由当前解产生候选解的方式, 后者决定在当前解产生的候选解中选择不同状态的概率. 候选解的产生方式由问题的性质决定, 通常在当前状态的邻域结构内以一定概率方式产生, 而邻域函数和概率方式可以多样化设计, 其中, 概率分布可以是正态分布、指数分布、均匀分布等.

2. 状态接受函数

状态接受函数的引入是 SA 算法实现全局搜索的最关键的因素. 状态接受函数一般以概率方式给出, 不同接受函数的差别主要在于接受概率的形式不同. 设计状态接受函数应遵循以下原则:

(1) 在固定温度下, 接受使目标函数值下降的候选解的概率要大于使目标函数值上升的候选解的概率;

(2) 伴随着温度的下降, 接受使目标函数值上升的解的概率要逐渐减小;

(3) 温度趋于零时, 只能接受目标函数值下降的解.

通常, 采用 Metropolis 准则作为状态接受函数.

3. 降温函数

降温函数用来控制温度的下降方式, 这是 SA 算法中的外循环过程. 使用温度的下降来控制算法的迭代是 SA 的特点. 从理论上说, SA 仅要求温度最终趋于 0, 而对温度的下降速度并没有什么限制, 然而, 这并不意味着温度的下降幅度具有随意性. 由于温度的大小决定着 SA 对候选解的搜索方式 (广域搜索还是局域搜索), 所以, 在温度很高时, SA 进行广域搜索, 当前状态 i 领域内的所有解几乎都可能被接受; 而当温度降低时, SA 倾向于局域搜索, 当前状态 i 领域内的越来越多的解将被拒绝. 若温度下降较快, SA 将很快从广域搜索转为局域搜索, 有可能使当前状态 i 领域内的解得不到充分的验证, 从而无法得到全局最优解. 相反, 温度下降得过慢, SA 的计算速度就会受到很大的影响, 因为此时有可能忽略掉很多解. 可见, 合理选择降温函数将有助于 SA 算法性能的提高.

常用的降温函数有以下 2 种:

(1) $T_{k+1} = T_k \cdot a$, 其中 $r \in [0.95, 0.99]$, a 为退火速率, 也叫冷却系数, a 越大温度下降得越慢. 这种方法是由 Kirkpatrick 等首先提出的, 其优点是简单易行, 温度每一步都以相同的比例下降, 随着算法的进程做线性递减变化.

(2) $T_{k+1} = T_k - \Delta T$, ΔT 是温度每次下降的幅度. 这种方法的优点在于可操作性强, 由于外循环中每一步下降的温度幅度均相等, 所以温度下降的总步数可以预先控制.

4. 热平衡稳定准则

热平衡的达到相当于物理退火过程中的等温过程, 是指在一个给定温度 T_k 下, SA 基于某种准则进行随机搜索, 最终达到一种平衡状态的过程. 热平衡实现是 SA 算法中的内循环过程, 为了保证能够达到平衡状态, 按照 Monte Carlo 的方法采样能够获得比较精确的结果, 但计算量较大, 不易实现. 最常见的方法是采用 Metropolis

准则采样, 经过若干次连续采样后, 目标函数值的增减幅度变化很小, 就能够判定系统基本处于平衡状态. 采样的次数对应于内循环的迭代次数. 通常, 往往将该迭代次数设置成一个常数, 在每一温度下, 内循环的迭代次数均相同. 当然, 次数的选取也取决于问题本身的性质, 实践中往往根据以往的经验公式来获得. 另外, 还可根据温度 T_k 来设置迭代次数的变化方式, 当 T_k 较大时, 内循环次数较小, 当 T_k 减小时, 内循环次数增加.

5. 退火结束准则

模拟退火算法从初始温度开始, 通过在每一温度的迭代和温度的下降, 最后达到终止原则而停止. 尽管有些原则有一定的客观理论指导意义, 但终止原则大多数是直观的. 下面给出几种常见的终止准则[6].

(1) 零度法. 若模拟退火算法的最终温度为零, 最为简单的原则是: 给出一个较小的正数 T_f, 当温度 $T_k < T_f$ 时, 意味着已经达到最低温度, 算法运行停止.

(2) 循环总数控制法. 这一原则是总的下降次数为一定值 K, 当温度迭代次数达到 K 值时, 停止运算.

(3) 基于不改进规则的控制法. 在一个温度和给定的迭代次数内设有改进当前的局部最优解, 则停止运算. 模拟退火算法的一个基本思想是跳出局部最优解, 直观的结论是在较高的温度没能跳出局部最优解, 则在低的温度跳出最优解的可能也比较小, 由此产生上面的停止原则.

(4) 接受概率控制法. 该方法与(3)采用相同的思想. 给定一个指针 $\lambda > 0$ 是一个比较小的数. 除当前局部最优解以外, 其他状态的接受概率都小于 λ, 则算法停止执行. 实现 (3) 和 (4) 时, 记录当前局部最优解, 给定一个固定的迭代次数, 在规定的次数里没有离开局部最优解或每一次计算的接受概率都小于随机数 δ, 就在这个温度停止迭代.

6. 初始温度的选取

为保证算法开始运行时解的接受概率为1, 要求初始温度 T_0 足够高. 实际应用时, 要根据以往经验, 通过反复实验来确定 T_0 值. 通常, 初始温度设置使用 $T_0 = K\delta$, 其中, K 为充分大的数, $\delta = \max\{f(j), j \in S\}$, 分别选取 K 为 10, 20, 100, 对应的 $\exp\left(\dfrac{f(j) - f(i)}{t_0}\right)$ 分别为 0.9048, 0.9512, 0.9900. 这些值已经达到充分大的要求. 当 δ 值可以简单估计出时, 使用这种方法可较容易获得 T_0 值.

此外, Kirkpatrick 等在 1982 年提出的确定 T_0 值的经验法则: 选定一个大值作为 T_0 的当前值并进行若干次变换, 若接受率 p 小于预定的初始接受率 p_0(Kirkpatrick 等取 0.8), 则将当前 T_0 值加倍, 以新的 T_0 值重复上述过程, 直至得到使 $p > p_0$ 的

T_0 值. 这个经验法则已被许多研究者采纳并深化改进.

9.3.3　算法性能分析

文献 [7] 对模拟退火算法寻找极值的非线性动力学行为进行研究, 并通过图像对比直观说明算法涉及主要参数对寻优结果的影响. 在此, 选定下面函数作为研究对象

$$f(x) = x(x-1)(x-2)(x-5), \quad x \in [-0.5 \ \ 5.5] \tag{9-12}$$

其函数图像如图 9-3 所示, 函数 $f(x)$ 在横坐标 $x_1 = 0.3990$ 和 $x_2 = 4.0565$ 分别对应两个极小值, 而在横坐标 $x_3 = 1.5444$ 对应一个极大值.

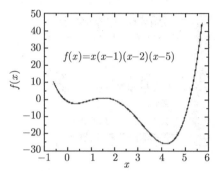

图 9-3　函数 $f(x) = x(x-1)(x-2)(x-5)$ 的图像

为了更好地研究 SA 算法受某些因素影响的程度, 在此, 做如下规定:

(1) 状态产生函数为 $X_{i+1} = X_i + s \cdot (\text{rand} - 0.5)$, 其中, X_{i+1} 和 X_i 分别为新、旧状态值, s 为步长扰动系数因子, 且与解空间的规模有直接联系, rand 是 $(-1, 1)$ 均匀分布的随机数.

(2) 温度更新函数采用第一种降温函数.

(3) 抽样稳定准则, 即内循环终止准则, 用于决定在各温度下产生候选解的数目, 记录使目标函数在该温度下达到最小值的状态函数值, 作为降温后的状态参数初值, SA 算法内循环采用固定步长抽样, 外循环使用固定温度. 当外循环温度 T 达到控制参数终值, 算法执行结束.

1. 初始温度和结束温度对寻优化结果的影响

SA 算法寻优过程中, 初始温度 T 和终止温度的设置对算法性能有很大影响. 图 9-4 是 SA 算法对优化问题 $f(x)$ 执行 100 次寻优结果的直方图分布. 其中, 横坐标 x 表示 $f(x)$ 的定义域, 纵坐标 N 表示寻找到全局最小值的次数. 图 9-4(a) 描绘了随着初始温度 T 的逐渐升高, 对函数寻优结果的影响. 显然, 在其他参数不变时, 初始温度越高, 找到全局最小值的次数越多, 但同时寻优时间也会相应增长.

图 9-4(b) 描绘了温度逐渐降低时函数寻优的直方图分布状况, 和初始温度相反, 全局最优值随着结束温度的变小, 其概率出现的机会越大.

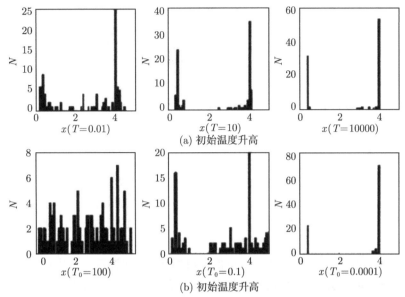

图 9-4 初始温度和结束温度对模拟退火寻优影响的直方图

由此可见, SA 算法在实际寻优过程中, 应结合实际需要合理地选择初始温度和结束温度, 尽可能在降低搜索时间的同时得到最优结果.

2. 退火速率和步长对寻优的影响

图 9-5 给出了不同退火速率 a 和步长 s 条件下寻优结果的直方图分布, 其中, 横坐标 x 表示 $f(x)$ 的定义域, 纵坐标 N 表示寻找到全局最小值的次数. 在其他参数不变的情况下, 退火速率 a 越高, 全局最优越容易获得. 反之, a 较低时, 很难找到全局最优, 甚至陷入局部极小. 步长 s 很小时, 很容易陷入局部极小, 很难获得全局最优解, 随着步长 s 逐渐增大, 找到全局最优的概率增加. 当 s 大到一定数值 ($s = 0.28$) 时, 会跳过局部极小, 找到函数全局极小值.

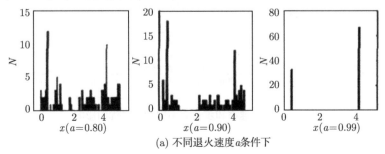

(a) 不同退火速度 a 条件下

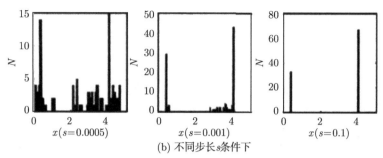

(b) 不同步长 s 条件下

图 9-5 退火速率和步长对 SA 寻优影响的直方图

图 9-6 描绘不同初值条件 (当前状态) 下退火速率和步长对函数寻优的影响,$a = 0.95$, 初值 (当前状态) $x_1 = 1.5$ 时, 函数的最终寻优结果既不是全局最小也不是局域极小, a 较小时, 初值取在函数极值附近很难找到函数极值, 只会逐渐靠近极值, a 越大, 初值 x_1 取在函数极值附近时, 越容易找到函数极值. 步长 s 的影响和退火速率 a 的影响类似, 步长 s 越大时, 初值 x_1 取在函数极值附近越容易找到函数极值, 当 s 大到一定程度时, 初值 x_1 取在 $f(x)$ 的峰值 ($x_{\max 1} = 1.5444$, 图中竖线标注) 左右邻域范围内时, 两个极小值都可能找到. 如果再进一步增大 s, 则对于所有初值 x_1, 都只会找到全局最优解, 但同时耗费更多计算时间. 由于模拟退火算法的特性, 在处理有多个局部最小值的函数时, 可以避免陷入局部极小. 算法依据Metropolis 准则接受新解, 不仅接受优化解, 还以一定概率接受恶化解. 这是同其他算法的本质区别, 但算法进行中参数的选取尤其重要.

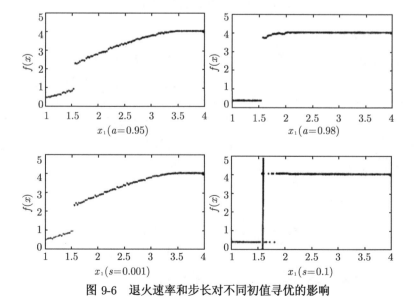

图 9-6 退火速率和步长对不同初值寻优的影响

9.4 实 例 分 析

9.4.1 最小优化问题

在实际工程应用中, 某些优化问题是离散式的随机函数形式, 这类函数只能用 Monte Carlo 方法实现函数的评价. 一般而言, 对于离散式的最小随机优化问题可以描述为

$$\min_{i \in S} f(i) = E[Y(i,\omega)] = \int_\Omega Y(i,\omega)\mathrm{d}P(i,\omega) \tag{9-13}$$

式中, 搜索空间 S 是一个有限集合; i 是设计参数; $f(i)$ 是状态 i 的性能评价函数; E 是关于概率空间 (Ω, F, P) 的期望, 且 $Y(i, \omega)$ 是基于样本 ω 的性能函数 (ω 被看作系统中的随机状态).

如果所有状态 i 的期望值 $E[Y(i,\omega)]$ 都能够被分析出来, 式 (9-13) 表示一个确定性的优化问题, 该问题可以通过理论分析或是计算机编程方式来解决. 然而, 使用理论分析方式求解 $f(i)$ 有一定的困难, 但可以通过样本路径来评价, 例如, 离散事件仿真的模拟方式. 在许多真实的人工系统中, 如通信网络、计算机系统、生产系统、运输网络、可靠性系统、流程网络和柔性制造系统等, 这些由人工系统可构建为离散式的事件系统. 这些系统由并发的离散事件所驱动, 随着时间的推移, 这些离散事件会产生复杂性的相互作用, 对这些系统进行性能分析和优化是非常困难的. 然而, 伴随着现代生产技术的不断提高, 这类系统会变得越来越广泛地出现在不同领域, 解决这类问题的关键在于提出有效的方法去优化影响它们性能的参数.

模拟退火算法最初是由 Kirkpatrick 等提出的, 并应用于解决复杂的离散式优化问题. SA 在许多组合优化问题中的成功应用激发了许多研究者在其他领域的仿真研究. 众所周知, SA 需要对目标函数进行精确的评价, 但其模拟过程中对目标函数相关的理论研究较少. 本节针对离散化的优化问题介绍一种改进的方法[8]. 首先给出几个相关的定义.

定义 9-1 对于每一个 $i \in S$, 记 $N(i)$ 是 S 中 i 的一个邻域, 在 $N(i)$ 中的每一状态都能由 i 沿着一个有序单向序列依次达到.

定义 9-2 令函数 $G : S \times S \to [0,1]$ 是一个满足以下条件的关于 S 和 N 的概率生成函数

(1) $G_{ij} > 0 \Leftrightarrow j \in N(i)$;

(2) $\displaystyle\sum_{j \in S} G_{ij} = 1, i \in S$.

其中, G_{ij} 是一个新状态 j 替换当前状态 i 的概率. 可见, G_{ij} 是一个在集合 $N(i)$ 上的均匀的概率分布.

假设 9-2　对于任何一对 $(i, j) \in S \times S$, 状态 j 是状态 i 可以到达的, 则意味着存在一有限的单向序列 $\{n_m\}_{m=0}^{e}$(e 为一整数), 使得状态 $i_{n_0} = i$, $i_{n_l} = j$ 且 $i_{n_{m+1}} \in N(i_{n_m})$, $m = 0, 1, 2, \cdots, e-1$.

此外, 在模拟退火过程中, 设定一个温度序列 $\{T_k, k = 0, 1, \cdots\}$, 其中, $T_k \geqslant 0$, $T_{k+1} < T_k$, $\forall k$, 且 $\lim T_k = 0, k \to \infty$. T_k 是第 k 次迭代时的温度, 该序列称为冷却进度表. 假定 X_k 表示第 k 次迭代时, SA 算法访问过的系统状态. 那么算法改进的思路及过程可描述为以下方式.

1. 改进的 SA 算法

SA 第 k 次迭代时, 假定内循环过程中, 当前状态为 i, 产生的候选状态为 j, 在状态 i 和 j 之间生成 N_k 独立的状态, 分别计算各状态与状态 i 之间的状态差值 $D_{ji} = Y_j - Y_i$. 令

$$\overline{D}_{ji} = \overline{Y}_j - \overline{Y}_i = \frac{1}{N_k} \sum_{e=1}^{N_k} D_{ji}^e$$

$$\hat{\sigma}_k = \frac{1}{\sqrt{N_k}} \sqrt{\frac{1}{N_k - 1} \sum_{e=1}^{N_k} (D_{ji}^e - \overline{D}_{ji})^2}$$

式中, $\overline{D}_{ji}$ 和 $\hat{\sigma}_k$ 分别是基于观察样本 D_{ji} 的样本均值和方差.

令 t_k 表示学生 t 分布的上标值, 且该分布的自由度为 $(N_k - 1)$. 改进的 SA 算法中, Metropolis 接受方式设为

$$\min \left\{ 1, \exp \left[\frac{-[\overline{Y}_j - \overline{Y}_i - t_k \hat{\sigma}_k]}{T} \right] \right\}$$

第 k 步的转移矩阵设置为

$$\overline{P}_{ij}(k) = P\{X_{k+1} = j \big| X_k = i\} = \begin{cases} G_{ij} P \left\{ U_k \leqslant \exp \left[\dfrac{-[\overline{Y}_j - \overline{Y}_i - t_k \hat{\sigma}_k]^+}{T} \right] \right\} & j \in N(i) \\ 1 - \sum\limits_{e \in N(i)} P_{ie}(k), & j = i \end{cases}$$

式中, U_k 是一个定义在区间 $[0,1]$ 的随机变量. 此外, 如果 $j \in N(i)$, 则

$$P \left\{ U_k \leqslant \exp \left[\frac{-[\overline{Y}_j - \overline{Y}_i - t_k \hat{\sigma}_k]^+}{T} \right] \right\} = E \left\{ \exp \left[\frac{-[\overline{Y}_j - \overline{Y}_i - t_k \hat{\sigma}_k]^+}{T} \right] \right\}$$

假设 9-3　令 $\{N_k\}$ 表示一个正数序列, 若 $N_k \to \infty$, 则 $k \to \infty$.

改进的算法流程描述如下.

Step1. 设定一初始点 $i_0 \in S$. 令 $V_0(i_0) = 1$, $V_0(j) = 0$, $j \in S$, $j \neq i_0$. 令 $k = 0$ 且 $X_k^* = i_0$. 在此 $V_k(i)$ 表示 SA 迭代到第 k 次时, 状态 i 被访问的次数.

Step2. 设 $X_k = i$, 根据概率分布公式 $P\{Z_k = j \big| X_k = i\} = G_{ij}$, $j \in N(i)$, 选择一候选解 $Z_k \in N(i)$.

Step3. 设 $Z_k = j$, 生成两组集合观察值 $Y_i^1, Y_i^2, \cdots, Y_i^{N_k}$ 和 $Y_j^1, Y_j^2, \cdots, Y_j^{N_k}$, 评价 $\overline{Y}_i, \overline{Y}_j$ 和 $\hat{\sigma}_k$.

Step4. 设 $Z_k = j$, 生成 $U_k \sim U[0,1]$, 设置

$$
X_{k+1} = \begin{cases} Z_k, & U_k \leqslant \exp\left[\dfrac{-[\overline{Y}_j - \overline{Y}_i - t_k\hat{\sigma}_k]^+}{T}\right] \\ X_k, & \text{其他} \end{cases}
$$

Step5. 令 $k = k+1$, $V_k(X_k) = V_{k-1}(X_k)+1$, $V_k(j) = V_{k-1}(j)$, $j \in S$ 且 $j \neq X_k$. 如果

$$
\frac{V_k(X_k)}{|N(X_k)|} > \frac{V_k(X_{k-1}^*)}{|N(X_{k-1}^*)|}
$$

令 $X_k^* = X_k$, 否则, 令 $X_k^* = X_{k-1}^*$, 更新 N_k 并转到 Step2.

2. 仿真测试及分析

仿真测试中, 比较算法分别是由 Gelfand 和 Alkhamis 等在 1986 年和 1999 年提出的两种解决离散随机优化问题的改进 SA 算法, 分别记为 Variant I 和 Variant II. 这两种算法都采用了冷却进度表 $\{T_k\}$, 而本节介绍的改进算法退火过程则采用一种固定常温方式, 记为 SA-CI.

改进的算法在具有 30 种状态的系统中被测试, 即 $S = \{1, 2, \cdots, 30\}$. 令 $f(i) = E[Y(i)], i \in S$, 式中, $Y(\cdot)$ 表示样本目标函数. 图 9-7 描绘了该函数 $f(x)$ 的分布形状, 其最小值为 0. 状态 i 的每一样本对应的目标函数设定为 $Y(i) = f(i) + U_i$, 在此, U_i 是一个反映仿真器行为的随机变量, 并令 $U_i \sim [-a, a], \forall i \in S$. 改进的 SA 算法被用于解决具有 2 种不同近邻结构和 4 种不同温度的优化问题.

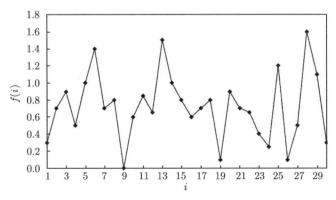

图 9-7 函数 $f(\cdot)$ 的分布形状

第一种近邻结构描述为

$$N_1(i) = \begin{cases} \{2\}, & i = 1 \\ \{29\}, & i = 30 \\ \{i-1, i+1\}, & \text{其他} \end{cases}$$

第二种近邻结构设定为 $N_2(i) = \{j \in S : j = i \pm 3\}$.

温度 $T \in [0.01, 0.1, 5, 10]$, 且 $a = 0.7$ 被用作噪声量. 图 9-8 给出了不同常温 T 下, SA-CI 使用近邻结构 N_1 的结果. x 轴线表示仿真测试中的迭代次数, y 轴线表示重复执行 100 次时, 最优解所获得平均最优目标函数值. 从图 9-8 中可看出, 温度 T 值为 0.01 或 0.1 时, 相比于 T 值为 5 或 10 时取得了更好的性能. 图 9-9 给出了改进的 SA 算法的性能, 此时, 采用近邻结构 N_2 求解参数 T 的函数. 图 9-9 也显示出: 对于温度 T, 较小的温度 T 值比较大的温度 T 值性能更好.

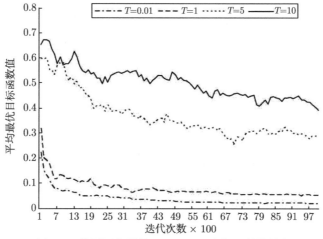

图 9-8　使用近邻结构 N_1, SA-CI 求解函数的性能

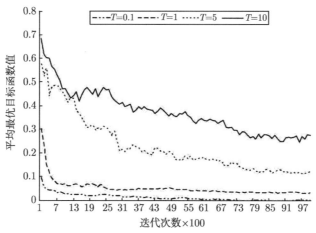

图 9-9　使用近邻结构 N_2, SA-CI 求解函数的性能

图 9-10 和图 9-11 给出了 SA-CI 算法和已知的两种改进算法 Variant Ⅰ、Variant Ⅱ 之间的比较, 这三种算法分别应用于上述问题, 并设置相关的选项: $T = 0.01$, $k \in N$, $T_k = 0.1/\ln(10+k)$, $L_k = [\ln(10+k)]$(针对 SA-CI 的设置) 和 $L_k = 1 + [k/20]$ (针对 Variant Ⅰ 和 Variant Ⅱ设置). 图 9-10 和图 9-11 分别给出了使用近邻结构 N_1 和 N_2 的结果. 从图中可以看出, SA-CI 算法明显要优于 Variant Ⅰ、Variant Ⅱ 算法.

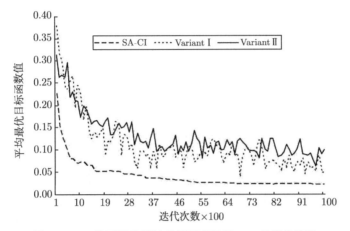

图 9-10 三种不同种算法使用近邻结构 N_1 的优化轨迹

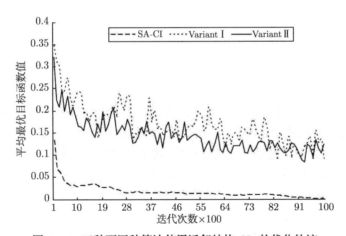

图 9-11 三种不同种算法使用近邻结构 N_2 的优化轨迹

9.4.2 应急救援物资调度问题

近年来, 世界各国自然灾害频繁发生, 对人类社会造成了非常大的损失. 特别是地震灾害, 由于其自身破坏力强, 难以观测等, 造成的损失更是不计其数. 在自然灾害发生后如何对应急资源进行及时、高效的调度是确保应急救援工作效果的关键之一, 因此, 研究应急资源的调度成了应急管理领域的一个重点.

国内外学者对于应急救援物资调度问题已经进行了一些卓有成效的研究. Yi 等[9] 研究了包含应急物资配送和伤员运送救治的确定性混合整数多品种物资协同调度模型, 其目标函数为最小化未满足需求与受伤人员等待时间的加权中. Ozdamar 等[10] 将多品种应急物资网络流问题与多运输方式下车辆路径问题相结合, 建立了最小化未满足需求的物资分配模型. Barbarosoglu 等[11] 提出了一个二阶段随机网络流模型, 用以解决地震灾害发生初期的应急物资配置问题, 其目标函数是最小化第 1 阶段的运输成本与基于场景模式的第 2 阶段期望成本. 汪传旭等[13] 将应急救援运输问题化为两阶段决策问题: 第 1 阶段建立救援车辆的路径优化模型实现运输时间最短, 而第 2 阶段建立最小化运输成本的模糊线性规划模型.

应急资源调度以往多数研究都以最小化未满足需求或成本或总时间等为目标函数建立模型, 而最小化总时间等方式实际上是将所有需求点关于应急物资在时间方面的满意度同质化, 而没有考虑不同需求点对于应急物资在同样的到达时间方面的差别. 另外, 不同的时间点对于受灾点而言其效果并非是线性关系. 基于这两个观点, 利用地震受困人员生存概率的特性引入了应急物资的时间满意度函数, 结合点对点运输及多中转点中转运输这两种模式, 从最大化各需求点关于物资运输时间满意度的角度, 建立应急物资的混合模式中转运输模型. 下面介绍一种嵌入迭代线性规划子算法的模拟退火算法进行求解该模型的方法[12], 并以数值例子说明模型与算法的有效性.

1. 数学模型

1) 问题描述

设某类应急物资有 m 个供应点和 n 个受灾点 (需求点), 在供应点与受灾点之间有 l 个应急物资中转候选点, 供应点、中转候选点及受灾点之间所需的运输时间已知. 应急物资可以通过供应点至需求点的点对点直接运输模式, 也可以选择适当的中转候选点通过中转运输模式实现运输. 现需要确定: ①应该选择哪些中转点进行中转? ②各物资供应点通过点对点运输和中转运输这两种模式运至受灾点的不同运输量. 目标是使得受灾点对于应急物资的满意度最大化.

建模之前先做如下假设:

(1) 各个供应点、需求点及中转候选点之间的运输时间已知;

(2) 各供应点的物资供应量已知;

(3) 各受灾点的物资需求量已知;

(4) 各需求点对于物资需求的紧急程度已知;

(5) 供应点的总供应量大于等于需求点的总需求量;

(6) 通过中转模式运输的物资均在中转点集中完毕后再运输至各需求点;

(7) 每个需求点最多只有一个中转点进行应急物资的中转运输.

借鉴 Fiedrich 等[14] 关于地震被困人员生存概率函数的假设, 可以认为某需求点的时间满意度函数类似于被困人员生存概率函数的形态, 这里设需求点 j 随着物资运达时间 t 的时间满意度函数为

$$g_j(t) = \mathrm{e}^{-t^2/\theta_j} \tag{9-14}$$

式中, θ_j 的取值表示该点对于运达时间的紧急程度, 其值越小, 表明该点对于应急物资的紧急程度越大. 时间满意度函数如图 9-12 所示, 该图与 Fiedrich 等所描述的受困人员生存概率形态图相符.

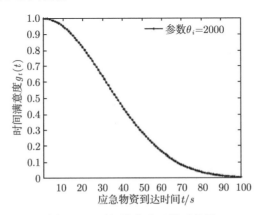

图 9-12 时间满意度函数示意图

由于需求点 j 的应急物资总需求量可以按供应点不同视为在不同的时间分批送达, 假设每份应急物资都可以使得该需求点的一位受灾人员得到救助, 则可将每批次送达的物资数量看成送达时间满意度的赋权, 故受灾点 j 的总体时间满意度可以表示为所有批次送达时间满意度的赋权和

$$z_j = \sum_i m_{ij} g_j(l_{ij})$$

式中, m_{ij}, l_{ij} 分别表示从供应点 i 处运至需求点 j 的应急物资数量及相应的运达时间.

2) 建立模型

(1) 参数与变量的设置.

M 应急物资纯供应点组成的点集, 其中点的个数为 m 个.

L 备选中转网点组成的点集, 其中点的个数为 l 个.

N 受灾点组成的点集, 其中点的个数为 n 个.

a_i 应急物资供应点 i 的物资供应量, $i \in M$.

b_j 受灾点 j 的应急物资需求量, $j \in N$.

c_k 中转候选点 k 的应急物资容量, $k \in L$.

t_{ij}^d 物资供应点 i 通过 PTP 方式直接运至需求点 j 所需的时间.

t_{ik}^h 物资供应点 i 至中转候选点 k 所需的时间.

t_{kj}^h 从中转候选点 k 运至需求点 j 所需的时间.

θ_j 需求点 j 对于应急物资在时间要求的紧急程度.

x_{ij}^d 物资供应点 i 通过 PTP 方式直接运至需求点 j 的物资量.

x_{ik}^h 物资供应点 i 运至中转候选点 k 的物资量.

x_{kj}^h 从中转候选点 k 运至需求点 j 的物资量.

$$y_{kj} = \begin{cases} 1, & \text{受灾点} j \text{由中转网点} k \text{来提供服务}. \\ 0, & \text{否则} \end{cases}$$

(2) 数学模型.

$$\max z = \sum_{j \in N} \sum_{i \in M} x_{ij}^d g_j(t_{ij}^d) + \sum_{j \in N} \sum_{i \in M} x_{kj}^h g_j(\max_{i \in M}\{t_{ik}^h \delta(x_{ik}^h)\} + l_{kj}^h)$$

$$\sum_{j \in N} x_{ij}^d + \sum_{k \in L} x_{ik}^h \leqslant a_i, \ i \in M \tag{9-15}$$

$$\sum_{i \in M} x_{ij}^d + \sum_{k \in L} x_{kj}^h \leqslant b_i, \ j \in N \tag{9-16}$$

$$\sum_{i \in M} x_{ik}^h = \sum_{j \in N} x_{kj}^h, \ j \in L \tag{9-17}$$

$$\text{(P)} \quad \sum_{j \in N} x_{kj}^h \leqslant c_k \delta(\sum_{j \in N} y_{kj}), \ k \in L \tag{9-18}$$

$$x_{kj}^h \leqslant y_{kj} c_k, k \in L, \ j \in N \tag{9-19}$$

$$\sum_{k \in L} y_{kj} \leqslant 1, \ j \in N \tag{9-20}$$

$$x_{ij}^d, x_{ik}^h, x_{kj}^h \geqslant 0, \quad y_{kj} \in \{0,1\}, i \in M, j \in N, k \in L \tag{9-21}$$

式中, $\delta(x)$ 为指示函数, 当 $x > 0$ 时, $\delta(x)$ 为 1; 否则为 0.

模型 (P) 中目标函数的第 1 项为供应点用 PTP 方式将应急物资运输至需求点的满意度, 表示为运达物资数量与时间满意度之积, 第 2 项为应急物资通过中转点运输至需求点的满意度, 由于从供应点至中转点的物资全部收集完毕后再运输至各受灾点, 故需求点 j 通过某中转点运输所需时间为从所有供应量大于 0 的供应点至该中转点的运输时间中最大者与该中转点到需求点 j 所需时间之和. 约束条件式 (9-15) 表示每个供应点的通过点对点方式及中转运输方式的运出总量受供应点供应量限制; 式 (9-16) 表示每个需求点的需求量都通过两种运输方式得以满足; 式 (9-17) 表示经由中转点运输的运输量满足物资平衡性要求; 式 (9-18) 表示非中转点至需求点的运输量为 0 而中转点至需求点的运输量不超过该中转点的容量;

式 (9-19) 表示运输量 x_{kj}^h 受到 $0 \sim 1$ 变量 y_{kj} 的约束; 式 (9-20) 表示对任意一个需求点, 至多有一个中转点对其提供服务; 式 (9-21) 表示所有的运输量都满足非负性条件, 中转点与需求点之间的服务配对关系为 $0 \sim 1$ 变量.

2. 算法设计

模型 (P) 是一个非线性混合整数规划模型, 其目标函数为包含着组合式最大化子函数的非线性形式, 且又存在 $0 \sim 1$ 变量 y_{kj}, 所以传统的非线性规划算法无法对该模型进行有效的求解. 假设给定满足式 (9-20) 的 y_{kj}, 由于目标函数中只有第 2 项存在非线性成分, 而一旦确定 $\max\limits_{1 \leqslant i \leqslant m} \{t_{ik}^h \delta(x_{ik}^h)\}$, 则目标函数中的非线性部分即变为线性的形式, 这时模型 (P) 就转变为线性规划模型. 下面介绍一种迭代线性规划子算法以求给定 y_{kj} 情况下的解.

1) 迭代线性规划子算法

Step1. 对于给定的 y_{kj}, 以下列方法生成 δ_{ik}:

对于 $j \in N$, 若存在 $\hat{y} \in L$, 使 $y_{\hat{k}j} = 1$, 检查所有 $i \in M$, 若 $t_{ik}^h + t_{kj}^h < t_{ij}^d$, 则令 $\delta_{ik} = 1$, 其余 $\delta_{ik} = 0$, $\delta(x_{ik}^h) := \delta_{ik}$.

Step2. 将 $\delta(x_{ik}^h)$ 代入模型 (P), 此时模型化为线性规划模型, 求得最优解记为 $x_{\text{temp}} = [\hat{x}_{ij}^d; \hat{x}_{ik}^h; \hat{x}_{kj}^h]$, 最优值记为 z_{temp}.

Step3. 若 $\delta(\hat{x}_{ik}^h) = \delta(x_{ik}^h)$, 则停止, 输出最优解 x_{temp} 和最优值 z_{temp}; 否则, 令 $\delta(x_{ik}^h) := \delta(\hat{x}_{ik}^h)$, 转向 Step2.

以上迭代线性规划算法用于求解给定满足式 (9-20) 的 y_{kj} 的模型 (P), 而由于 y_{kj} 的取值是一个组合问题, 其所有的取值可能性为 n^{l+1}, 要遍历所有可能的取值所需要付出的计算代价是指数增长的.

对于规模很小的问题, 也可以用混合整数规划方法如分支定界法、割平面法等进行求解, 然而, 由于计算规模的指数增长特性, 要想利用整数规划方法求得精确的最优解将要付出极大的计算代价. 因此, 下面介绍一种改进的模拟退火算法求解这一问题.

2) 模拟退火算法

在模拟退火算法的设计过程中, 首先对于 y_{kj} 的取值根据所给的数据作一定的限制, 令 D 为 $l \times n$ 的矩阵, 如果 $\max\{t_{ij}^d - t_{ik}^h\} > t_{kj}^h$, 则取其中元素 $d_{kj} = 1$; 否则, 令 $d_{kj} = 0$, 显然只有当 $d_{kj} 1$ 时, 对应的 y_{kj} 才有可能取 1. 改进后的模拟退火算法步骤描述如下.

Step1. 求初始解 y_{kj}^0, 对于每一个 $j \in N$, 令 $S(j) = \{k \in L | \min\limits_{i \in M}\{t_{ik}^h + t_{kj}^h < t_{ij}^d\}\}$, 若 $S(j)$ 为空集, 则令 $y_{kj}^0 := 0, k \in L$; 否则, 取 k 为 $t_{ik}^h + t_{kj}^h = \min\limits_{k \in S(j)}\{t_{ik}^h + t_{kj}^h\}$, 令 $y_{kj}^0 := 1$

Step2. 由初始解 y_{kj}^0 根据迭代线性规划算法求得最优目标函数值为 $z(y_{kj}^0)$,

记 $z^{opt} := z(y_{kj}^0)$，最优解记为 $x(y_{kj}^0)$，并将 $x^{opt} := [y_{kj}^0; x(y_{kj}^0)]$ 作为最优解保存.

Step3. 设定初始温度 T_0，终止温度 T_f，令 $k=0$，$T_k = T_0$.

Step4. 产生随机解 y_{kj}^1：随机取 $j_1 \in N$，记 D 中的第 j_1 列为 $D(:, j_1)$，矩阵 $[y_{kj}^0]$ 中的第 j_1 列为 $y^0(:,j_1)$，令 $fd(:, j_1) = D(:, j_1) - y^0(:, j_1)$，若 $\sum_{k \in L} fd(k, j_1) > 0$，则随机取 $\widehat{k} \in \{k | fd(k, j_1) = 1\}$，令 $y^1 = (\widehat{k}, j_1) = 1$，$y^1(:, j_1)$ 中其余元素均为 0；若 $\sum_{k \in L} fd(k, j_1) = 0$，则重新选取 $j_1 \in N$，重复 Step4；由线性规划子算法计算 $z(y_{kj}^1)$ 及相应的最优解 $x(y_{kj}^1)$，计算 $\Delta z = z(y_{kj}^0) - z(y_{kj}^1)$.

Step5. 如果 $\Delta z < 0$，令 $y_{kj}^0 := y_{kj}^1$，$x(y_{kj}^0) := x(y_{kj}^1)$，$x^{opt} := [y_{kj}^0; x(y_{kj}^0)] z^{opt} := z(x^{opt})$，转向 Step7；否则，转向 Step6.

Step6. 产生随机数 $\xi \in U(0,1)$，若 $\exp(\Delta z / T_k) > \xi$，则 $y_{kj}^0 := y_{kj}^1$，$z(y_{kj}^0) := z(y_{kj}^1)$.

Step7. 令 $T_k := rT_k$，如果 $T_k \leqslant T_f$，停止，输出当前最优解 x^{opt} 和最优值 z^{opt}；否则，转向 Step4. 算法流程图如图 9-13 所示.

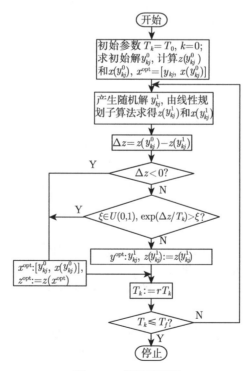

图 9-13   算法流程图

3. 仿真测试及分析

现设需要从 6 个供应点运输某类应急物资到 8 个受灾点, 设有 4 个中转候选点, 随机产生 10 组数据进行计算, 数据取值说明: 供应点的物资供应量取为 [100, 300] 中的随机整数, 受灾点的物资需求量取为 [80, 100] 中的随机整数, 中转候选点的物资容量取值为 [30, 80] 中的随机整数, 供应点至受灾点的运输时间取为 [30, 150] 中的随机整数, 供应点至中转候选点的运输时间取为 [10, 80] 中的随机整数, 中转候选点至受灾点的运输时间取为 [10, 40] 中的随机整数, 时间满意度函数 (9-14) 中的参数 θ_j 取值为 [1000, 3000] 的随机整数. 对本节描述的改进算法利用 Matlab7.01 编程计算, 模拟退火算法的参数设置为: $T_0 = 100$, $T_f = 1$, $r = 0.95$. 其中线性规划部分计算利用了 Matlab 中的 linprog 函数, 每组数据重复计算 20 次, 计算机实验环境: Windows7 普通版, CPU 为 core i3-3217U, 主频为 1.8GHz, 内存为 2G. 计算结果如表 9-2 所示.

表 9-2   10 组随机数据计算结果

数据	最优值	最劣值	平均值	标准差	平均时间	PTP 最优值
1	261.773	251.600	257.127	3.977	5.676	234.226
2	295.248	286.588	292.176	3.717	6.878	281.153
3	240.270	227.979	233.418	4.962	6.554	219.819
4	285.194	276.048	280.912	3.101	6.021	251.612
5	235.354	226.659	230.515	3.448	5.212	203.350
6	312.072	298.558	304.686	4.258	7.146	278.714
7	270.260	257.505	261.751	4.591	7.414	241.309
8	327.577	315.544	323.113	3.817	5.870	315.544
9	260.374	249.956	255.164	4.210	6.306	242.481
10	264.643	256.091	259.029	2.313	6.257	221.411

由表 9-2 可以看出, 混合两种运输模式的中转运输模型其平均目标函数值要比单纯采用 PTP 模式进行运输的模型所得目标函数值有较大的增长, 而多次计算的平均时间相对较小, 标准差比较小, 说明稳定性较强. 下面以最后一组数据进行详细说明, 其中

$\theta = [1735, 1677, 2460, 1901, 1852, 2153, 1303, 2161]$

$a = [252, 242, 191, 169, 194, 201]$

$b = [85, 82, 83, 90, 99, 94, 82, 93]$

$c = [73, 63, 54, 75]$

如表 9-3 所示, 该组数据若完全采用 PTP 形式进行运输则可得其最优目标函数值为 221.411, 而采用混合中转运输模型时可得最优目标函数值为 264.643, 需求点对于应急物资的时间满意度比 PTP 模式增长了 19.53%, 具有较好的效果. 所得最优解如表 9-4 所示.

表 9-3　各点之间运输时间表

模式	数据	需求点 j								中转点 k			
		1	2	3	4	5	6	7	8	1	2	3	4
供应点 i	1	55	79	138	34	67	93	147	44	48	52	74	68
	2	59	42	131	47	63	145	92	82	55	18	73	70
	3	79	40	138	133	59	137	104	94	53	60	34	43
	4	91	120	89	127	47	76	87	54	75	75	42	78
	5	62	93	72	98	50	120	146	131	17	16	32	78
	6	125	51	71	68	33	55	66	116	16	53	26	19
中转点 k	1	19	23	14	25	28	20	12	27				
	2	11	24	23	10	11	10	13	17				
	3	30	29	26	10	14	14	22	29				
	4	28	17	22	22	10	19	16	17				

表 9-4　最优解

模式	数据	需求点 j								中转点 k			
		1	2	3	4	5	6	7	8	1	2	3	4
供应点 i	1	4			90			93					
	2	81	82										
	3												
	4						28						
	5			10							65		54
	6				99	94					8		
中转点 k	1			73									
	2												
	3						54						
	4												

本节针对不同规模的问题对算法的效率进行了测试, 每种规模随机生成 10 个问题进行计算, 所需平均计算时间如表 9-5 所示.

表 9-5　不同规模问题平均计算时间　　　　　　　　　　(单位: s)

项目	平均时间	$n=10$	$n=20$	$n=30$	$n=40$	$n=50$	$n=100$
$l=5$	$m=10$	5.6517	6.9876	8.1356	8.7525	10.3146	16.7416
	$m=30$	6.9571	9.5422	12.2552	15.6180	17.7108	35.5627
	$m=50$	9.0414	13.6520	18.2266	25.1142	31.8816	59.4432
	$m=100$	15.1100	26.8326	39.4295	51.9430	63.1909	131.5902

项目	平均时间	$n=10$	$n=20$	$n=30$	$n=40$	$n=50$	$n=100$
	$m=10$	6.2353	7.0417	9.1876	9.4577	11.5916	17.8689
$l=10$	$m=30$	7.7087	10.1021	13.3763	16.6282	18.1703	36.5076
	$m=50$	9.9080	15.2171	19.1738	26.2794	34.9571	61.0870
	$m=100$	15.7926	27.5571	40.6655	52.0419	63.6936	137.1547
	$m=10$	6.7037	8.5962	11.1263	13.0410	13.8843	23.9460
$l=20$	$m=30$	9.9436	15.4965	20.0474	27.6888	32.0052	60.0516
	$m=50$	12.2060	21.9724	33.1418	42.8182	53.2172	105.1785
	$m=100$	23.6681	44.0351	69.6462	86.1115	116.9482	225.5624

由于中转点个数一般不会太多, 故只针对中转点个数为 20 之内的情况进行测试. 测试结果表明, 对于供应点和需求点数量在 100 之内, 中转点在 20 之内的问题, 都可在较短的时间内求得相应的近似最优解, 计算速度快, 能够适应相应规模的应急物资运输问题需求.

参 考 文 献

[1] Metropolis N, Rosenbluth A, Rosenbluth M, et al. Equation of state caluculations by fast computing machinges [J]. Journal of Cherimal Physics, 1953, 21:1087–1092.

[2] Kirkpatrick S, Gelatt Jr C D, Vecchi M P. Optimization by simulated annealing [J]. Science, 1983, 220: 671–680.

[3] 宋燕子. 基于模拟退火算法的启发式算法在 VRP 中的应用[D]. 武汉: 华中师范大学, 2013.

[4] 艾杰. 基于整数规划与模拟退火算法的混合优化护士排班问题[D]. 广州: 华南理工大学, 2012.

[5] 汪定伟, 王俊伟, 王洪峰, 等. 智能优化方法[M]. 北京: 高等教育出版社, 2007.

[6] 冯玉蓉. 模拟退火算法的研究及其应用[D]. 昆明: 昆明理工大学, 2005.

[7] 张贵清, 喻孜, 白宇, 等. 模拟退火算法中分形和相变现象[J]. 南开大学学报: 自然科学版, 2013, 46(1): 1–5.

[8] Ahmed M A. A modification of the simulated annealing algorithm for discrete stochastic optimization [J]. Engineering Optimiztion, 2007, 39(6):701–714.

[9] Yi W, Kumar A. Ant colony optimization for disaster relief operations[J]. Transportation Research Part E, 2007, 43: 660–672.

[10] Ozdamar L, Ekinci E, Kucukyazici B. Emergency logistics planning in natural disasters [J]. Annals of Operations Research, 2004, 129:217–245.

[11] Barbarosoglu G, Ozdamar L, Cevik A. An interactive approach for hierarchical analysis of helicopter logistics in disaster relief operations[J]. European Journal of Operational Research, 2002, 140(1):118–133.

[12]　俞武扬. 基于时间满意度的应急物质中转运输模型[J]. 系统管理学报, 2013, 22(6): 882–887.

[13]　汪传旭, 邓先明. 模糊环境下多处救点应急救援车辆路径与物资运输优化研究[J]. 系统管理学报, 2011, 20(3): 269–275.

[14]　Fiedrich F, Gehbauer F, Rickers U. Optimized resource allocation for emergency response after earthquake disasters[J]. Safety Science, 2000, 35: 41–57.